U0180508

现代生物学实验技术教程

主　编　金志民

副主编　朴忠万　宗宪春

科学出版社

北　京

内 容 简 介

本书根据高等院校生物学专业人才培养目标要求，以培养学生生物学基本技能、动手能力和综合素质为目的，分为生物解剖和分类基础、生物培养技术、生物显微技术、生化样品的制备与分析、分子生物学与基因工程、生命活动指标的测定及其他6个部分。本书共设92个实验，涉及学科基础性实验、综合性实验、设计与创新性实验，同时注重植物学、动物学、微生物学、生物化学、遗传学、分子生物学等分支课程的知识交叉与渗透。

本书既可作为高等院校生物科学、生物技术、生物工程专业的教材，又可作为生物学领域工作者的参考用书。

图书在版编目(CIP)数据

现代生物学实验技术教程/金志民主编. —北京：科学出版社，2023.5
ISBN 978-7-03-075528-5

Ⅰ. ①现… Ⅱ. ①金… Ⅲ. ①生物学-实验-教材 Ⅳ. ①Q-331

中国国家版本馆CIP数据核字（2023）第083421号

责任编辑：吴卓晶 / 责任校对：赵丽杰
责任印制：吕春珉 / 封面设计：东方人华平面设计部

科学出版社出版
北京东黄城根北街16号
邮政编码：100717
http://www.sciencep.com
北京九州迅驰传媒文化有限公司 印刷
科学出版社发行 各地新华书店经销
*
2023年5月第 一 版 开本：787×1092 1/16
2023年5月第一次印刷 印张：16 1/2
字数：388 000

定价：79.00元

（如有印装质量问题，我社负责调换〈九州迅驰〉）
销售部电话 010-62136230 编辑部电话 010-62143239（BN12）

《现代生物学实验技术教程》编委会

主　　编　金志民

副 主 编　朴忠万　宗宪春

参　　编（按姓氏拼音排序）

柴军红　陈　欢　郝爱平　纪春艳　李然红　刘　铸　马怀良

弥春霞　田新民　王晶晶　王立凤　于　爽　张晓军　张彦丽

前　言

传统高等院校的生物学教学以传授知识为主，其实验教学内容侧重演示、验证理论，忽视了对学生能力与素质的培养，使实验教学附属于理论教学。传统高等院校的生物学教学按主干课程设置分科，使各门实验课相互独立，重复内容越来越多，造成不必要的浪费，已经不适应生物学发展和创新型人才培养的需要。

随着现代生物学理论的不断深入和技术的不断进步，实验技术范围在不断扩大，生物学领域内各分支学科间的实验内容交叉越来越多。从人才培养角度出发，我们应将生物学理论体系系统化，同时使生物实验向促进学生掌握实验技术方向发展。从这一角度出发，我们应探索建立生物学实践教学的完整实验技术体系的路径，培养高质量专门人才，“面向现代化、面向世界、面向未来”，注重素质教育，采用将传授知识、培养能力与提高素质融为一体的人才培养模式，使培养出来的人才有知识、有能力、具备较高的综合素质，以适应科技飞跃发展的需要。我们应该打破生物学实验课按阶段分科教学的框架，在新的教育思想、教育理念的指导下进行教学改革创新。

认识生命现象的本质离不开实验操作和技术。生物学实验教学应以循序渐进地培养学生的认知能力和实践操作能力为基础，逐渐培养学生的创新思维。本书按照生物学的研究方法和技术从简单到复杂、学生思维从低级到高级的发展规律，同时注重植物学、动物学、微生物学、生物化学、遗传学、分子生物学等分支课程知识的交叉与渗透，把经典的实验内容与前沿的新技术有机融合，形成适应时代要求的生物学实验教学体系。本书包含 6 个部分：第 1 部分为生物解剖和分类基础，第 2 部分为生物培养技术，第 3 部分为生物显微技术，第 4 部分为生化样品的制备与分析，第 5 部分为分子生物学与基因工程，第 6 部分为生命活动指标的测定及其他。生物解剖和分类基础侧重使学生观察和认识动植物的形态结构和功能，掌握生物系统发育与演化的规律、特点等相关内容的基本实验操作和技能；生物培养技术主要包括动植物组织细胞培养和微生物的分离培养及鉴别技术；生物显微技术主要培养学生借助各种显微设备从不同角度观察和了解不同动植物组织细胞结构的能力；生化样品的制备与分析侧重培养学生应用各类分析测试仪器从事科学研究的能力，使学生初步掌握从生化角度分析和解释生命现象的方法；分子生物学与基因工程强调从分子方面进行科学研究，探索生命的奥秘；生命活动指标的测定及其他用测定的生命活动指标来解释生命现象，说明生命与环境多重因素间的复杂关系，使学生形成从事生物学研究的思维，培养学生发现问题、分析问题和解决问题的能力及创新思维，进而培养学生探索奥秘的兴趣。该实验教学体系的建立将有力地推进生物学实验教学改革的进程。

牡丹江师范学院生物系的多年教改实践与探索表明，生物学教学实验课将多个分支学科合而为一，独立开课，独立考核，以培养学生探索生物学的思维为主要目的，大大调动了学生动手操作与探索创新的积极性。在教学中，教师对学生因材施教，以学生为主体，促进学生个性的发展，培养学生的综合素质、创新精神，推动了生物学实验教学改革的健康发展。

本书在精选生物教学实验内容的基础上进行加工、重组，按照系列实验结构编写而成。编者在编写本书期间，得到了牡丹江师范学院院系各级领导和同行的亲切关怀与帮助。在此，谨致以诚挚的谢意。

本书植物学部分由于爽、王立凤、王晶晶、张彦丽编写，动物学及动物生理学部分由田新民、刘铸、朴忠万、金志民编写，微生物学部分由陈欢、马怀良、弥春霞编写，生物化学部分由田新民、柴军红编写，细胞生物学与分子生物学部分由纪春艳、张晓军、郝爱平编写，遗传学部分由李然红、宗宪春编写，显微摄影部分由张晓军编写。本书由金志民担任主编，负责全书的统筹工作。

由于编者水平和时间有限，书中难免存在不足之处，恳请广大读者批评指正。

编　者

2022年9月

目　录

第 1 部分
生物解剖和分类基础

实验 1　草履虫培养与观察

一、实验目的

（1）掌握草履虫培养方法。

（2）学会草履虫活体观察方法。

二、实验用品

（1）主要器具：载玻片、盖玻片、显微镜或解剖镜、吸管、广口瓶、棉花、纱布、毛细滴管、凹玻片、烧杯、秒表、漏斗、吸水纸、精密 pH 试纸、表面皿、微吸管等。

（2）主要药品：甘油、蓝黑墨水、蒸馏水、肝素、1% NaCl 溶液、1% $NaHCO_3$ 溶液等。

（3）主要材料：草履虫、稻草、麦粒、蛋清。

三、实验方法

（一）草履虫培养方法

草履虫属于原生动物门纤毛纲，是一类体型较大的原生动物，在自然界广泛分布，容易被采集和培养，是观察、研究原生动物的好材料。草履虫的种类很多，其中体型最大和最常见的是大草履虫。

1. 采集

草履虫通常生活在水流速度缓慢的水沟、池塘和稻田中，大多集聚在有机质丰富、光线充足的水面附近。当水温在 14～22℃时，草履虫繁殖最旺盛，数目最多。草履虫的这些习性，是我们确定采集地点和方法的重要依据。

（1）在水沟、池塘采集草履虫。水沟和池塘是草履虫的主要生活场所。在气候温暖的季节，我们可以到水质没有污染的水沟、池塘边，选择枯枝落叶多的地方，用广口瓶沿水面采集池水，这样的池水往往含有许多草履虫。为了更有把握，可在不同地点多采集几瓶。采集后，在广口瓶内放置少许水草，不要在瓶口加盖，以免草履虫因缺氧而窒息死亡。

回到实验室后，应把盛有池水的广口瓶放在温暖、明亮、阳光直射不到的地方，使瓶中的草履虫迅速繁殖。3～5d 后，对着光线用肉眼观察，如果看到水中有许多小白点在不停地游动，则其很可能是草履虫。这时，用吸管吸取 1 滴带有小白点的水，放在载玻片上，用显微镜或解剖镜进行观察，在视野中会看到各种微小生物。如果发现有像倒置的草鞋一样的小动物，并不停地做螺旋运动，则其就是草履虫。

（2）在稻田里采集草履虫。在稻田灌水期间，寻找田中的旧稻茬，用广口瓶在稻茬附近取水，随后放进几根旧稻草，这样水中往往会有许多草履虫。返回实验室后，将广口瓶放在温暖明亮处，3～5d 后，用显微镜检查广口瓶内是否有草履虫。

（3）从新鲜稻草上采集草履虫。当环境变得干旱或寒冷时，草履虫会向身体表面分泌一层蛋白质薄膜，虫体不吃不动进入休眠状态，这种状态叫作包囊。在稻田水被抽干时，草履虫便形成包囊，附着在稻草近根部的茎上。因此，我们可选取新鲜稻草近根部几节的茎，剪成 3～4cm 长的小段，放入广口瓶中，注入清水，放在明亮温暖处，一周以后，用显微镜检查广口瓶内是否有草履虫。

2. 配制培养液

草履虫的食物主要是细菌。为了培养、繁殖草履虫，我们必须配制含有大量细菌的培养液。培养液配制方法通常有以下 2 种。

（1）稻草培养液。取新鲜洁净稻草，去掉稻草上端和基部的几节，将中部稻茎剪成 3～4cm 长的小段，按 1g 稻草加清水 100mL 的比例，将稻草和清水放入大烧杯中，加热煮沸 10～15min，当液体呈现黄褐色时停止加热。这样的液体由于加热煮沸，只留下了细菌芽孢，其他生物均已被杀死。为了防止空气中其他原生动物的包囊落入杯中和蚊虫在杯中产卵，要用双层纱布包严烧杯口，然后将烧杯放置在温暖明亮处进行细菌繁殖。经过 3～4d，稻草中枯草杆菌芽孢开始萌发，并依靠稻草液中的丰富养料迅速繁殖，使液体逐渐变得混浊。等到大量细菌在液体表面形成一层灰白色薄膜时，稻草培养液便制成了。草履虫喜欢微碱性环境，如果培养液呈酸性，则可用 1% $NaHCO_3$ 溶液将培养液调至微碱性，但 pH 不能大于 7.5。

（2）麦粒培养液。将 5g 麦粒（大麦、小麦均可）放入 1 000mL 清水中，加热煮沸，煮到麦粒胀大裂开为止，然后在温暖明亮处放置 3～4d，便制成了麦粒培养液。此时培养液中已繁殖有大量细菌。

3. 接种

接种是指将采集来的草履虫转移到培养液中的过程。接种草履虫时必须对含草履虫的水液进行提纯，否则会混入其他生物。培养液中混入其他生物不但会影响草履虫的纯度，而且一旦混入草履虫的天敌水轮虫，就会使培养液中的草履虫数量急剧下降。

接种时，先将含有草履虫的水液吸到表面皿中，再将表面皿置于低倍显微镜或解剖镜下检查，发现有草履虫后，用口径不大于 0.2mm 的微吸管将表面皿中的草履虫逐个吸出，接种到培养液中进行繁殖。

如果要培养纯系草履虫，则可按上述方法，在显微镜或解剖镜下，从表面皿中吸出 1 个草履虫，放入盛有少量培养液的凹玻片中，上面再覆盖一片凹玻片，用以防止培养液干燥。待草履虫经过分裂达到 20～30 个个体时，将其移到盛有培养液的广口瓶中进行繁殖。

4. 培养

（1）将盛有接种有草履虫的培养液的广口瓶，放在温暖明亮处进行培养，要用纱布包严广口瓶口。大约 1 周后，广口瓶内就会有大量草履虫出现。

（2）如果是长期培养草履虫，就要定期更新培养液。随着虫体的大量繁殖，培养液中的营养逐渐减少，而虫体排出的代谢物不断增加，所以会引起草履虫数量减少甚至全部死亡。因此，在培养过程中，每隔 3d 左右须更新一次培养液。在更新培养液时，用吸管从广口瓶底部吸去培养液及沉淀物，每次吸去一半培养液，加入等量新鲜培养液。这样可长期保存草履虫。

（二）草履虫活体观察

在显微镜下，草履虫游动迅速，难以被观察。我们可用以下方法限制和减缓其运动：将少量棉花纤维放在载玻片上，滴上草履虫培养液，盖上盖玻片，先在低倍镜下观察，如果草履虫还在游动，则可用一条吸水纸在盖玻片的一侧吸去一些水分，直至容易观察到草履虫为止；也可将少量蛋清固定剂涂在载玻片上，然后滴上 1 滴草履虫培养液，待水略干时进行观察（图 1-1）。

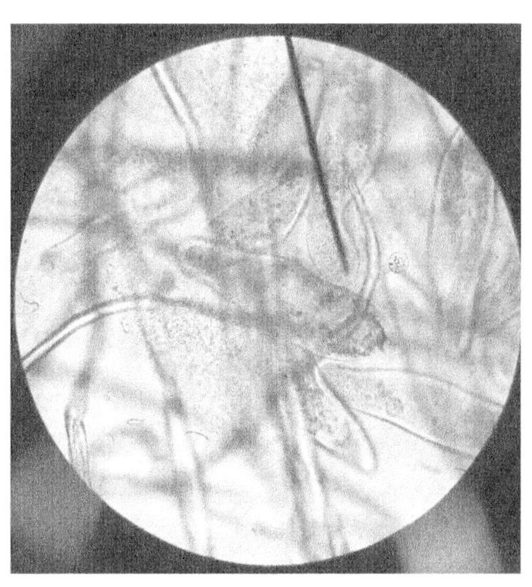

图 1-1　草履虫整体显微结构图（10×40 倍）

（三）草履虫的应激性实验

1. 刺丝泡的发射

制备草履虫临时装片。在盖玻片的一侧滴 1 滴用蒸馏水稀释 20 倍的蓝黑墨水，在盖玻片另一侧用吸水纸吸引，使蓝黑墨水浸过草履虫。在高倍镜下观察，可见刺丝泡已射出，在草履虫体周围呈乱丝状。

2. 草履虫对盐度变化的反应

（1）配制系列浓度 NaCl 溶液。用蒸馏水稀释 1% NaCl 溶液，配制成 0.1%、0.3%、0.5%、0.8%等系列浓度 NaCl 溶液分别置于小试管内。

（2）用不同浓度 NaCl 溶液刺激草履虫。取 5 块载玻片，在第 1 块载玻片上滴入蒸馏水做对照，在后 4 块载玻片上分别滴入以上系列浓度 NaCl 溶液，再用毛细滴管吸取密集草履虫培养液，分别滴一小滴于各载玻片的溶液中。不宜滴太多草履虫培养液，以免稀释 NaCl 溶液；掌握好在各浓度 NaCl 溶液中滴入草履虫培养液的先后顺序和间隔时间，以保证各浓度 NaCl 溶液刺激草履虫 5min 后进行观察。混匀溶液，加棉花纤维和盖玻片，制成临时装片，将其依次置于显微镜下观察。

（3）观察伸缩泡收缩频率的变动。在低倍镜下选择 1 只清晰又不太活动的草履虫，转高倍镜观察其伸缩泡的收缩。用秒表记录草履虫伸缩泡收缩的周期，重复 3 次计数，取平均值，并推算每分钟伸缩泡收缩的次数；再选择 2 只草履虫，同上计数，计算 3 只草履虫伸缩泡平均收缩的频率。

按以上方法观察记录，计算并比较草履虫在蒸馏水和不同浓度 NaCl 溶液中的伸缩泡收缩频率。

四、注意事项

（1）接种时不要在表面皿中加入过多的原液，以免加大接种难度。

（2）观察时放在载玻片上的棉花纤维要适量，如果棉花纤维过多，则会因过厚而影响调焦和观察；如果棉花纤维过少，则不能有效拦截草履虫的运动，同样影响观察。

实验 2　环毛蚓解剖

一、实验目的

掌握环节动物的解剖与观察方法。

二、实验用品

（1）主要器具：解剖镜（放大镜）、蜡盘、解剖剪、解剖针、大头针、滴管、干棉球或吸水纸等。

（2）主要药品：5%福尔马林溶液、乙醚等。

（3）主要材料：环毛蚓浸制标本。

三、实验方法

（一）外形观察

将活的环毛蚓置于蜡盘中，观察其外部形态和运动情况；或以清水冲洗、浸泡环毛蚓浸制标本，以除去药液，将其置于蜡盘上或手执其在解剖镜（放大镜）下观察。

（1）外形：环毛蚓呈圆长状，由许多环节组成，环节之间有节间沟，每节上又有浅环纹；各节中央环上有一圈刚毛。环毛蚓身体可分为背侧、腹面、前端、后端。

（2）前端：环毛蚓在第 14～16 节有棕红色隆肿环带的一端即为前端。环毛蚓体前端第 1 节为围口节，其腹面中间是口，口背侧有肉质的口前叶。

（3）后端：环毛蚓后端即无环带的一端，后端纵裂状开口为肛门。

（4）背侧：环毛蚓体色深暗的一面即背侧。除前几节外，环毛蚓背中线每节间沟处有背孔，背孔的起始位置因种类而异。将蚯蚓背面擦干后，以手指轻轻捏压其体两侧，可见液体自背中线节间沟处冒出，此处即背孔。

（5）腹面：环毛蚓体色浅淡的一面即腹面，在第 5～6 节和第 8～9 节的节间沟的两侧有受精囊孔 2～4 对（若少于 4 对，则缺前方的 1～2 对）。环毛蚓第 14 节腹中线上有 1 个雌性生殖孔。环毛蚓第 18 节腹面两侧各有 1 个雄性生殖孔。环毛蚓在受精囊孔与雄性生殖孔的附近常有小而圆的生殖乳突。

（二）活体蚯蚓心脏搏动及循环系统观察

将培养的环毛蚓置于密闭容器中，用乙醚麻醉，然后进行活体解剖，可观察其心脏的搏动与循环系统的主要血管分布。

（三）内部解剖

手执环毛蚓标本，用解剖剪在其身体背面略偏背中线处（以避开背血管）从肛门剪到口。

1. 隔膜

在环毛蚓体腔中相当于外面节间沟处有一层膜，即隔膜，隔膜将环毛蚓体腔分隔成许多小室。

2. 消化系统

环毛蚓的消化系统包括以下几部分。

（1）口腔：位于第 2～3 节。

（2）咽：位于第 4～5 节，呈梨形，其肌肉较发达。

（3）食管：位于第 6～8 节，呈细长形。

（4）嗉囊：位于第 9 节之前，不明显。

（5）砂囊：位于第 9～10 节，呈球状或桶状，其肌肉较发达。

（6）胃：位于第 11～14 节，呈细长管状。

（7）肠：自第 15 节向后均为肠，在第 27 节向前伸出 1 对盲肠，呈锥状或分支状。

3. 循环系统：闭管式

环毛蚓循环系统有以下几个主要部分。

（1）背血管：1 条由后向前行的血管，位于肠的背面正中央。

（2）心脏：用于连接背、腹血管，共 4 对，分别在第 7、9、12 及 13 节。环毛蚓的心脏数目及位置可能存在变异，心脏有可能位于第 10～13 节。

（3）腹血管：肠腹面的 1 条略细的血管，由前向后行，从第 10 节起有分支到体壁上。

（4）食管侧血管：1 对较细的血管，位于环毛蚓体前端消化管两侧。向后行至第 15 节时，左右两支向下绕过消化道和腹神经索合为 1 条神经下血管。

（5）神经下血管：1 条很细的血管，位于腹神经索之下。

4. 生殖系统：雌雄同体

1）雄性

（1）精巢囊：有 2 对，位于第 11～12 节，紧贴于该节后方隔膜之前，位于腹神经索的两侧，呈圆球状。每个精巢囊包含 1 个精巢和 1 个精漏斗。用解剖针挑破精巢囊，用流水冲去囊内物质，在解剖镜下可见囊前方内壁上有一小白点，即精巢；囊内后方皱纹状的结构即精漏斗，精漏斗向后与输精管相通。

（2）储精囊：有 2 对，位于第 11～12 节，紧接在精巢囊之后，大而明显，呈分叶状。

（3）输精管：呈细线状，环毛蚓每侧的前、后输精管会合成 1 条，向后通到第 18 节处，和前列腺管会合，由雄性生殖孔通出。

（4）前列腺：肌肉发达，呈大分叶状，位于第 18 节及其前、后的几节内。

2）雌性

（1）卵巢：有 1 对，在第 18 节的前缘，紧贴于第 12 或第 13 节隔膜之后，位于腹神经索的两侧，呈薄片状。

（2）卵漏斗：有 1 对，在第 13 或第 14 节隔膜之前，位于腹神经索的两侧，呈皱纹状。

（3）输卵管：有 1 对，极短，在第 14 节会合后，由雌性生殖孔通出。

（4）受精囊：有 2～4 对，在第 5～8 或第 6～9 节隔膜的前或后，由主体和盲管组成，主体又分坛及坛管，盲管末端为纳精囊。

5. 神经系统

（1）脑：在第 3 节，位于咽的背面，由双叶神经节构成。

（2）围咽神经：由脑分向两侧、围绕咽的神经。

（3）咽下神经节：两侧围咽神经在咽下方会合处的神经节。

（4）腹神经索：呈链状，由咽下神经节向后通出，位于肠下方，在肠与体壁之间。腹神经索每节内有一个稍膨大的神经节，并发出 3 对神经。

（四）横切面玻片标本的观察

1. 体壁

（1）角质膜：环毛蚓体表一层非细胞构造的薄膜。

（2）表皮层：主要由单层柱状细胞组成，其中还有少数腺细胞和感觉细胞。

（3）肌层：其外为一层薄的环肌，其内为一层很厚的纵肌。

（4）体腔膜：位于体壁的最内层，由单层扁平细胞组成。

2. 肠

肠由单层上皮细胞组成，内被角质膜，外具环肌、纵肌、体腔膜及黄色细胞。肠背面下方凹成一纵槽，称盲道，用于增加消化及吸收的表面积。

3. 血管

背血管位于盲道的上方，其四周有黄色细胞。腹血管位于肠下方体腔内。神经下血管位于神经索下方。

4. 神经索

神经索位于肠下方的体腔内。

5. 肾管

肾管位于两侧体腔内。

四、注意事项

（1）剪开环毛蚓体壁时，应将刀尖微上翘，以防因戳破消化管壁使其内的泥沙外溢而影响观察。

（2）精巢囊、卵巢、卵漏斗等位于环毛蚓身体腹面，紧贴神经索两侧，极难被观察，因此应细心切断隔膜（特别是体前部肌肉质很厚的隔膜）与体壁之间的联系。

（3）先剪除部分隔膜，再将体壁尽量向外侧拉伸，使两侧体壁完全平展，以大头针将其固定，并使针头向外倾斜，以免妨碍操作。在观察中，应适时以水湿润标本，以免标本干燥萎缩。

（4）若标本含水过多，则应以干棉球或吸水纸吸取多余水分，以免因水面反光而观察不清。

实验3 河蚌解剖

一、实验目的

（1）掌握河蚌的解剖与观察方法。
（2）了解瓣鳃纲的重要种类。

二、实验用品

（1）主要器具：显微镜、解剖针、剪刀、镊子、解剖刀等。
（2）主要药品：墨水等。
（3）主要材料：河蚌活体及浸制标本、河蚌鳃横切片。

三、实验方法

解剖河蚌的足神经节时，必须认准位置，剥除肌肉时需细心，以防损坏神经节。

（一）河蚌

1. 外形观察

河蚌的壳左右两瓣等大，呈近椭圆形，前端钝圆，后端稍尖；两壳铰合的一面为背面，分离的一面为腹面。
壳顶：河蚌壳背面隆起的部分，略偏向前端。
生长线：河蚌壳表面以壳顶为中心、与壳的腹面边缘相平行的弧线。
韧带：呈角质状，呈褐色，具有韧性，为河蚌左、右两壳背面相连的部分。

2. 肌肉组织解剖

用解剖刀柄自两壳腹面中间合缝处平行插入，扭转刀柄，将壳稍撑开，然后插入镊子柄取代解剖刀柄，取出解剖刀，以解剖刀柄将一侧壳内表面紧贴贝壳的皮肤皱褶轻轻分离，最后以解剖刀刃紧贴贝壳切断前后近背缘处的闭壳肌，便可揭开贝壳，进行观察。进行此项操作时，如果有开壳器，则操作更容易、方便。

（1）闭壳肌：河蚌体前端、后端的大型横向肌肉柱，在贝壳内面留有横断面痕迹。
（2）伸足肌：紧贴河蚌前闭壳肌内侧腹面的一小束肌肉，在贝壳内面留有断面痕迹。
（3）缩足肌：河蚌前、后闭壳肌内侧背面的小束肌肉，在贝壳内面留有断面痕迹。
（4）外套膜和外套腔：外套膜薄，左右各1片，两片外套膜包含的空腔为外套腔。

（5）外套线：贝壳内面跨于前、后闭壳肌痕之间，靠近贝壳腹缘的弧形痕迹，是外套膜边缘附着留下的痕迹。

（6）入水管与出水管：外套膜的后缘部分合抱形成的两个短管状构造，位于河蚌腹面的为入水管，位于河蚌背面的为出水管。

（7）足：位于两外套膜之间，呈斧状，肌肉发达。

3. 器官系统解剖

1）呼吸系统

（1）鳃瓣：将外套膜向背面揭起，可见足与外套膜之间有两个瓣状的鳃，即鳃瓣。靠近外套膜的一片为外鳃瓣；靠近足部的一片为内鳃瓣。用剪刀从活河蚌上剪取一小片鳃瓣，置于显微镜下观察。

（2）鳃小瓣：每片鳃瓣由两片鳃小瓣构成，鳃瓣外侧的为外鳃小瓣，鳃瓣内侧的为内鳃小瓣。内、外鳃小瓣在河蚌腹缘及前、后缘彼此相连，中间有瓣间隔把彼此分开。

（3）瓣间隔：连接两片鳃小瓣的垂直隔膜，把鳃小瓣之间的空腔分隔成许多鳃水管。

（4）鳃丝：鳃小瓣上背腹纵走的细丝。

（5）丝间隔：鳃丝间相连的部分，其间分布有许多鳃小孔，水由此进入鳃水管。

（6）鳃上腔：鳃小瓣之间背面的空腔，水由鳃水管经鳃上腔向后至出水管排出（如果河蚌外鳃瓣特别肥大，则取一滴外鳃瓣内容物置于显微镜下观察）。

2）循环系统

（1）围心腔：内脏团背侧，贝壳铰合部附近一层透明的围心膜的空腔。

（2）心脏：位于围心腔内，由 1 个心室、2 个心耳组成。

（3）心室：呈长圆形且富有肌肉的囊，能收缩，其中有直肠贯穿。

（4）心耳：心室下方左、右两侧的三角形薄壁囊，能收缩。

（5）动脉干：由心室发出的血管，沿肠的背面向前直走者为前大动脉，沿肠腹面向后走者为后大动脉。

3）排泄系统

河蚌的排泄系统由肾脏和围心腔腺组成。

（1）肾脏：1 对，位于围心腔腹面左、右两侧，由肾体及膀胱构成。沿着河蚌鳃的上缘剪除外套膜及鳃，即可见到。

肾体：紧贴于鳃上腔上方，呈黑褐色，呈海绵状，其前端以肾口开口于围心腔前部腹面。可用解剖针探察河蚌肾体。

膀胱：位于肾体的背面，壁薄，其末端有排泄孔开口于内鳃瓣的鳃上腔，靠近生殖孔，位于其背后方。

（2）围心腔腺（凯伯尔氏器）：位于围心腔前端两侧，分支状，略呈黄褐色。

4）生殖系统

河蚌雌雄同体。河蚌的生殖腺均位于内脏团、肠的周围。除去河蚌内脏团的外表组织，可见白色的腺体（精巢）或黄色腺体（卵巢）。河蚌内脏团内左右两侧的生殖腺各以生殖孔开口于内鳃瓣的鳃上腔内，位于排泄孔的前下方。

5）消化系统

细心剖开河蚌内脏团，依次观察下列器官。

（1）口：位于前闭壳肌腹侧，呈横裂缝状，口两侧各有 2 片内、外排列的三角形触唇。

（2）食管：位于口后的短管。

（3）胃：食管后的膨大部分。

（4）肝脏：位于胃周围的淡黄色腺体。

（5）肠：曲折行于内脏团内。

（6）直肠：位于内脏团背面，从心室中央穿过，以肛门开口于后闭壳肌背面、出水管的附近。

6）神经系统

河蚌的神经系统不发达，主要由 3 对分散的神经节组成。

（1）脑神经节：位于食管两侧、前闭壳肌与伸足肌之间。用尖头镊子小心撕去该处少许结缔组织，并轻轻掀起伸足肌，即可见到淡黄色的神经节。

（2）足神经节：埋于足部肌肉的前 1/3 处，紧贴内脏团下方中央位置。用解剖刀在此处做一个“十”字形切口，逐层耐心地剥除肌肉，在内脏团下方边缘仔细寻找，并用棉花吸去渗出液，即可见到两足神经节。

（3）脏神经节：呈蝴蝶状紧贴于河蚌后闭壳肌下方。用尖头镊子将河蚌后闭壳肌表面的一层组织膜撕去，即可见到脏神经节。

沿着 3 对神经节发出的神经，仔细地剥离河蚌周围组织，在脑神经节、足神经节，脑神经节、脏神经节之间可见有神经连接。

（二）瓣鳃纲动物

瓣鳃纲动物全部生活在水中，大部分海产，少数在淡水中生活，极少数为寄生生物。瓣鳃纲动物约有 2 万种，分布很广，一般运动缓慢，有的潜居于泥沙中，有的固着生活，也有的凿石或凿木而栖。瓣鳃纲的重要种类如下。

（1）重要食用种类：蚶、牡蛎、缢蛏、江瑶、扇贝、贻贝等。

（2）可生产珍珠的种类：三角帆蚌、珍珠贝等。

四、注意事项

解剖时，注意用解剖刀柄自河蚌两壳腹面中间合缝处平行插入，不要用解剖刀刃。

实验 4 昆虫纲分类

一、实验目的

（1）认识昆虫的常见种类。
（2）学会使用和制作昆虫分类检索表。

二、实验用品

（1）主要器具：昆虫检索资料等。
（2）主要材料：昆虫标本。

三、实验方法

用昆虫分类检索表对昆虫进行分类之前，必须了解常用的昆虫重要分类特征（如口器、翅、足和触角）的基本结构及其变化情况，并通过仔细观察，对昆虫各特征所属类型做出正确判断。使用动物分类检索表时，应避免选错检索途径；检索到标本所属的目之后，还必须与该目的特征进行全面对照，确定检索结果正确。

（一）观察昆虫的口器

（1）咀嚼式口器：如蝗虫的口器。
（2）嚼吸式口器：如蜜蜂的口器，由以下几个部分组成。
上唇：为一薄片，内面着生刚毛。
上颚：有 1 对，位于头的两侧，坚硬，呈齿状，适于咀嚼。
下颚：有 1 对，位于上颚的后方，由棒状的轴节、宽而长的基节及片状的外颚叶组成，并有 1 对 5 节的下颚须。
下唇：位于下颚的中央，有 1 个三角形的亚颏和 1 个粗大的颏部。昆虫颏部的两侧有 1 对 4 节的下唇须，颏部的端部有 1 条多毛的长管，被称为中唇舌，其近基部有 1 对薄且凹成叶状的侧唇舌，端部还有一匙状的中舌瓣。
（3）刺吸式口器：如蚊的口器，由上唇、上颚、下颚、舌、下唇组成，各部分都延长为细针状。
上唇：1 根较大的口针，其端部尖锐如利剑。
上颚：2 根较细的口针。
下颚：有 1 对，由 4 节下颚须及由外颚叶变成的口针组成，口针端部尖锐，具齿。
舌：有 1 根，较宽，细长而扁平。
下唇：有 1 根，长而粗大，多毛，呈喙状，可围抱上述口针。

（4）舐吸式口器：如家蝇的口器，上颚和下颚均退化，仅余 1 对呈棒状的下颚须；下唇特化为长的喙，喙端部膨大成 1 对具环沟的唇瓣；喙的背面基部着生一剑状上唇，其下紧贴一扁长的舌，两相闭合而成食物道。

（5）虹吸式口器：如蝶蛾类的口器，上颚及下唇退化，下颚形成长形卷曲的喙，中间有食物道；下颚须不发达，下唇须发达。

（二）观察昆虫的足

（1）步行足：如蜚蠊的足，各节皆细长，适于步行。

（2）捕捉足：如螳螂的前足，基节长大，腿节发达，腹缘有沟，沟两侧具成列的刺；胫节腹缘亦具两列刺，适于捕捉食物。

（3）开掘足：如蝼蛄的前足，各节粗短强壮；胫节扁平，端部有 4 个发达的齿；跗节有 3 节，极小，着生在胫节外侧，呈齿状。

（4）游泳足：如松藻虫的后足，胫节和跗节皆扁平呈浆状，其边缘具成列的长毛，适于游泳。

（5）抱握足：如雄龙虱的前足，跗节分为 5 节，前 3 节变宽，并列呈盘状，边缘有缘毛，每节有多列横走的吸盘；后两节很小，末端具 2 爪。

（6）携粉足：如蜜蜂的后足，各节均具长毛，胫节端部扁宽，外面光滑而凹陷，边缘有成列长毛，形成花粉篮；跗节分为 5 节，第 1 节膨大，内侧具数排横列的硬毛，可用于梳集黏着在体毛上的花粉；胫节与跗节相接处的缺口为压粉器。

（7）跳跃足：如蝗虫的后足，腿节膨大，胫节细长而多刺，适于跳跃。

（8）攀缘足：如虱的足，胫节腹面具指状突起，可与跗节及爪合抱，以握持毛发或织物纤维。

（三）观察昆虫的翅

（1）膜翅：如蜂类的翅，薄而透明，膜质，翅脉清晰可见。

（2）革翅（有时又称复翅）：如蝗虫的前翅，革质，稍厚而有弹性，半透明，翅脉清晰可见。

（3）鞘翅：如金龟子的前翅，角质，厚而坚硬，不透明，翅脉不可见。

（4）半鞘翅：如蝽类的前翅，基半部厚而硬，鞘质或革质；端半部膜质。

（5）平衡棒：如蚊、蝇的后翅，后翅特化成棒状或勺状。

（6）鳞翅：如蛾、蝶的翅，膜质，表面密被由毛特化而成的鳞片。

（7）缨翅：如蓟马的翅，膜质，狭长，边缘着生成列缨状毛。

（8）毛翅：如石蚕蛾的翅，膜质，表面密被刚毛。

（四）观察昆虫的触角

（1）刚毛状触角：如蜻蜓、蝉的触角，鞭节纤细似一根刚毛。

（2）丝状触角：如蟋蟀的触角，鞭节各节细长，无特殊变化或细长如丝。

（3）念珠状触角：如白蚁的触角，鞭节各节呈圆球状。

（4）锯齿状触角：如芫菁的触角，鞭节各节的端部有一短角突起，整个触角形似锯条。

（5）栉齿状触角：如一些甲虫、蛾类雌虫的触角，鞭节各节的端部有一长形突起，整个触角呈栉（梳）状。

（6）羽状（双栉状）触角：如雄家蚕蛾的触角，鞭节各节端部两侧均有细长突起，整个触角形似羽毛。

（7）膝状触角：如蚂蚁、蜜蜂的触角，鞭节与梗节之间弯曲呈一定角度。

（8）具芒触角：如蝇类的触角，鞭节仅一节，肥大，其上着生有一根芒状刚毛。

（9）环毛状触角：如雄蚊、摇蚊的触角，鞭节各节基部着生有一圈刚毛。

（10）球杆状触角：如蝶类的触角，鞭节末端数节逐渐膨大，似棒球杆。

（11）锤状（头状）触角：如露尾虫、郭公虫等的触角，鞭节末端数节突然膨大。

（12）鳃状触角：如金龟子的触角，鞭节各节具一片状突起，各片重叠在一起似鳃片。

（五）观察昆虫的变态

1. 无变态

例如，衣鱼的幼虫与成虫，除身体较小和性器官未成熟外，其他无太大差别。

2. 有变态

（1）渐变态：如蝗虫，从幼虫生长发育到成虫，除翅逐渐成长和性器官逐渐成熟外，没有其他明显差别。这种渐变态的幼虫被称为若虫。

（2）半变态：如蜻蜓，幼虫在外形和生活习性上与成虫不同。幼虫生活于水中，有临时器官；成虫生活于陆地，临时器官消失。这种半变态的幼虫被称为稚虫。

（3）完全变态：如蚕，幼虫与成虫在各方面完全不同。幼虫在变成成虫前，要经过不食不动的蛹期。

（六）检索昆虫纲各目

现在使用的昆虫分类检索表多为双项式，即每次分类都把昆虫按特征分为 2 类，直至分成所需要的分类阶元为止。在检索表中列有 1、2、3 等数字，每个数字后都列有 2 条对立的特征描述。确定要鉴定的昆虫后，从第 1 查起，2 条对立特征哪一条与所鉴定的昆虫一致，就按该条后面所指出的数字继续查下去，直到查出“目”为止。例如，若被鉴定的昆虫符合第 1 中的“有翅”一条，此条后面指出的数字是 23，则再查第 23；若在第 23 中“有 1 对翅”与所鉴定的昆虫吻合，则再按后面指出的数字 24 查下去；直到查到后面指出××目的名称为止。

四、注意事项

学生应分清通常认为亲缘关系比较近的或容易混淆的昆虫种类，如蚂蚁与白蚁、蝶与蛾、蜻蜓与豆娘等。

实验 5 小鱼尾鳍血流观察

一、实验目的

掌握小鱼尾鳍的血流观察方法。

二、实验用品

（1）主要器具：脱脂棉、培养皿、载物台、显微镜等。

（2）主要材料：活小鲤鱼（小鲫鱼）。

三、实验方法

（1）用湿脱脂棉将小鱼包住，只露出其尾鳍。

（2）将包好的小鱼放在培养皿中，使其尾鳍平展，并贴在培养皿底部。

（3）将培养皿放在载物台上，用低倍显微镜观察小鱼尾鳍的血管和血管内血液的流动。

（4）识别小动脉、毛细血管和小静脉。

做此实验时，教师要提醒学生将脱脂棉浸湿，并在靠近小鱼鳃部的脱脂棉上滴水，保持湿润，以维持小鱼的呼吸。只要小鱼能正常呼吸，就能更好地观察其血液的流动。一个班的学生做完实验后，将小鱼放入水中，下一个班的学生还可继续使用。如果用蛙蹼做实验材料，则要将蛙全身和三肢包紧，只露出一个肢的蹼，防止蛙在玻璃片上活动。无论是用小鱼尾鳍做实验材料，还是用蛙蹼做实验材料，都必须将其平展在视野之内。

四、注意事项

小鱼尾鳍的血流方向在显微镜下是相反的，因此，学生在判断静脉、动脉时应该特别注意血流方向。

实验 6 蟾蜍解剖

一、实验目的

（1）掌握两栖动物的解剖和观察方法。

（2）学习双毁髓处死蛙类的方法。

二、实验用品

（1）主要器具：毁髓针、蜡盘、显微镜、眼科剪、眼科镊、大头针、蜡板、干棉球、解剖盘等。

（2）主要材料：活蛙（活蟾蜍）、鬃毛、蛙（蟾蜍）整体和散装的骨骼标本。

三、实验方法

（一）双毁髓处死蛙类的方法——刺毁蛙的脑和脊髓

下面以蛙为例进行介绍。

（1）左手握蛙，使其背部向上，用食指和中指夹住蛙的前肢，用无名指和小指握住蛙的后肢，用拇指下压其头部前端，使其头与脊柱相连处凸起。用右手持毁髓针自蛙两眼之间沿中线向后端触划，可触到一凹陷处即枕骨后凹。

（2）将毁髓针由凹陷处垂直刺入，再将针尖从枕骨大孔向前刺入颅腔，并在颅腔内搅动，捣毁蛙的脑组织。如果针确在蛙颅腔内，则可感到针触及颅骨。

（3）将针退回至枕骨大孔，然后将针尖转向后方，与脊柱平行插入椎管，一边伸入，一边旋转毁髓针以便毁髓。当蛙四肢僵直而后又松软下垂时，即表明蛙的脑组织和脊髓完全被破坏。如果蛙仍四肢肌肉紧张或活动自如，则必须重新毁髓。

（4）拔出毁髓针，用干棉球将针孔堵住，防止其出血。

（二）外形观察

将蛙伏于解剖盘内，观察其身体。蛙的身体可分为头部、躯干和四肢 3 部分。

（1）头部：蛙头部扁平，略呈三角形，吻端稍尖；其口宽大，横裂，由上下颌组成。蛙的上颌背侧前端有 1 对外鼻孔，外鼻孔外缘具鼻瓣。学生应观察鼻瓣如何运动，思考鼻瓣的运动与口腔底部的动作有何关系。蛙眼大而突出，位于头的左、右两侧，具上、下眼睑；下眼睑内侧有半透明的瞬膜。学生轻触蛙眼睑，观察其上、下眼睑和瞬膜是否活动。蛙两眼后各有一圆形鼓膜（蟾蜍的鼓膜较小，在眼和鼓膜的后上方有 1 对椭圆形隆起，为耳后腺，即毒腺）。雄蛙口角内后方各有一浅褐色膜襞即声囊，鸣叫时鼓成泡状（蟾蜍无此结构）。

（2）躯干：位于鼓膜之后，短而宽。躯干后端两腿之间偏背侧有一小孔，为泄殖腔孔。

（3）四肢：蛙前肢短小，由上臂、前臂、腕、掌、指 5 部分组成；有 4 指，指间无蹼。生殖季节雄蛙第 1 指基部内侧有一膨大突起，被称为婚瘤，为抱对之用；蛙后肢长而发达，分为股、胫、跗、跖、趾 5 部分；有 5 趾，趾间有蹼，在第 1 趾内侧有一较硬的角质化的距。

（4）皮肤：蛙背面皮肤粗糙，背中央常有一条窄而色浅的纵纹，背的两侧各有 1 条色浅的背侧褶，颜色变异较大，有黄绿、深绿、灰棕色等，并有不规则黑斑；蛙腹面皮肤光滑，呈白色（蟾蜍体表皮肤极粗糙，有大小不等的圆形瘰疣，但其头部背面无瘰疣，皮肤呈暗黑色，体侧和腹部呈浅黄色，间有黑色花纹）。

用手抚摸活蛙的皮肤，有黏滑感，其黏液由皮肤腺分泌。

在显微镜下观察蛙的皮肤切片，可见其皮肤由表皮和真皮组成。蛙皮肤的角质层裸露在体表，极薄，由扁平细胞构成，皮肤角质层下为由柱状细胞构成的生发层。蛙皮肤表层中有腺体的开口和少量色素细胞，其真皮位于表皮之下，厚度约为表皮的 3 倍，由结缔组织组成，分为紧贴表皮生发层的疏松层及其下方的致密层。蛙的真皮中有许多色素细胞、多细胞腺、血管和神经末梢等。

（三）内部解剖

1. 肌肉系统

将处死的蛙腹面向上置于解剖盘内，展开其四肢。用左手持镊子，夹起蛙腹面后腿基部之间、泄殖腔稍前方的皮肤，用右手持剪刀，将腹壁剪开一切口，由此处沿蛙腹中线向前剪开皮肤，直至其下颌前端，在蛙肩带处向两侧剪开并剥离前肢皮肤，在蛙股部做一环形切口，剥去蛙股部至足部的皮肤。

观察蛙的下颌、腹壁和四肢的主要肌肉。

1）下颌表层主要肌肉

（1）下颌下肌：位于蛙下颌腹面表层的薄片状肌肉，是构成口腔底壁的主要部分。

（2）颏下肌：一小片略呈菱形的肌肉，位于蛙下颌的前角，其前缘紧贴下颌连合处，肌纤维横行。

2）腹壁表层主要肌肉

（1）腹直肌：位于腹部正中、幅度较宽的肌肉，肌纤维纵行，起于耻骨联合处，止于胸骨处。该肌被其中央纵行的结缔组织白线（腹白线）分为左、右两半，每半又被横行的 4～5 条腱划分为几节。

（2）腹斜肌：位于蛙腹直肌两侧的薄片肌肉，分内外 2 层。蛙腹外斜肌纤维由前背方向腹后方斜行。轻轻划开蛙的腹外斜肌，可见其内层的腹内斜肌，蛙腹内斜肌纤维走向与腹外斜肌纤维相反。

（3）胸肌：位于蛙腹直肌前方，呈扇形，起于胸骨和腹直肌外侧的腱膜，止于肱骨。

3）四肢主要肌肉

（1）肱三头肌：位于蛙肱部背面，为其上臂最大的一块肌肉，其起点有 3 个肌头，分别起于肱骨近端的上表面、内表面，肩胛骨后缘和肱骨的外表面，止于桡尺骨的近端，是伸展和旋转前臂的重要肌肉。

（2）股二头肌：一狭条肌肉，介于蛙半膜肌和股三头肌之间，大部分被半膜肌和股三头肌覆盖。股二头肌起于髋骨背面髋臼的上方，其末端肌腱分为两部分，分别附着于股骨的远端和胫骨的近端。股二头肌收缩时能使蛙小腿屈曲、大腿上提。

（3）腓肠肌：蛙小腿后面最大的一块肌肉，也是生理学中常用的实验材料。腓肠肌起点有大小 2 个肌头，大的肌头起于股骨远端的屈曲面，小的肌头起于股三头肌止点附近，其末端越过跗部腹面，止于跖部。腓肠肌收缩时使蛙小腿屈曲、足伸展。

将被双毁髓的蛙腹部向上置于蜡盘中，展开其四肢，用大头针于蛙腕部和跗部钉入，将蛙固定在蜡盘中。用镊子提起蛙胸骨后方的腹肌，用剪刀在蛙腹肌上剪一小口，沿蛙皮肤切口方向剪开其胸壁，剪断蛙左、右乌喙骨和锁骨，剪去其胸壁，使切口呈倒三角形，此时可见蛙心脏在围心腔内搏动。用左手持眼科镊提起蛙半透明围心膜，用右手持眼科剪剪开蛙围心膜，暴露其心脏。

2. 口咽腔

口咽腔为消化系统和呼吸系统共同的通道。

1）舌

用左手持镊子将蛙的下颌拉下，可见其口腔底部中央有 1 条柔软的肌肉质舌，其基部着生在下颌前端内侧，舌尖向后伸向咽部。用右手持镊子轻轻将舌从蛙口腔内向外翻拉出并展平，可看到蛙的舌尖分叉（蟾蜍舌尖钝圆，不分叉），用手指触舌面有黏滑感。用右手持剪刀剪开蛙左右口角至鼓膜下方，令其口咽腔全部露出。

2）内鼻孔

蛙有 1 对椭圆形孔，位于口腔顶壁近吻端处，即内鼻孔。取一鬃毛从外鼻孔穿入，可见鬃毛由内鼻孔穿出。

3）齿

蛙沿上颌边缘有一排细而尖的牙齿，齿尖向后，即颌齿（蟾蜍无齿）；蛙在 1 对内鼻孔之间有两排细齿，为犁齿（蟾蜍无齿）。

4）耳咽管孔

耳咽管孔是位于蛙口腔顶壁两侧、颌角附近的 1 对大孔。用镊子由此孔轻轻探入，可通到蛙鼓膜。

5）声囊孔

雄蛙在口腔底部两侧口角处、耳咽管孔稍前方，有 1 对小孔，即声囊孔（雄蟾蜍无此孔）。

6）喉门

喉门为蛙舌尖后方腹面的具有纵裂的圆形突起，是喉气管室在咽部的开口。

7）食管口

食管口是喉门的背侧，咽底的皱襞状开口。观察完口咽腔后，剪开蛙皮肤。用镊子将其两后肢基部之间的腹直肌后端提起，用剪刀沿其腹中线稍偏左自后向前剪开腹壁（这样不会损毁位于腹中线上的腹静脉），剪至蛙剑胸骨处时，沿其剑胸骨的左、右侧斜剪，剪断其乌喙骨和肩胛骨。用镊子轻轻提起蛙剑胸骨，仔细剥离其胸骨与围心膜间的结缔组织（注意勿损伤其围心膜），剪去胸骨和胸部肌肉。先将蛙腹壁中线处的腹静脉从腹壁上剥离开，再将其腹壁向两侧翻开，用大头针将其固定在蜡板上。此时可见蛙位于体腔前端的心脏、心脏两侧的肺囊、心脏后方的肝脏，以及胃、膀胱等器官。在本实验中暂不仔细观察蛙的心脏。

3. 循环系统

循环系统包括心脏及其周围血管，蛙的心脏位于体腔前端胸骨背面，被包在围心腔内，其后是红褐色的肝脏。用镊子在蛙心脏腹面夹起半透明的围心膜，并将其剪开，使心脏露出，从腹面观察心脏的外形及其周围血管。

（1）心房：蛙心脏前部的两个薄壁有皱襞的囊状体，左、右各一。

（2）心室：连于蛙心房之后的厚壁部分，呈圆锥形。蛙的心室尖向后，在两心房和心室交界处有明显的冠状沟，紧贴冠状沟处有黄色脂肪体。

（3）动脉圆锥：由心室腹面右上方发出的 1 条较粗的肌质管，颜色淡，其后端稍膨大，与心室相通，其前端分为两支，即左、右动脉干。

（4）静脉窦：在蛙心脏背面，为暗红色三角形的薄壁囊，其左、右两个前角分别连接左、右前大静脉，其后角连接后大静脉。蛙的静脉窦开口于右心房，在静脉窦的前缘左侧有很细的肺静脉注入左心房。

（5）心瓣膜：在蛙心房和心室之间有 1 个房室孔，用于沟通心室与心房；在房室孔周围有 2 片大型膜状瓣和 2 片小型膜状瓣，称为房室瓣；在心室和动脉圆锥之间有 1 对半月形的瓣膜，称为半月瓣。学生可用镊子轻轻提起蛙心瓣膜观察。此外，在蛙动脉圆锥内有 1 个腹面游离的纵行瓣膜，称为螺旋瓣。

在蛙左、右心房背壁上寻找肺静脉通入左心房的开口和静脉窦通入右心房的开口。用鬃毛分别从这 2 个开孔探入肺静脉和静脉窦进行观察。

4. 消化系统

（1）肝脏：呈红褐色，位于蛙体腔前端、心脏的后方，由较大的左、右两叶和较小的中叶组成。在蛙中叶背面、左右两叶之间有 1 个绿色圆形小体，即胆囊。用镊子夹起蛙的胆囊，轻轻向后牵拉，可见胆囊前缘向外发出两根胆囊管：一根与肝管连接，接收肝脏分泌的胆汁；另一根与总输胆管相接。胆汁经总输胆管进入十二指肠。提起蛙的十二指肠，用手指挤压胆囊，可见有暗绿色胆汁经总输胆管进入十二指肠。

（2）食管：将蛙的心脏和左叶肝脏推向右侧，可见心脏背面有 1 根乳白色短管与胃相连，即食管。

（3）胃：与食管下端相连的 1 个弯曲的膨大囊状体，其部分被肝脏遮盖。蛙的胃与食管相连处即贲门；胃与小肠交接处明显紧缩、变窄，为幽门。蛙胃内侧的小弯曲为胃小弯；胃外侧的弯曲为胃大弯；胃中间部分为胃底。

（4）肠：可分为小肠和大肠两部分。蛙的小肠自幽门后开始，向右前方伸出的一段为十二指肠；其后向右后方弯转并盘曲在体腔右下部的，为回肠；蛙的大肠接于回肠，膨大而陡直，又称直肠；大肠向后通泄殖腔，以泄殖腔孔开口于体外。

（5）胰脏：1 条呈淡红色或黄白色的腺体，位于蛙胃和十二指肠间的弯曲处。将肝、胃和十二指肠翻折向前方，即可看到胰脏的背面。蛙的总输胆管穿过胰脏，并接受胰管通入，但胰管细小，一般不易被看到。

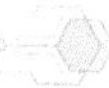

（6）脾：在蛙大肠前端的肠系膜上，有 1 个呈红褐色的球状物，即脾，它属于淋巴器官。

5. 呼吸系统

蛙为肺皮呼吸，其呼吸的器官有鼻腔、口腔、喉气管室和肺。其中，我们已于口咽腔处观察过蛙的鼻腔和口腔，此处只观察喉气管室和肺。

（1）喉气管室：用左手持镊子轻轻将蛙心脏后移，用右手持钝头镊子自蛙咽部喉门处通入，可见蛙心脏背面有 1 根短粗略透明的管子，即喉气管室，其后端通入肺。

（2）肺：位于蛙心脏两侧的 1 对呈粉红色、近椭圆形的薄壁囊状物。剪开蛙的肺壁可见其内表面呈蜂窝状，密布微血管。

6. 泄殖系统

蛙（蟾蜍）为雌雄异体，在观察时可更换不同性别的标本。将蛙的消化管移向一侧，仔细观察以下结构。

1）泌尿器官

（1）肾脏：1 对呈红褐色的长而扁平的器官，位于蛙的体腔后部，紧贴背壁脊柱的两侧。将蛙肾脏表面的腹腔膜剥离，即可使蛙的肾脏清楚可见。蛙肾脏的腹缘有 1 条呈橙黄色的肾上腺，为内分泌腺体。

（2）输尿管：由蛙两肾的外缘近后端发出的 1 对壁很薄的细管，其向后延伸，分别通入泄殖腔背壁。

（3）膀胱：位于蛙体腔后端腹面中央，为连附于泄殖腔腹壁的 1 个两叶状薄壁囊。膀胱被尿液充盈时，其形状明显可见。当膀胱空虚时，可用镊子将它放平展开，以观察其形状。

（4）泄殖腔：粪、尿和生殖细胞共同排出的通道，以单一的泄殖腔孔开口于体外。沿蛙腹中线剪开耻骨，进一步暴露出泄殖腔。剪开蛙泄殖腔的侧壁并展开腔壁，用放大镜观察腔壁上的输尿管、膀胱，以及雌蛙输卵管通入泄殖腔的位置。

2）雄蛙

（1）精巢：有 1 对，位于雄蛙肾脏腹面内侧，近白色，呈卵圆形（蟾蜍的精巢常为长柱形），其大小因个体和季节的不同而有差异。

（2）输精小管和输精管：用镊子轻轻提起雄蛙的精巢，可见由精巢内侧发出的许多细管，即输精小管，它们通入肾脏前端。因此，雄蛙的输尿管兼具输精功能。

（3）脂肪体：位于雄蛙精巢前端的黄色指状体，其体积在不同季节变化很大。

3）雌蛙

（1）卵巢：有 1 对，位于雌蛙肾脏前端腹面，其形状、大小因季节不同而变化很大，在生殖季节极度膨大，内有大量卵，卵未成熟时呈淡黄色，成熟后呈黑色。

（2）输卵管：1 对长而迂曲的管子，乳白色，位于输尿管外侧，以喇叭状开口于体腔；其后端在接近泄殖腔处膨大，呈囊状，称为子宫，子宫开口于泄殖腔背壁（雌蟾蜍的左右子宫合并后，通入泄殖腔）。

（3）脂肪体：有 1 对，与雄蛙的脂肪体相似，黄色，呈指状，临近冬眠季节时其体积很大。雌蟾蜍的卵巢和脂肪体之间有橙色球形的毕氏器，为退化的精巢。

四、注意事项

如果用蟾蜍做实验材料，则在双毁髓处死蟾蜍时，操作者的眼睛要和蟾蜍保持一定距离，避免将耳后腺分泌物弄到眼睛里。如果不慎使耳后腺分泌物进入眼睛，则应立刻用清水清洗眼睛，然后去医院做进一步清洗。

实验 7　家 兔 解 剖

一、实验目的

掌握解剖哺乳类动物的一般方法。

二、实验用品

（1）主要器具：解剖器具（镊子、解剖盘、解剖板）、兔解剖台、20mL 注射器、滤纸、棉花等。

（2）主要材料：家兔。

三、实验方法

（一）外形观察

兔体表被毛，其毛有 3 种类型：针毛、绒毛和触毛。兔的针毛稀而粗长，有毛向；绒毛细短而密，没有毛向；触毛又称须，着生在兔的嘴边，长而硬，有感觉功能。兔的身体分为头部、颈部、躯干、四肢和尾部 5 部分。

（1）头部：哺乳动物脑颅较大，其头骨可分为两个区域，眼以前为颜面区，眼以后为头颅区。兔口围以肉质唇。兔的上唇中央有明显的纵裂，其口边有硬而长的触须。兔眼具有上、下眼睑及退化的瞬膜。用镊子将兔的瞬膜从前眼角拉出，可见其眼后为 1 对很长的外耳壳。

（2）颈部：兔的颈部较短。

（3）躯干：兔的躯干可分为背部、胸部和腹部。兔的背部有明显的腰弯曲，兔的胸部、腹部以体侧最后一根肋骨为界。用右手抓住兔背皮肤，用左手托住其臀部使其腹部朝上，可见雌兔胸腹部有 3～6 对乳头（以 4 对居多），但幼兔和雄兔的乳头不明显。兔

近尾根处有肛门和泄殖孔，肛门靠后，泄殖孔靠前。兔肛门两侧各有一片无毛区，称为鼠蹊部。鼠蹊腺开口于肛门两侧无毛区，家兔特有的气味即为此腺体分泌物散发的气味。雌兔泄殖孔被称为阴门，阴门两侧隆起形成阴唇。雄兔泄殖孔位于阴茎顶端，成年雄兔肛门两侧有 1 对明显的阴囊，在生殖时期，雄兔睾丸由腹腔坠入阴囊内。

（4）四肢：兔四肢在腹面，有肘和膝。兔的前肢短小，肘部向后弯曲，具 5 趾；后肢较长，膝部向前弯曲，具 4 趾，第 1 趾退化，趾端具爪。

（5）尾部：兔的尾部很短，位于躯干末端。

（二）内部解剖与观察

将兔置于解剖盘内或实验桌上，在其耳缘静脉处插入针头，注射 10mL 空气，几分钟内兔即可死亡。注意从兔耳缘静脉的远端向耳基部刺入针头，注射空气；也可以用乙醚熏、断颈法或者击后脑的方法处死活兔。

将死兔仰置于解剖盘中，用钉子将其固定在解剖板上，按下列顺序进行观察。

1. 消化系统

1）消化腺

（1）肝脏：兔体内最大的消化腺体，位于兔腹腔的前部，呈深红色，分为 6 叶，即左外叶、左中叶、右中叶、右外叶、方形叶和尾形叶。在兔尾形叶与右外叶之间有动脉、静脉、神经和淋巴管的通路，被称为肝门。兔的胆囊位于肝的右中叶背面，使胆汁沿胆管进入十二指肠。

（2）胰脏：散于兔十二指肠的弯曲处，是一种多分支的淡黄色腺体，有 1 条胰腺管开口于十二指肠。

2）消化管

（1）口腔：沿口角将兔颊部剪开，清除其一侧的咀嚼肌，并用骨剪剪开该侧的下颌骨与头骨的关节，即可将兔的口腔全部揭开。兔口腔的前壁为上下唇，两侧壁是颊部，上壁是腭，下壁为口腔底。兔口腔前面牙齿与唇之间为前庭，位于口腔最前端的 2 对长而呈凿状的牙为门牙；口腔后面各有 3 对短而宽且具有磨面的前臼齿和臼齿。

在口腔顶部的前端，用手可摸到兔的硬腭；口腔后端则为软腭。硬腭与软腭构成鼻通路。兔的口腔底部有发达的肉质唇，其舌的前部腹面有系带将舌连在口腔底上。舌的表面有许多小乳头，其上有味蕾。舌的基部有一单个轮廓的乳头。

（2）咽部：位于兔软腭后方背面。由软腭自由缘构成的孔为咽峡。沿兔软腭的中线剪开，露出的腔是鼻咽腔，为咽部的一部分。兔鼻咽腔的前端是内鼻孔，在鼻咽腔的侧壁上有 1 对斜的裂缝，即耳咽管的开口。用鬃毛探测，可知此管通中耳腔。咽部后面渐细，连接食管。食管的前方为呼吸道的入口，有 1 块叶状的突出物称会厌（位于舌的基部）。食管物通道与气体通道在咽部后面进行交叉，会厌能防止食物进入呼吸道。

（3）食管：位于兔气管背面，由咽部后行伸入胸腔，穿过横膈膜进入腹腔与胃连接。

（4）胃：1 个扩大的囊，其一部分为肝脏所遮盖。食管开口于胃的中部。胃与食管相连处为贲门；胃与十二指肠相连处为幽门。胃分为两部分：左侧胃壁薄而透明，呈灰白色，黏膜上有黏液腺；右侧胃壁的肌肉质较厚，且有较多的血管，呈红灰色。

（5）肠管：兔肠管前端细而盘旋的部分为小肠；其后段为大肠。小肠又分为十二指肠、空肠和回肠；大肠则分为结肠和直肠。小肠和大肠交界处有盲肠。十二指肠在兔胃的幽门之后，弯折并向右行，在接近肝脏的一侧有总肝管注入，在其对侧有胰管注入。兔的空肠和回肠在外观上没有明显的界线。十二指肠后端为空肠，再后段为回肠。兔的盲肠是介于小肠和大肠之间的盲囊。草食性动物的盲肠较发达；肉食性动物的盲肠则退化。兔结肠的肠管上有由纵行的肌肉纤维形成的结肠带，将肠管紧缩呈环结状。兔的结肠又分为升结肠、横结肠和降结肠 3 部分，按其自然位置即可区别。兔大肠的最后端为很短的直肠，直肠开口于肛门。

2. 泄殖系统

1）排泄器官

兔的肾脏为紫红色的豆状结构，位于腹腔背面，以系膜紧紧地连接在体壁上，经白色的输尿管与膀胱相连。肾脏前方有 1 个小圆形的肾上腺（内分泌腺）。输尿管经膀胱通连尿道，直接开口于体外。剪下兔一侧的肾脏，沿侧面剖开肾脏，用水将其冲洗干净后观察：兔的肾脏外周部分为皮质部，其内部有辐射状纹理的部分为髓质部；肾中央的空腔为肾盂；在髓质部有乳头状突起伸入肾盂。尿经肾乳头汇入肾盂，再经输尿管进入膀胱背侧。

2）生殖系统

可于解剖之后交互观察雄兔、雌兔标本。

雄兔：睾丸为 1 对白色的卵圆形器官。在繁殖期，雄兔的睾丸下降到阴囊中；在非繁殖期，雄兔的睾丸则缩入腹腔内。雄兔的阴囊以鼠蹊管孔连通腹腔。睾丸端部的盘旋管状构造为附睾。由附睾伸出的白色管为输精管。输精管经膀胱后面进入阴茎连通体外。在雄兔输精管与膀胱交界处的腹面，有 1 对鸡冠状的精囊腺。横切雄兔阴茎，可见位于中央的尿道。尿道周围有 2 个富于血管的海绵体。

雌兔：在雌兔肾脏上方的呈紫黄色带有颗粒状突起的腺体为卵巢。雌兔卵巢外侧各有 1 条细的输卵管。输卵管端部的喇叭口开口于腹腔。输卵管下端膨大部分为子宫。有的雌兔标本可见子宫内有小胚胎或子宫斑（紫色斑点）。雌兔两侧子宫结合呈“V”形，经阴道开口于体外。

3. 呼吸系统

1）喉头

将兔颈部腹面的肌肉除去，以便观察喉头。兔喉头为软骨构成的腔，其顶端有 1 个很大的开口即声门。兔喉头的背缘有会厌，会厌的背面为食管的开口。兔喉头腹面的大形盾状软骨为甲状软骨，其后方为围绕喉部的环状软骨。环状软骨的背面较宽，其上有 1 对小的突起即勺状软骨。兔喉头腔内壁上的褶状物为声带。

为了继续观察，须剪开兔颈部后面的肌肉，并打开其胸腔。用骨剪剪开兔的肋骨，除去其胸骨，即可观察兔胸腔的内部构造。

2）气管

由喉头向后延伸的气管，其管壁由许多软骨环支持。软骨环的背面不完整，紧贴着食管。兔的气管向后分成两支进入肺。在软骨环的两侧各有 1 个扁平呈椭圆形的腺体，即甲状腺。

3）肺

肺为海绵状器官，位于兔心脏两侧的胸腔内。

4. 循环系统

1）心脏

心脏位于兔的围心腔内，围心腔位于胸腔中央。用镊子提起兔的围心膜，用小剪刀细心地剪开围心腔，观察兔的心脏及其周围的血管。兔的心脏肌肉壁最厚的地方是心室，壁厚的部分为左心室，右心室附于左心室右侧，心室上面的两侧为心房。

与心脏相连的大血管包括以下几种。

动脉弓：1 条粗大的血管，由兔的左心室伸出，向前转至左侧折向后方。

肺动脉：由兔的右心室发出，随后分为两支，分别进入左、右肺（在心脏的背侧即可看到）。

肺静脉：分为左、右两大支，由兔的肺伸出，由背侧进入左心房。

2）静脉系统

哺乳动物的静脉系统主要有 1 对前大静脉和 1 条后大静脉，汇集全身的静脉血返回右心房。①前大静脉：分左、右两支，位于兔第 1 肋骨的水平处，汇集锁骨下静脉和总颈静脉的血液，向后行进入右心房。②后大静脉：收集兔内脏和后肢的血液，注入右心房，在注入处与左、右前大静脉汇合。后大静脉的主要分支如下：肝门静脉，汇合兔内脏各器官的静脉血液进入肝脏（收集胰、脾、胃、大网膜、小肠、盲肠、结肠、胃的幽门及十二指肠等的血液）；肝静脉，由肝发出汇入后大静脉；肾静脉，由肾门发出汇入后大静脉；股静脉、髂内静脉、髂外静脉。股静脉位于大腿深面，与股动脉伴行，股静脉初行的时候位于大腿外侧，后逐渐转至其内侧，在腹股沟韧带的深面延续为髂外静脉。髂静脉是盆腔部静脉，主要有髂外静脉、髂内静脉和髂总静脉。髂外静脉是骨静脉的直接延续，左髂外静脉沿髂外动脉的内侧上行，右髂外静脉沿髂外动脉的内侧上行，后沿髂外动脉的后上方上行，至骶髂关节前方与髂内静脉汇合，二者汇合成髂总静脉。髂外静脉接受腹壁下静脉和旋髂深静脉，髂内静脉沿髂内动脉后内侧上行，与髂外静脉汇合成髂总静脉。

3）动脉系统

将兔一侧的前大静脉结扎起来，然后剪断，去掉脂肪以便观察兔心脏附近的大血管。

哺乳动物仅有左体动脉弓。用镊子将兔的心脏拉向右侧，可见其大动脉弓由左心室发出，稍前伸即向左弯折行向后方。贴近兔背壁中线，经胸部行至腹部后端的动脉，被称为背大动脉。

无名动脉为 1 条短而粗的血管，具有两大分支，即右锁骨下动脉和右总颈动脉。

将兔的离体心脏在水中洗净后，先于其右心房中线偏外侧处纵行剪开，可看到兔右心房的腔，然后沿腔的腹壁横向剪开兔右心房与右心室之间的壁。沿此切口于兔右心室的腹壁上纵行剪开，打开兔的右心房和右心室。用鬃毛穿通兔的静脉在右心房上的开口，再穿通右心室通往肺动脉的孔，即能看清兔的血管在心脏开口的情况。用同样的方法剖开兔的左心房和左心室。

四、注意事项

（1）处死兔时，一名学生进行静脉注射，另一名学生帮助其把兔绑定好，避免出现意外。

（2）在解剖初期不要将兔的循环系统剪断，否则会造成兔大量出血，影响对兔其他器官和系统的观察。

实验 8　脊椎动物分类

一、实验目的

（1）了解脊椎动物的主要类群及其特征，认识本地常见脊椎动物的种类及有重要经济价值的物种。

（2）掌握脊椎动物的分类方法，学习使用动物分类检索表的方法。

二、实验用品

（1）主要器具：卡尺、卷尺、放大镜、实体显微镜等。

（2）主要材料：鱼类、两栖类、爬行类、鸟类和哺乳类标本。

三、实验方法

（一）鱼纲分类依据和常用术语

全长：自吻端至尾鳍末端的长度。

体长：自吻端至尾鳍基部的长度。

体高：躯干最高处的垂直高度。

头长：由吻端至鳃盖骨后缘（不包括鳃膜）的长度。

躯干长：由鳃盖骨后缘到肛门的长度。

尾长：由肛门至尾鳍基部的长度。

吻长：由上颌前端至眼前缘的长度。

眼径：眼的最大直径。

眼间距：两眼间的直线距离。

口裂长：吻端至口角的长度。

眼后头长：眼后缘至鳃盖骨后缘的长度。

尾柄长：臀鳍基部后端至尾鳍基部的长度。

尾柄高：尾柄最低处的垂直高度。

颊部：眼的后下方和鳃盖骨的中间部分。

颏部：下颌与鳃膜着生处之间的部分。

峡部：颏部的后方，分隔两鳃腔的部位。

喉部：鳃膜与胸鳍之间的部分。

腹部：躯干腹面。

胸部：喉部后方、胸鳍基底之前。

鳞式：侧线鳞数=侧线上鳞数/侧线下鳞数。

侧线鳞数：从鳃盖上方直达尾部带孔的鳞的数目。

侧线上鳞数：从背鳍起点斜列到侧线鳞的鳞数。

侧线下鳞数：从臀鳍起点斜列到侧线鳞的鳞数。

鳍由鳍条和鳍棘组成。鳍条柔软而分节，末端分支的为分支鳍条，末端不分支的为不分支鳍条。鳍棘坚硬，由左、右两半组成的鳍棘为假棘，不能分为左、右两半的鳍棘为真棘。

鳍式：一般用 D 代表背鳍，A 代表臀鳍，C 代表尾鳍，P 代表胸鳍，V 代表腹鳍。一般用罗马数字表示鳍棘数目，用阿拉伯数字表示鳍条数目。鳍棘数字和鳍条数字间用“—”连接，表示鳍棘与鳍条相连；鳍棘数字和鳍条数字间用逗号隔开，表示鳍棘与鳍条分离。

喷水孔：软骨鱼类两眼后方的开孔，与咽相通，由胚胎期第 1 对鳃裂退化而成。

眼睑和瞬膜：鱼类无真正的眼睑，其头部的皮肤通过眼球时，可以变为一层透明的薄膜。鲻鱼的眼睑具脂肪，被称为脂眼睑。某些鲨鱼眼周围的皮肤皱褶可形成活动的眼睑，被称为瞬膜。

鳍脚：软骨鱼类的雄鱼在腹鳍内侧延长形成的交配器官，有软骨支持。

脂鳍：背鳍后方的无鳍条支持的皮质鳍。

口的位置：硬骨鱼类依口的所在位置和上、下颌的长短可分为口前位、口下位及口上位。

（1）口前位：口裂向吻的前方开口，如鲤鱼。

（2）口下位：口裂向腹面开口，如鲟科的鱼。

（3）口上位：口裂向上方开口，如翘嘴红鲌。

腹棱：肛门到腹鳍基前的腹部中线隆起的棱，或肛门到胸鳍基前的腹部中线隆起的棱，前者称腹棱不完全，后者称腹棱完全。

棱鳞：某些鱼类的侧线或腹部呈棱状突起的鳞。
腋鳞：胸鳍的上角和腹鳍外侧扩大的特殊鳞片。

（二）两栖类分类依据和常用术语

1. 无尾两栖动物

体长：自吻端至体后端的长度。
头长：自吻端至颌关节后缘的长度。
头宽：左、右颌关节间的距离。
吻长：自吻端至眼前角的长度。
鼻间距：左、右鼻孔间的距离。
眼间距：左、右上眼睑内缘之间的最窄距离。
上眼睑宽：上眼睑最宽处。
眼径：眼纵长距。
鼓膜宽：鼓膜的最大直径。
前臂手长：自肘后至第 3 指末端的长度。
后肢全长：自体后正中至第 4 趾末端的长度。
胫长：胫部两端间的距离。
足长：自内跖突近端至第 4 趾末端的长度。

2. 有尾两栖动物

体长：自吻端至尾末端的长度。
头长：自吻端至颈褶的长度。
头宽：左、右颈褶的直线距离或头后宽处的距离。
吻长：自吻端至眼前角的长度。
眼径：与体轴平行的眼径长度。
尾长：自肛门后缘至尾末端的长度。
尾高：尾最高处的垂直高度。

（三）爬行纲分类依据和常用术语

体长：自吻端至尾末端的长度。
头长：自吻端至颈褶的长度。
头宽：左右颈褶的直线距离或头后宽处的距离。
吻长：自吻端至眼前角的长度。
眼径：与体轴平行的眼径长度。
尾长：自肛门后缘至尾末端的长度。
尾高：尾最高处的垂直高度。

（四）鸟纲分类依据和常用术语

全长：自嘴端至尾端的长度（未经剥制前的量度）。

嘴峰长：自嘴基生羽处至上喙先端的直线距离。

翼长：自翼角（腕关节）至最长飞羽先端的直线距离。

尾长：自尾羽基部至最长尾羽末端的长度。

跗跖长：自跗中关节的中点至跗跖与中趾关节前面最下方的整片鳞的下缘的长度。

体重：采集标本后所称量的重量。

1. 翼

（1）飞羽：分为初级飞羽（着生于掌骨和指骨）、次级飞羽（着生于尺骨）、三级飞羽（为最内侧的飞羽，着生于肱骨）。

（2）覆羽（覆于翼表、里两面的羽毛）：分为初级覆羽、次级覆羽（分大、中、小 3 种）。

（3）小翼羽（位于翼角处）。

2. 后肢（股、胫、跗跖及趾等部）

（1）跗跖部：位于胫部与趾部之间，或被羽，或着生鳞片。跗跖部鳞片的形状可分为以下几种。

盾状鳞：呈横鳞状的鳞片。

网状鳞：呈网眼状的鳞片。

靴状鳞：呈整片状的鳞片。

（2）趾部：鸟类的趾部通常为 4 趾，依其排列的不同，可分为以下类型。

不等趾型（常态足）：3 趾向前，1 趾向后。

对趾型：第 2、3 趾向前，第 1、4 趾向后。

异趾型：第 3、4 趾向前，第 1、2 趾向后。

转趾型：与不等趾足相似，但第 4 趾可转向后。

并趾型：与不等趾型相似，但前 3 趾的基部并连。

前趾型：4 趾均向前。

（3）蹼：大多数水禽及涉禽具蹼，可分为以下几种。

蹼足：前趾间具发达的蹼膜。

凹蹼足：与蹼足相似，但蹼膜向内凹入。

全蹼足：4 趾间均有蹼膜相连。

半蹼足：蹼退化，仅在趾间基部存留。

瓣蹼足：趾两则附有叶状蹼膜。

（四）哺乳纲分类依据和常用术语

1. 外部测量法

体长：自头的吻端至尾基的长度。
尾长：自尾基至尾的尖端的长度。
耳长：自耳尖至耳着生处的长度。
后足长：后肢跗蹠部连趾的全长（不计爪）。
此外，尚须确定动物的性别，称量其体重，并注意观察其形体各部分的一般形状、颜色（包括乳头、腺体、外生殖器等）及毛的长短、厚薄和粗细等。

2. 头骨的测量法

颅全长：自鼻骨前缘到枕骨后缘的长度。
颅基长：自枕髁至颅底骨前缘的长度。
基长：自枕骨大孔前缘至门牙前基部或颅底骨前缘的长度。
眶鼻间长：自额骨眶后突后缘至同侧鼻骨前缘的距离。
吻宽：左、右犬齿外基部间的直线距离。
颧宽：两颧外缘间的水平距离。
眶间宽：两眶内缘间的距离。
颅宽：脑颅部的最大宽度。
耳泡宽：自枕髁前至耳泡两外侧的距离。
齿隙长：上颌犬齿虚位的最大距离。

四、注意事项

（1）注重一些俗名与相对应的分类学名讲解，便于学生牢记知识。例如，猫头鹰是整个鸮形目鸟类的俗名。
（2）鸟类的各种趾型比较复杂，教师要结合画图和实例进行讲解。

实验 9 藻类植物、苔藓植物和蕨类植物观察

一、实验目的

（1）认识藻类植物代表种类的形态特征，掌握其观察方法。
（2）了解苔藓植物和蕨类植物。

二、实验原理

藻类植物、苔藓植物和蕨类植物都属于隐花植物，不具有真正的花，可以以孢子繁殖，区别于显花植物。对它们的形态特征和生殖结构进行观察，可以进一步了解孢子植物的繁殖过程。

三、实验用品

（1）主要器具：显微镜、镊子、载玻片、解剖针、盖玻片、培养皿、烧杯、广口瓶等、滴管等。

（2）主要药品：0.1%亚甲基蓝水溶液、0.3%福尔马林溶液等。

（3）主要材料：市售海带干品，衣藻永久装片，团藻的永久制片，水绵接合生殖永久装片，褐藻永久制片，地钱雌、雄生殖托纵切永久制片，葫芦藓雌、雄生殖枝纵切永久制片，地钱叶状体横切永久制片，葫芦藓原丝体永久装片，蕨类植物的根状茎横切永久制片，蕨类植物的孢子叶横切永久制片（示孢子囊），蕨类植物的原叶体永久装片，其他常见蕨类植物标本。

四、实验方法

（一）藻类代表植物观察

1. 颤藻属

颤藻属植物广布于水渠、池塘、污水沟和湿地等处，在温暖季节常在浅水处形成一层蓝绿色黏滑的膜状物，或成团漂浮在水面。采回标本后，将其置于盛有清水的小烧杯或培养皿中，放在实验室的向阳处。颤藻藻丝可左右摆动并向四周蔓延。实验时，用镊子取少量藻丝制成装片，在低倍镜下观察，可见颤藻呈蓝绿色，是由一列细胞组成的不分枝的丝状体，其藻丝顶端细胞呈半圆球形。注意观察藻丝滑行和摆动的方式，在高倍镜下仔细地观察，可见在藻丝上有少量特殊的细胞。两边向里凹进的是死细胞，两边向外膨大的为隔离盘。将高倍镜光圈缩小，旋转细调焦螺旋，观察颤藻的中央细胞质和色素质，并用一滴 0.1%亚甲基蓝水溶液，染色 1～2min，可见中央细胞质被染成深蓝色，可与色素质分开。

2. 念珠藻属

念珠藻属植物多生于水中、墙壁、岩石或潮湿的土地、草丛中，在雨后出现最多。采集胶质球或木耳状胶质片，用 0.3%福尔马林溶液将其浸泡或将其晾干保存。实验时若用晾干材料，则须提前 10min 将其浸泡在清水中。用镊子撕下一小块材料，置于载玻片中央，加 1 滴清水，用镊子将胶质轻轻地压碎，制成装片，放在显微镜下观察，可见到许多圆珠状细胞连成丝状，共同埋在胶质中。注意观察异形胞、厚壁孢子和营养细胞的差异，并考虑异形胞在念珠藻属植物繁殖及其固氮方面的作用。

3. 衣藻属

衣藻属植物属于绿藻门团藻目，是能游动的单细胞绿藻，常生活在没有污染的静水池塘或临时积水坑中，在春、秋季节容易被采到，其大量繁殖时会使水面呈绿色。在实验观察时用滴管吸取衣藻标本液，滴 1 滴于载玻片的中央，盖上盖玻片，将其置于显微镜下观察，或观察衣藻永久装片。

衣藻属植物外形为圆形、椭圆形或卵形，呈绿色。在高倍镜下仔细观察衣藻细胞的结构：最外层为细胞壁，薄而透明，由纤维素和果胶质组成；细胞内有 1 个大型绿色杯状的载色体；细胞前端有 2 个伸缩泡；细胞侧面有 1 个红色眼点，细胞前端还有 2 根等长的鞭毛。如果看不清，则可用碘-碘化钾溶液为衣藻细胞染色。鞭毛吸碘会膨胀加粗，因此我们可清楚地看到 2 根鞭毛。

4. 水绵属

水绵属植物属于绿藻门，为淡水池塘、水坑、沟渠中最常见的一类丝状绿藻。采集水绵属植物时，用手指触摸其有黏滑感，用镊子将其采集于广口瓶中，加水。实验时用镊子挑取少许丝状体，在低倍镜下观察，可见单列细胞组成不分枝丝状体。每个细胞有一层细胞壁，细胞壁外有一层胶质层，内有 1 个大液泡及 1 个核，核周围有细胞质，与细胞壁内侧细胞质之间有原生质丝相连接，有 1 条或数条螺旋带状载色体，其上有多个淀粉核。

取水绵接合生殖装片，观察其接合生殖的两种方式。

（1）梯形结合：两条并列藻丝体，细胞中部侧壁相对应处各产生一个突起，两相对细胞的突起连接，横壁溶解形成结合管。同时，两相对细胞的原生质体浓缩形成配子，由结合管流入相对的细胞中，与相对细胞中的配子融合成合子。合子在雌性藻丝的细胞腔中发育，形成厚壁。雄性藻丝的细胞变空。

（2）侧面结合：这种结合发生在同一藻丝体两相邻的细胞中，两相邻细胞侧壁发生突起，突起处横壁溶解，一个细胞所形成的配子通过横壁融化处与相邻细胞的配子融合成合子。

5. 海带

海带属于褐藻门不等世代纲海带目，是海带目最常见的植物之一，为大型海产藻类，可供人们食用，也可作为工业原料。实验时，可取市售海带干品，用水浸泡使其完全展开，观察其外形，刮取孢子囊层，观察其游动孢子囊及游动孢子。

海带孢子体外形分为带片、柄、固着器 3 部分。成熟的海带在带片的中下部两面常形成斑点或连续的片状隆起，其颜色较深，手感黏滑，此处即为孢子囊层。海带为居间生长，其分生细胞位于柄部之上的带片基部，因此其带片基部较嫩。孢子囊层为泥状物，生于带片表面。浸泡海带时不要洗刷，以免洗掉孢子囊层。用镊子从带片上夹取少量的孢子囊层，置于载玻片中央的水滴中，用解剖针将其拨散开，加盖玻片后，在显微镜下

观察，可见许多棒形、单室的孢子囊，孢子囊中的黑色颗粒即孢子。在孢子囊之间夹有隔丝，隔丝较狭长，其顶部有很厚的透明胶质冠。

取带片做徒手切片，选择薄而均匀的切片制成水装片，置于显微镜下观察，注意区分表皮、皮层和髓 3 部分。

表皮：细胞最外面 1～2 层含有色素的方形小细胞，排列紧密，外有角质层。

皮层：表皮内多层排列疏松的细胞，含有色素体的为外皮层；具黏液腔，内方较大而无色素的为内皮层。

髓：位于带片中央，有横走丝、纵走丝，由端部膨大的喇叭丝组成。

（二）苔藓代表植物观察

1. 苔纲代表植物

苔纲代表植物是地钱属的常见种类地钱，生于阴湿而温暖的环境。观察地钱的形态和结构应用新鲜的材料。

1）地钱配子体的形态结构

取地钱的新鲜标本，置于培养皿中，观察其配子体外部形态特征。地钱配子体为绿色二叉分枝的叶状体，有背腹之分。地钱配子体腹面生有紫褐色的鳞片和许多白色丝状的假根。取其鳞片和假根做临时装片观察，可见鳞片由单层细胞组成，假根由单细胞构成。地钱配子体背面具中肋，有菱形的网纹，每个菱形网格表皮下都有 1 个气室，网格中央有 1 个小白点即通气孔。用刀片将地钱叶状体横切制成装片或取地钱叶状体横切永久制片，在显微镜下观察其内部结构：最上面一层是表皮细胞，其中烟囱状的是气孔，气孔下面空隙是气室。气室下部生有许多含叶绿体的直立细胞，这是地钱的同化组织。同化组织下为大型无色细胞，内含淀粉和油滴，是地钱的贮藏组织。最下一层为下表皮，其下生有许多鳞片和假根。地钱为雌雄异株，生殖托位于中肋上，由顶端扩大的托盘和下部的托柄组成。雌托托盘周围着生 8～10 个指状芒线，指状芒线幼时下垂贴柄，长大后向上辐状展开，每两个指状芒线之间的托盘上着生一列肉眼难以见到的倒悬颈卵器。雄托托盘呈碟形，边缘波状，表面有许多小孔，有的为通气孔，有的是精子器腔的开口。叶状体背面中肋附近常有小碗状的胞芽杯，其内产生有许多胞芽（具有营养繁殖作用）。

2）胞芽的形态结构

用解剖针从胞芽杯中挑取一点胞芽，做成临时水装片，在显微镜下观察胞芽的形态结构，可见其为绿色，侧面观其为双凸透镜形，平面观其为椭圆形，一端有与母体相连的无色透明短柄，两侧各有 1 个缺口，此缺口为生长点的位置，芽体除绿色细胞外，还有一些无色透明的油细胞及一些色暗的产假根细胞。

3）精子器和颈卵器的形态结构

取地钱雄生殖托纵切永久制片，在显微镜下观察，识别托柄、托盘、精子器腔、精子器，再取雌生殖托纵切永久制片，在显微镜下识别托柄、托盘、芒线、颈卵器，并在高倍镜下仔细观察精子器和颈卵器的详细结构。精子器外有一层由多细胞组成的壁，其内有多个精母细胞，可产生许多精子。在雌生殖托的纵切永久制片中，可见托柄顶端指状芒线间倒悬着一列颈卵器，颈卵器像长颈瓶子。颈卵器膨大的腹部在上，内有 1 个卵细胞和 1 个腹沟细胞，其颈部细长，中央有一列颈沟细胞。

注意：观察颈卵器时，常因颈卵器已经受精，颈沟细胞、腹沟细胞及卵细胞都已消失，而只能看到一团漆黑的多细胞结构的胚体。

4）孢子体的形态结构

地钱的孢子体寄生在配子体上，包括孢蒴、蒴柄、基足 3 部分。用镊子和解剖针从雌托指状芒线间剥出孢蒴（孢蒴很小，呈卵形），将它放在载玻片中央的 1 滴清水中，盖上盖玻片，并施以轻压，使其成一薄层，然后在显微镜下观察，可见其内的孢子和弹丝。

2. 藓纲代表植物

藓纲代表植物为葫芦藓。观察葫芦藓的外部形态应用新鲜植物或浸制标本，观察其颈卵器或精子器也可使用永久制片。

1）配子体及孢子体的形态

先取葫芦藓不带孢子体的新鲜植株（配子体）进行观察，可见其为茎叶体，高约 2cm。葫芦藓茎短小，基部生有黄白色的假根，叶螺旋状着生在茎的上部。葫芦藓为雌雄同株异枝，雌枝顶端的叶片较窄且紧抱如芽，雄枝顶端的叶片较宽且外展，形似一朵花。雌、雄枝上分别生有颈卵器和精子器（肉眼不易看到）。取带有孢子体的植株观察，可见其孢子体寄生在配子体上，并可识别其基足、蒴柄和孢蒴（内有孢子）3 部分。此外，孢蒴顶端往往还罩有一个长喙状的蒴帽。

2）叶与假根的结构

用镊子从配子体上取一片叶，平铺在载玻片上，滴 1 滴清水，盖上盖玻片，在显微镜下观察，可见其中央有 1 条由多层细胞组成的中肋，其两侧绿色而透明的部分由单层细胞构成。从配子体上取少许假根，做成临时水装片，在显微镜下观察，可见其假根由一列细胞组成。

3）精子器与颈卵器的结构

先取雄生殖枝纵切永久制片，在显微镜下观察，识别精子器、精子、隔丝（侧丝）等结构；再取雌生殖枝纵切永久制片，在显微镜下观察，识别颈卵器的结构。

注意：若是受过精的颈卵器，颈沟细胞、腹沟细胞和卵细胞已不存在，只能看到幼胚或幼孢子体。

4）孢子体的结构

从葫芦藓标本上取一孢蒴，放在载玻片上，去掉蒴帽后，用解剖针将蒴盖掀开，加 1 滴清水，盖上盖玻片，并轻压使孢蒴破裂，在低倍镜下观察，可见在蒴口周围有其壁呈螺纹加厚状的锥形蒴齿（共 32 个，排成 2 层），还可见许多孢子。

5）原丝体的结构

取葫芦藓原丝体永久装片，在显微镜下观察，可见原丝体为分枝的丝状体，其细胞内含有大而圆的叶绿体，在原丝体上产生幼芽，芽下生有黄褐色的假根。

（三）蕨类代表植物观察

1. 蕨类植物体（孢子体）的形态

取蕨类植物体的新鲜标本或腊叶标本进行观察，可见其为多年生草本植物，有根、茎、叶的分化。蕨类植物体的茎为根状茎，横生于土壤中，密被褐色细毛。根状茎向下生有不定根，向上生有叶，幼时呈拳卷状，成熟展开后为 2～3 回大型羽状复叶，由叶柄、叶轴和羽片组成，呈外廓三角形，为大型叶。蕨类植物体在最末一级羽片背部边缘生有孢子囊，形成连续的孢子囊群，羽片边缘背卷形成假囊群盖，盖着孢子囊群。用放大镜仔细观察，可见其孢子囊除具假囊群盖外，还被叶表生出的一层薄膜遮盖，这层膜是囊群盖。

2. 蕨类植物的孢子囊结构

用小镊子或解剖针从蕨类植物的孢子体腊叶标本上取下少许孢子囊，做成临时水装片，在显微镜下观察，可见其每个孢子囊均具有多细胞的长柄，柄端有 1 个圆形的囊，囊内为孢子，囊壁由单层细胞构成。孢子囊囊壁中有一列特殊的五面加厚的细胞，形成一环，即环带。环带中有少量薄壁细胞，即唇细胞（位于近柄的一端），当孢子成熟时，孢子囊由唇细胞处裂开，散发出孢子（有的孢子囊已破裂，只剩下环带）。取蕨类植物的孢子叶横切永久制片，在显微镜下找到切到的孢子囊，结合观察孢子囊的结构。

3. 蕨类植物的根状茎结构

取蕨类植物的根状茎横切永久制片，先用肉眼或在实体显微镜下观察其全貌，再将其移至显微镜下观察，其最外一层排列紧密的细胞为表皮，表皮里面是皮层厚壁组织，皮层厚壁组织里面是薄壁组织，皮层以内是中柱，其中有内、外两圈大小不等的维管束，外圈多而小，内圈少而长，仅有 1 条较直的维管束和 1 条微曲的维管束，有时 2 条维管束连为 1 个整体。在高倍镜下仔细观察 1 个维管束的结构，可见其周边有 2 层排列整齐的细胞，其中染色较深的外层为内皮层，含有淀粉粒的一层为维管束鞘。维管束鞘里面是韧皮部，由筛管组成，中央口径较大的细胞区是由管胞组成的木质部，两者之间是周韧维管束。因此，蕨类植物的中柱是由内、外两圈维管束互相连接沟通形成的网状结构，又称多环网状中柱。

4. 蕨类植物原叶体（配子体）的形态结构

取蕨类植物原叶体永久装片，在显微镜下观察，可见其为心形的扁平体，四周仅有一层细胞，中部为多层细胞，细胞内含有叶绿体。原叶体腹面生有起固定作用的假根。颈卵器和精子器也都着生在原叶体腹面，颈卵器着生在心形凹口附近，其腹部埋在原叶体组织内，颈部较短，突出于原叶体之外。在原叶体腹面假根之间有一些球形的结构，即精子器。

实验 10　植物花、果实的类型和种子的结构观察

一、实验目的

（1）掌握被子植物花的组成部分与结构的观察方法。
（2）掌握各类种子的结构特点。
（3）了解常见果实的类型及结构特点。
（4）学习解剖镜的使用方法。

二、实验原理

种子植物按其种子成熟时是否有果皮包被可分为裸子植物和被子植物，被子植物又称有花植物。对被子植物的繁殖器官（花、果实、种子）组成及其结构进行观察，学会使用花程式来描述花的特征，有助于学生理解被子植物由花至种子和果实的形成过程。

三、实验用品

（1）主要器具：体视显微镜（放大镜）、显微镜、解剖器、刀片、载玻片等。
（2）主要药品：0.1%的碘-碘化钾溶液。
（3）主要材料：小麦（玉米、水稻）颖果、蚕豆（菜豆）种子、枣、黄瓜、番茄、苹果、柑橘、悬钩子、草莓、桑葚、菠萝、花生、八角、茴香、荠菜、向日葵、板栗、桑树、无花果、桃（杏）、槭树或榆树等植物的果实、油菜花和幼果、百合（黄花菜）花药横切永久制片、百合子房横切永久制片、荠菜胚发育的不同时期的永久制片、蓖麻种子纵切永久制片、小麦（玉米）籽粒纵切永久制片。

四、实验方法

（一）花的形态与结构观察

1. 花的形态观察

通常用逐层解剖的方法来观察花的各组成部分形态。取一朵完全的花，先观察它的花柄（与茎或花序梗相连接的部分）和花托（花柄端的膨大部分），然后观察它的花被片，注意花被片每层的数目、排列方式和连合情况。通常最外轮颜色最深的是花萼，里面的一至多轮是花冠，花冠的瓣片为花瓣。逐层剥离花被片，可以看到雄蕊群和雌蕊群。雄蕊群通常在雌蕊群的外围，雄蕊由花丝和花药两部分组成。注意观察它的数目、轮次

和连合情况。雌蕊群在花的中央，雌蕊通常由柱头、花柱和子房 3 部分组成。组成子房的瓣片叫心皮，心皮所围成的空间叫子房室。先观察雌蕊子房的位置，再用刀片横切子房或幼果，以确定心皮、子房室和胚珠的数目，最后写出花程式并绘出花图式。

观察油菜花的形态。取油菜花和幼果，按上述方法观察其形态。

（1）油菜的花瓣为 4 瓣，排列成十字形，被称为十字花冠。

（2）油菜花的雄蕊为 6 枚，内轮有 4 枚长雄蕊，外轮有 2 枚短雄蕊，被称为四强雄蕊。

（3）油菜花的子房原为由 2 个心皮组成的 1 个子房室，但在幼果中可以看到幼果的子房被胎座上出现的假膈膜分成假 2 室。

（4）油菜花的花托上有 4 个蜜腺。

（5）油菜花的花程式为$*K_4C_4A_{2+4}G_{(2:1:\infty)}$。

2. 花药结构的观察

1）幼嫩花药的结构

取幼期百合花药横切永久制片，置于低倍镜下观察，可见花药的轮廓呈蝴蝶形状，整个花药分为左、右两部分，其间由药隔相连，在药隔处可看到自花丝通入的维管束。药隔两侧各有 2 个花粉囊。看清花药轮廓后，将低倍镜转换为高倍镜，仔细观察花粉囊的结构，由外向内可见以下结构。

（1）表皮：花粉囊最外一层细胞，细胞较小，具角质层，有保护功能。

（2）药室内壁（纤维层）：一层近于方形的较大的细胞，其径向壁和内切向壁尚未增厚。

（3）中层：1～3 层较小的扁平细胞。

（4）绒毡层：药壁的最内一层，由径向伸长的柱状细胞组成，这层细胞的细胞核较大，质浓，排列紧密，并且常有双核和多核现象。

花粉囊的中间是花粉母细胞，细胞近圆形，具有相对较大的细胞核和浓厚的细胞质。由于幼嫩花药花粉母细胞正处于减数分裂时期，可见其处于二分体或四分体时期。

2）成熟花药及花粉粒的结构

取成熟百合花药横切永久制片，置于低倍镜下观察，可见其表皮已萎缩，药室内壁的细胞径向壁和内切向壁形成木质化加厚条纹（纤维层），在制片中常被染成红色；花药中层和绒毡层细胞均消失；同侧 2 个花粉囊的间隔已不存在，2 个药室相互沟通，形成一个药室，在药室中间形成裂口。如果花粉粒已发育成熟，则选择一个完整的花粉粒，在高倍镜下观察，注意观察所见的花粉粒的形状、层壁，以及是否有大小 2 个核或 2 个细胞，并考虑它们各有什么功能。

3. 子房与胚珠结构的观察

取百合子房横切（示胚珠结构）永久制片，置于低倍镜下观察，可见百合子房由 3

个心皮连合构成，其子房有 3 个室，每 2 个心皮边缘连合向中央延伸形成中轴，胚珠着生在中轴上，在整个子房中，共有 6 行胚珠。在子房横切面上，可见每个室内有 2 个倒生的胚珠着生在中轴上，被称为中轴胎座。将低倍镜转换为高倍镜，观察子房壁的结构，可见子房壁的内外均有表皮，两层表皮之间为圆球形薄壁细胞组成的薄壁组织。

将高倍镜转换为低倍镜，辨认子房的背缝线、腹缝线、隔膜、中轴和子房室，然后选择一个通过胚珠正中的切面，用高倍镜仔细观察胚珠的结构。

（1）珠柄：在心皮边缘所组成的中轴上，是胚珠与胎座相连接的部分。

（2）珠被：胚珠最外面的两层薄壁组织，外层为外珠被，内层为内珠被。两层珠被延伸生长到胚珠的顶端并不连合，留有一孔，即珠孔。百合的胚珠为倒生胚珠，其珠孔朝下。

（3）珠心：胚珠中央的薄壁组织为珠心，被珠被包在里面。

（4）合点：珠心、珠被和珠柄相连合的部分，与珠孔相对。

（5）胚囊：珠心中间有 1 个囊状结构，即胚囊。结合所观察材料的胚囊，试考虑此胚囊处于发育的什么时期。成熟的、完整的百合胚囊应有 7 个细胞、8 个核，但是即使切到的是成熟的胚囊，在 1 张切片上也很难看到完整的 7 个细胞、8 个核的胚囊。

本实验也可用新鲜或浸制的百合花或凤尾兰花作为材料，做徒手横切，制成临时装片观察。

4. 荠菜胚发育的观察

1）荠菜幼胚

取荠菜子房纵切（示幼胚发育）永久制片，置于低倍镜下，挑选其中比较完整并接近通过中央部位的胚珠纵切面，做进一步观察，注意辨认胚珠的各结构，特别要注意区分珠孔和合点。然后将低倍镜转换为高倍镜，仔细观察选好的胚珠切面，可见弯生胚珠的胚囊内合子已发育成幼小的胚胎，在紧挨珠孔的内侧，有 1 个大型细胞，它与一列细胞相连，共同组成柄状结构（胚细胞分裂形成的结构在胚体未开始分化时均称为原胚，随后分化在不同时期形成心形胚时期、鱼雷形胚时期或子叶胚时期）。

2）荠菜成熟胚

取荠菜子房纵切（示成熟胚）永久制片，置于显微镜下观察，可见荠菜成熟胚弯曲呈马蹄形，两片肥大的子叶位于远珠孔的一端，夹在两片子叶之间的小突起为胚芽，与两片子叶相连组成胚轴，胚轴以下为胚根。此时，珠被发育为种皮，整个胚珠形成种子。

（二）种子的形态与结构观察

1. 双子叶植物无胚乳种子的观察

取一粒浸泡的蚕豆种子，观察其外形，可见蚕豆种子呈肾形，包在外面的革质部分是种皮，在种子宽阔的一端有 1 个黑色的眉条状斑痕为种脐。用手指捏种子，则见种脐

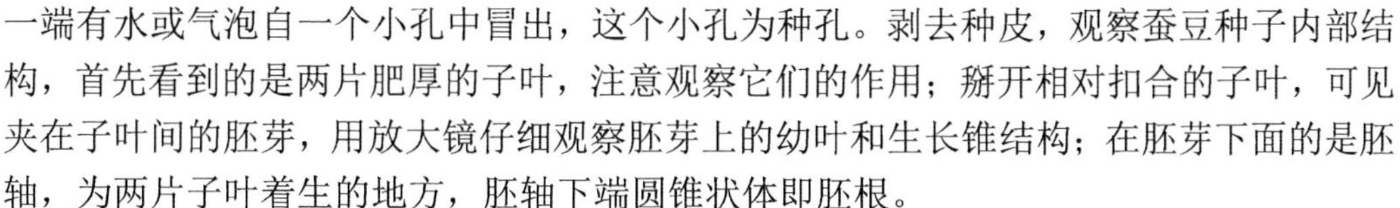

一端有水或气泡自一个小孔中冒出，这个小孔为种孔。剥去种皮，观察蚕豆种子内部结构，首先看到的是两片肥厚的子叶，注意观察它们的作用；掰开相对扣合的子叶，可见夹在子叶间的胚芽，用放大镜仔细观察胚芽上的幼叶和生长锥结构；在胚芽下面的是胚轴，为两片子叶着生的地方，胚轴下端圆锥状体即胚根。

2. 双子叶植物有胚乳种子的观察

取一粒浸泡过的蓖麻种子，观察其外形，可见蓖麻种子呈椭圆形，稍扁，种皮呈硬壳状，光滑并具斑纹。种子一端的海绵状突起，即种阜，由外种皮基部延伸形成。种子腹部中央有 1 条隆起的条纹，为种脊。在种子腹面种阜内侧有 1 个小突起，为种脐。此结构不明显，用放大镜观察会更清楚，可见种孔被种阜掩盖。

剥去种皮，观察蓖麻种子内部结构。种皮内白色肥厚的部分，为胚乳。用刀片平行于胚乳宽面做纵切，可见两片大而薄的叶片，具明显的叶脉，这就是子叶；两片子叶基部与胚轴相连，胚轴很短，上方为很小的胚芽，夹在两片子叶之间；胚轴下方为胚根。（也可用蓖麻种子纵切永久制片，在显微镜下观察其结构。）

3. 单子叶植物有胚乳种子的观察

取浸泡过的玉米籽粒（颖果），用镊子将果柄和果皮（包括种皮）从果柄处剥掉，在果柄下可见一块黑色组织，即种脐。在玉米籽粒的顶端可看到花柱的痕迹。

用刀片从垂直玉米籽粒的正中做纵剖，用放大镜或解剖镜观察其纵剖面，可见种皮以内大部分是胚乳，在剖面基部呈乳白色的部分是胚。加 1 滴碘液在玉米籽粒纵剖面上，使胚乳变成蓝紫色，使胚变成黄色，从而使界线更明显。

取 1 粒煮熟的玉米籽粒（煮熟后的胚更容易被解剖），在体视显微镜下，用解剖针挑开胚的各部分，仔细观察盾状的子叶（盾片）、胚芽鞘、胚芽、胚根鞘、胚根、胚轴等。

也可取玉米籽粒纵切永久制片（示胚的结构），在显微镜下观察其胚的结构，可见子叶与胚乳交界处有一层排列整齐的细胞，为上皮细胞（柱形细胞）；与子叶相连的部分是较短的胚轴，胚轴上端连接着胚芽，包围在胚芽外面的鞘状结构，即胚芽鞘；胚轴下端连接胚根，包围在胚根外面的鞘状结构，即胚根鞘。

取小麦籽粒观察，可见小麦籽粒呈椭圆形，背面光圆，背面基部生有胚，其腹面有一条纵沟，即腹沟，其顶端有一丛较细的单细胞表皮毛，即果毛。取小麦籽粒纵切永久制片，置于显微镜下仔细观察其各部分结构，注意观察小麦胚的结构与玉米胚的结构是否相同。

（三）果实的结构观察

在植物的子房受精之后，胚珠发育成种子，子房发育成果实。果实的分类方法通常有 3 种。①按是否单纯由子房发育而成可将果实分为真果和假果。②按果皮的含水量可将果实分为肉果和干果。③较为常用的分类方法是按形成果实的雌蕊类型来划分果实，一朵花中由1个雌蕊形成的果实为单果；一朵花中由多个离生雌蕊形成的果实为聚合果；由一整个花序发育形成的果实为聚花果。其中，单果又可以分为浆果（包括瓠果和柑果）、核果、梨果、荚果、蓇葖果、蒴果、角果、瘦果、颖果、坚果、翅果、双悬果等。

1. 真果与假果的观察

1）真果

取 1 个桃（杏）的果实，将其纵剖，观察桃的果实的纵剖面，最外一层膜质部分为外果皮，其内肉质肥厚部分为中果皮，是食用部分，中果皮里面是坚硬的果核，核的硬壳既为内果皮，这 3 层果皮都由子房壁发育而来。敲开内果皮，可见一颗种子，种子外面被有一层膜质的种皮。

2）假果

取 1 个苹果，观察苹果果柄的花萼，可见苹果是下位子房，其子房壁和花筒合生。用刀片将苹果横剖，可见横剖面中央有 5 个心皮，心皮内含有种子。心皮的壁部（子房壁）分为 3 层：内果皮由木质的厚壁细胞组成，呈纸质或革质；中果皮和外果皮之间界线不明显，均肉质化。苹果近子房外缘处为很厚的肉质花筒，是食用部分。花筒中通常有萼片及做环状排列的 10 个花瓣维管束。在苹果的梨果横切面上，可以看到 10 个绿色的小点，即维管束横切面。10 个维管束排成两轮，外轮 5 个为花萼维管束，内轮 5 个为花瓣维管束，内轮 5 个维管束大致连成一圈组成果心线，果心线以外部分是萼筒发育形成的，果心线以内部分是子房壁发育形成的。注意观察假果（苹果）与真果（桃子）的不同。

2. 单果、聚合果和聚花果的观察

（1）单果的结构。如桃子或苹果的果实，上述已解剖观察它们的结构。

（2）聚合果的结构。取悬钩子、草莓、八角、茴香的果实，解剖并观察比较。悬钩子每个小单果为核果，聚合在一起称为聚合核果；草莓为聚合瘦果；八角、茴香为聚合蓇葖果。注意观察上述各聚合的小单果在花托上着生的情况。

（3）聚花果的结构。取桑葚、菠萝和无花果的果实，做纵剖观察比较：桑葚各花子房形成 1 个小坚果，被包在肥厚多汁的花萼中，其食用部分为花萼；菠萝整个花序参与形成了果实，食用部位为花序轴形成。

实验 11　种子植物分类方法及检索表使用

一、实验目的

（1）了解植物分类检索表的种类、形式和作用。

（2）掌握植物分类检索表的编制和使用方法，掌握运用植物分类检索表对植物进行鉴定的方法与技巧。

（3）通过使用植物分类检索表，正确理解形态学名词术语对学习植物分类学的重要作用；进一步认识植物的花和果实在植物分科方面的重要性；了解什么是一份完整合格的标本及其对鉴定所起的作用，为采集植物标本打好基础。

二、实验原理

植物分类检索表是用来鉴定植物种类或所属类群的主要工具。《中国植物志》、地方植物志及其他植物分类专著中都列有植物分类检索表。应用植物分类检索表能比较迅速而准确地鉴定植物所属的门、纲、目、科、属、种。以检索后所能达到的分类等级，将植物分类检索表分为分门检索表、分纲检索表、分目检索表、分科检索表、分属检索表和分种检索表。以门为基本单位，用来查对植物所属的门的检索表叫分门检索表。以纲为基本单位，用来查对植物所属的纲的检索表叫分纲检索表。以目为基本单位，用来查对植物所属的目的检索表叫分目检索表。以科为基本单位，用来查对植物所属的科的检索表叫分科检索表。以属为基本单位，用来查对植物所属的属的检索表叫分属检索表。以种为基本单位，用来查对植物种类名称的检索表叫分种检索表。其中，常用的主要是分科检索表、分属检索表和分种检索表。

三、实验用品

（1）主要器具：放大镜、体视显微镜、解剖器、直尺，植物志、植物图鉴、高等植物科属检索表等工具书。

（2）主要材料：采集 10～20 种常见植物的新鲜植株或腊叶标本。

四、实验方法

（一）植物分类检索表的作用和种类

按植物分类检索表编写的不同形式，可将其分为定距检索表和平行检索表两种。

1. 定距检索表

定距检索表又叫内缩式检索表或锯式检索表。具体的编制方法如下：将植物的某一特征用一组编码写在书页左边一定距离处，将与之对立的特征用同一组编码间隔一定距离写在书页左边同等距离处，从属项逐级向后缩格，如此继续向下级描述，距离书页左边越来越远（描写行越来越短），直至描写到能够查出该植物所属为止（图 11-1）。这种植物分类检索表条理性较强，主从关系一目了然，简便好用，不易出错，即使出错，也便于检查错在何处，为目前最常用的一种形式。但它也有缺点，即当检索内容很长时，两组相对立的特征可能相距很远，这一方面给准确对位编码造成困难，另一方面给使用检索表的人带来不便。

1．直立草本；无卷须
2．小叶仅 1 对；花小，蓝紫色，长 13～15mm；野生…………歪头菜 2．小叶 4～6 对，对生或互生；花大，白色，有紫黑色斑，长 25～30mm；栽培…蚕豆
1．蔓生草本；有卷须
3．花单生或双生于叶腋，近无柄
4．小叶较宽，倒卵形，先端截形凹入，宽 5～10mm………大巢菜 4．小叶细长，线状长椭圆形，宽 1～5mm……窄叶野豌豆
3．花为总状花序
5．花序具花 5 朵以上
6．总状花序的花排列紧密，偏向一侧
7．花白色或粉红色……………………………………大野豌豆 7．花紫红色或蓝紫色，稀白色
8．花黄紫色；稀白色；植物干后绿黄色………长柔毛野豌豆 8．花紫红色；植物体干后微红色……………………山野豌豆
6．总状花序的花排列疏松，非偏向一侧
9．托叶披针形，叶线形，两面具黄色短毛…………广播野豌豆 9．托叶半箭头形，有 1～3 个齿；叶矩形，无毛……………确山野豌豆
5．花序具花 2～3 朵，稀 4 朵
10．小叶长 10～25mm，宽 2.5～8mm；托叶具 5 粗齿…三齿萼野豌豆 10．小叶长 12mm 以下，宽 2.5mm 以下；托叶披针形
11．荚果有毛，常含 2 粒种子；托叶具细齿………小巢菜 11．荚果无毛，常含 4 粒种子；托叶披针形……四籽野豌豆

图 11-1　定距检索表示例

2. 平行检索表

平行检索表又叫齐头检索表或并列检索表。具体的编制法如下：将每对显著对立的植物特征紧紧并列，在其前面写上相同的编码，在每行之后写明已查到的植物名称或须进一步检索的编码。若为一编码，则此编码必将重新写入另一平行行列以描述另一对对立的特征，如此反复描述，直至检索到某一类群或某一种植物为止。这种检索表形式虽然对比鲜明，节省篇幅，但主从关系被对比项隔开，且要兼顾两边号码之间的关系，容易混淆和出错，也不便于检查错误始于何处。这种检索表常用于动物分类检索。

（二）植物分类检索表的编制原则和编制方法

编制植物分类检索表应遵循二歧原则（两分法），即用非此即彼、两相比较的方法区别不同类群或不同种类的植物。编制植物分类检索表时，应先把植物的主要鉴别特征挑选出来，按二歧原则用两个相对立的特征把植物分为两大组，在每个大组中再用两个相对立的特征将植物分为两小组，就这样严格按照二歧原则逐级分下去，直至分出所应包含的全部植物为止。编写植物分类检索表时应注意以下方面。

（1）在植物分类检索表中列出所要鉴别的全部植物类群，列出各植物类群的比较表。例如，根据松科各属的比较表，可以编制松科植物分属检索表。

（2）选择的植物检索特征应是对立的相反特征，尽量选取植物肉眼可见的稳定性状，要避免选用仅在野外或仅在标本上能看到的植物性状。

（3）每项检索特征必须 2 行并列，而不能 3 行、4 行并列。

（4）每一项的每一行一般要有 2 条以上的特征。

（5）描述某特征时，应将被描述的植物的某部分写在前面。例如，“叶对生”不能写成“对生叶”，“花蓝色”不能写成“蓝色花”。

（6）特征描述要准确。对于相对立的特征，不能仅用“大”“小”或“高”“低”或“较长”“较短”等文字来说明，而应用具体数字来表示，且对应（对立）的数量特征之间应有明显的间断区域。例如，有一行为“叶长 3～5cm”，而另一行为“叶长 4～7cm”，二者之间有交叉区域，难以区分。

（三）植物分类检索表的使用方法

植物分类检索表的使用和编制是两个相反的过程。在使用植物分类检索表检索、鉴定植物时，应具备一定的植物形态学知识，还需要有几份较完整的标本。先将植物的形态特征与植物分类检索表中的第 1 项相对性状进行比较，即与编码是“1”的性状进行比较，确定相对性状中的第 1 条，在此条范围内继续向下追查，直到查出该植物所对应的分类群或植物名称为止。从第 1 项起逐项查对时，检索表中的每项均有 2 行显著对立的特征。如果被检索植物符合第 1 行而不符合第 2 行，则在第 1 行下继续往下追查；如果被检索植物符合第 2 行而不符合第 1 行，则在第 2 行下追查，直至查出结果，再通过结果去查阅有关此种植物的详细文字记载，看所有特征是否相符。使用植物分类检索表鉴定植物是否顺利和准确，客观上取决于标本的质量和数量、解剖器材和参考书及所用植物分类检索表的编写水平；主观上取决于使用者理解植物形态名词、术语的准确性、观察事物的能力、工作态度和方法等。

五、注意事项

（1）用以检索的植物标本必须是比较完善且具有代表性的。木本植物标本除茎、叶外，还必须有花和果实，甚至树皮；草本植物标本应有根、茎、叶、花和果实，还应附有野外采集的原始记录。各种植物有其自身的生物学特性，因此在一份标本上同时得到植物的茎、叶、花、果是不容易的。即使采集到这样一份标本，也不能完全以点带面，不能将其作为种群全部特征的代表。因此，应多准备几份标本，以便相互补充。

（2）尽量选择一个二歧对立性状比较鲜明的植物分类检索表进行检索。如果用交叉性状比较多的检索表则会使人无所适从。即使经验丰富的专家遇到一种不认识的植物，使用不好用的检索表也难免会出错。

（3）使用植物分类检索表的人必须熟悉植物形态名词、术语的含义，并有一丝不苟的工作态度，否则可能会产生错误。

（4）植物分类检索表中每项相对的两行所记录的为一对显著对立的特征，在检索时，应查对相对两行所记录的特征，搞清被检索植物是否符合其一而不符合其二。

（5）对于尚不知属于何种类群的植物，要按照分类阶层由大到小的顺序检索，即先检索分门检索表，再依次检索分纲检索表、分目检索表、分科检索表、分属检索表和分种检索表。另外，植物分类检索表所选取的特征是综合归纳一个植物类群而得到的，因此植物的特征只要与相对应的两行记录的主要或大部分特征相符即可，无须字字句句完全相符。

（6）植物分类检索表的编写是人为的。在表中植物类群的出现顺序不能反映各类群之间的亲疏关系，它取决于编写者选取特征的先后顺序或排列组合方式。植物类群的亲疏关系是以相似性状多少而定的，而植物分类检索表是以对立性状排列的。

第 2 部分
生物培养技术

实验 12 微生物培养

Ⅰ. 培养基的配制及灭菌

一、实验目的

（1）学习和掌握配制培养基的一般方法和步骤。

（2）了解湿热灭菌的原理，掌握高压灭菌锅的使用方法。

二、实验原理

培养基是指人工配制的适合微生物生长繁殖或产生代谢产物的混合营养料。从营养角度分析，培养基一般含有微生物所必需的碳源、氮源、能源、无机盐、生长因子及水分等。此外，培养基还应具有适宜的 pH、氧化还原电位及渗透压。

微生物具有不同的营养类型，其对营养物质的要求也各不相同，加之实验和研究的目的不同，因此培养基的种类很多。培养基按其所含成分可分为合成培养基、天然培养基和半合成培养基 3 类。培养基按其物理状态可分为固体培养基、液体培养基和半固体培养基 3 类。培养基按其所含微生物的种类可分为细菌培养基、放线菌培养基、酵母菌培养基和霉菌培养基 4 类。培养基按其特殊用途可分为加富培养基、选择培养基和鉴别培养基。

对于配制好的培养基，应立即灭菌，否则培养基会滋生杂菌，并且其固有的成分和性质会被破坏。如果来不及灭菌，则应将其暂存于冰箱冷藏，抑制微生物生长，并尽快灭菌。

灭菌是指杀死或消灭一定环境中的所有微生物。灭菌方法分为物理灭菌法和化学灭菌法两大类。加热灭菌是一种常见的、适用范围广泛的物理灭菌方法。加热灭菌包括湿热灭菌和干热灭菌两种，其原理是通过加热使菌体内蛋白质凝固变性，从而达到杀菌目的。蛋白质的凝固变性与其自身含水量有关，含水量越高，其凝固所需要的温度越低。在同一温度下，湿热灭菌的效力比干热灭菌大，因为在湿热情况下，菌体吸收水分，蛋白质易于凝固；同时湿热的穿透力强，可增加灭菌效力。高压蒸汽灭菌是一种湿热灭菌方法，具有用途广、效率高的特点，是微生物实验中常用的灭菌方法之一。这种灭菌方法是基于水的沸点随着蒸汽压力的升高而升高的原理设计的。当蒸汽压力达到 $1.05kg/cm^2$ 时，蒸汽的温度升高到 121℃，维持 15～30min，即可杀死锅内物品上的各种微生物及其孢子或芽孢。一般可应用此法对培养基、玻璃器皿及传染性标本和工作服等进行灭菌。

三、实验用品

（1）主要器具：电子天平、高压灭菌锅、电磁炉、称量纸、药匙、量筒、刻度搪瓷杯、试管、三角瓶、漏斗、分装架、移液管、培养皿、玻璃棒、烧杯、试管架、铁丝筐、剪刀、酒精灯、棉花（脱脂棉和非脱脂棉）、线绳、牛皮纸或报纸、纱布、乳胶管、pH试纸、记号笔等。

（2）主要药品：牛肉膏、蛋白胨、NaCl、琼脂、可溶性淀粉、KNO_3、$K_2HPO_4·3H_2O$、$MgSO_4·7H_2O$、$FeSO_4·7H_2O$、1mol/L HCl、1mol/L NaOH、葡萄糖。

（3）主要材料：马铃薯。

四、实验方法

（一）培养基的配制

（1）称量药品。根据培养基配方依次准确称取各种药品，放入适当大小的烧杯中或带刻度的搪瓷杯中，不要加入琼脂。

注意：蛋白胨极易吸潮，因此称量蛋白胨时要迅速。可将牛肉膏放在称量纸上称量，将称量纸和牛肉膏一起放入热水中，待牛肉膏与称量纸分离，立即取出纸片。

（2）加热溶解。用量筒取一定量（约占总量的3/4）蒸馏水倒入烧杯中或带刻度的搪瓷杯中，在放有石棉网的电磁炉上小火加热或将带刻度的搪瓷杯直接放在电磁炉上加热，并用玻璃棒不断搅拌，以防液体溢出。待各种药品完全溶解后，停止加热，补足水分。

注意：如果配方中有淀粉，则先将淀粉用少量冷水调成糊状，然后加入热水并在火上加热搅拌，待其完全溶解后再加入其他药品继续加热溶解。配制固体培养基时，加入琼脂后，要一边加热一边搅拌，直至琼脂完全融化，然后补足水分。同时注意控制火力，不要使培养基溢出或烧焦。

（3）调节pH。根据培养基对pH的要求，用1mol/L HCl或1mol/L NaOH溶液将培养基调至所需pH。测定pH可用pH试纸或酸度计等。

注意：不要将pH调过头，以免因回调pH而影响培养基内各离子的浓度。

（4）过滤。为利于观察实验结果，需要对有些培养基进行过滤。如果是液体培养基，则在漏斗中放一层滤纸。如果是固体或半固体培养基，则须在漏斗中放多层纱布或两层纱布夹一层薄薄的脱脂棉，趁热进行过滤。对于供一般使用的培养基，可省略这步。过滤培养基后立即进行分装。

（5）分装。按实验要求，可将配制的培养基分装入试管或三角瓶内。液体分装高度以试管高度的1/4为宜，固体分装高度以试管高度的1/5为宜，半固体分装高度一般以试管高度的1/3为宜；将培养基分装到三角瓶时，其装量以不超过三角瓶容积的一半为宜。

注意：分装时不要使培养基沾染在试管口或三角瓶口，以免浸湿棉塞，引起污染。

（6）加棉塞。在试管口和三角瓶口塞上用普通棉花（非脱脂棉）制作的棉塞。为起到防止杂菌侵入和有利通气的作用，棉塞的形状、大小和松紧度要合适，其四周要紧贴管壁，不留缝隙。如果有些微生物需要更好地通气，则可用通气塞塞住瓶口，有时也可用试管帽或塑料塞代替棉塞。

（7）包扎。为防止灭菌时冷凝水沾湿棉塞，需要将盖上棉塞的三角瓶口或试管口用牛皮纸或双层报纸包扎起来。分装培养基于试管中，一般以 7 支试管为一组，先捆在一起，再于棉塞外包一层牛皮纸或双层报纸，用绳扎好。用记号笔在包扎好的培养基上注明培养基的名称、制作小组、制作日期等信息。

（8）灭菌。应按培养基配方中规定的条件及时对培养基进行灭菌。对于普通培养基，一般采用 121℃高压蒸汽灭菌，维持 20min。

（9）摆斜面。对培养基进行灭菌后，若需做斜面固体培养基，则将培养基摆放成斜面。将试管口端放在合适高度的玻璃棒上，斜面长度一般以不超过试管长度的 1/2 为宜。为防止冷凝水过多，摆放斜面时，需要将灭菌的培养基冷却到 50℃左右。

（10）无菌检查及贮存。将灭菌的培养基放入 37℃恒温箱中，培养 24～48h，如果无菌生长，则表示培养基灭菌彻底，可使用。对于不立即使用的培养基，可贮存于冰箱或清洁的橱内备用。

（二）高压蒸汽灭菌

（1）加水。打开灭菌锅盖，取出内锅，向外锅内加水，加水量以与外锅内壁上三角支架相平为宜。

（2）装料。将内锅放回，将待灭菌物品放入内锅中。

注意：装锅时摆放物品应松紧适宜，不要让棉塞紧贴内锅壁。

（3）加盖。放好灭菌物品后，盖上灭菌锅盖。加盖时，注意先将盖上的排气软管插入内锅的排气槽中，再采用对角式均匀拧紧锅盖上的螺栓，使灭菌锅密闭不漏气。

（4）排气。打开排气阀，插上电源加热，待水煮沸后，将水蒸气和空气一起从排气孔排出。当有大量蒸汽排出时计时，维持排气 5min，以排净灭菌锅中的冷空气。

（5）升压。当锅内冷空气排净时，可关闭排气阀。继续加热，使压力开始上升。

（6）保压。当压力、温度上升至所需压力（0.1MPa）、温度（121℃）时，控制电源以维持恒温，并开始记录灭菌时间。一般培养基和器皿的灭菌时间为 20～30min。

（7）降压。达到灭菌时间后，关闭电源，停止加热。待压力降至接近“0”时，打开排气阀。

注意：不能过早、过急地排气，否则会使灭菌容器内的液体冲出容器外。

（8）取出物品。打开锅盖，取出灭菌物品，倒掉锅内剩水。将斜面培养基取出后，冷却至 50℃左右摆成斜面待其凝固；将半固体培养基垂直放置，使其凝固成半固体深层琼脂；将三角瓶装培养基自然放置，待其凝固。

五、注意事项

（1）称药品时，不要混用药匙。

（2）调 pH 时要小心，避免出现回调。
（3）使用高压灭菌锅灭菌时，必须等压力下降到“0”后，才可打开高压灭菌锅。
（4）灭菌时要严格按照灭菌流程操作，在灭菌过程中必须有人看守。

六、培养基配方

1. 牛肉膏蛋白胨培养基

牛肉膏 3g，蛋白胨 10g，NaCl 5g，琼脂 20g，水 1 000mL，pH 为 7.4～7.6。

2. 高氏 1 号培养基

可溶性淀粉 20g，KNO_3 1g，NaCl 0.5g，$K_2HPO_4 \cdot 3H_2O$ 0.5g，$MgSO_4 \cdot 7H_2O$ 0.5g，$FeSO_4 \cdot 7H_2O$ 0.01g，琼脂 20g，水 1 000mL，pH 为 7.4～7.6。配制时，先用冷水调匀可溶性淀粉，再将其加入以上培养基中，加热时不停搅拌防止烟底。

3. PDA[①]培养基

马铃薯（去皮）200g，葡萄糖 20g，琼脂 20g，水 1 000mL。将马铃薯去皮，切成约 $2cm^2$ 的小块，放入 1 200mL 的烧杯中煮沸 30min，用玻璃棒搅拌以防烟底，然后用 6～8 层纱布过滤，取其滤液加糖、琼脂，加热溶解后，再补足蒸馏水至 1 000mL，保持自然 pH。

Ⅱ. 微生物的分离与纯化

一、实验目的

（1）学习分离和纯化微生物的实验方法。
（2）学习各种无菌操作技术。

二、实验原理

自然界中各种微生物混杂生活在一起。如果要研究和利用某种微生物，则须使该微生物处于纯培养状态。纯培养是指培养物中所有细胞都是微生物的某一个种或株，它们有着共同的来源，是同一细胞的后代。为实现纯培养，必须对微生物进行分离和纯化。从混杂的微生物群体中获得只含有某一种或某一株微生物的过程称为微生物的分离与纯化。常用的微生物分离与纯化方法有单细胞挑取法、稀释涂布平板法、稀释混合平板法、平板划线法等。其中后 3 种方法操作简便，不需要特殊仪器，是实验室分离微生物常用的方法。

（1）单细胞挑取法。该方法借助一台显微挑取器，从待分离材料中挑取一个细胞接种于培养基所得的培养物。

---

① PDA 培养基又叫马铃薯葡萄糖琼脂培养基，英文名称为 potato dextrose agar。

（2）稀释涂布平板法。该方法是微生物学研究中最常使用的微生物分离与纯化方法。该方法是将已融化并冷却至约 50℃的琼脂培养基，通过无菌操作倒入无菌培养皿中，待培养基凝固后制成无菌平板。将一定量（约 0.1mL）的某一种稀释度的样品悬液滴加在平板表面，再用三角形无菌玻璃涂棒涂布，使菌液均匀分散在整个平板表面，将其倒置于恒温箱培养，待长出菌落后挑取单个菌落。

（3）稀释混合平板法。该方法是先用无菌水或无菌生理盐水对待分离的含菌样品做一系列稀释，然后分别取不同稀释液 1mL 加入无菌培养皿中，再倒入已融化并冷却至约 50℃的琼脂培养基，迅速旋摇使培养基和稀释液充分混匀，待琼脂凝固后，即制成可能含菌的琼脂平板。倒置于恒温箱中培养一定时间后，琼脂平板表面或培养基中可出现分散的单个菌落。每个菌落可能是由一个细胞繁殖形成的。挑取单个菌落，一般再重复该方法 1～2 次，结合显微镜检测细胞个体形态特征，便可得到真正的纯培养物。

（4）平板划线法。该方法是先将已融化的固体培养基制成平板，待平板凝固后，取分离材料在上面划线，可做平行划线、扇形划线或其他形状的连续划线。微生物细胞数量将随着划线次数的增加而减少，并逐步分散开来。经培养后，平板表面可形成分散的单个菌落。但单个菌落并不一定是由单个细胞形成的。只有重复划线 1～2 次，并结合显微镜检测个体形态特征，才可获得真正的纯培养物。该方法的特点是简便快速。

三、实验用品

（1）主要器具：超净工作台、恒温培养箱、电子天平、酒精灯、培养皿、移液管、试管、玻璃涂布棒、记号笔、三角瓶、接种环、冰箱等。

（2）主要药品：80%乳酸、10%酚液、无菌水。

（3）主要材料：牛肉膏蛋白胨培养基、高氏 1 号培养基、PDA 培养基、土壤。

四、实验方法

（一）稀释涂布平板法

1. 土样采集

选择较肥沃的土壤，铲去表土层，挖 5～20cm 深度的或特殊要求位置的土壤，装入灭过菌的牛皮纸袋内，封好袋口，做好编号记录，携回实验室供分离用。若不能及时分离土壤，则将其放在 4℃冰箱中暂存。

2. 制备稀释液

（1）制备土壤悬液。准备 1 个装有 90mL 无菌水并带有适量玻璃珠的灭菌三角瓶，准确称取土样 10g，通过无菌操作将其放入三角瓶中，盖上三角瓶棉塞，振荡 5min，将土样充分打散，稀释为 10^{-1} 的土壤悬液。

（2）稀释。用 1mL 的无菌移液管吸取 10^{-1} 的土壤悬液 1mL，放入装有 9mL 无菌水的试管中摇匀，稀释为 10^{-2} 的稀释液。重复上述操作，可依次制成 10^{-3}～10^{-7} 的稀释液。

3. 稀释涂布平板法分离操作

（1）倒平板。按无菌操作要求，在酒精灯火焰旁操作。根据实验需要，取若干套灭菌的培养皿，用记号笔在培养皿底部标记培养基名称。取融化并冷却至不烫手（约 45℃）的固体培养基，按无菌操作倒入无菌培养皿中（培养基加入量约为 15mL），将其平放在桌上待充分凝固，备用。

注意：将 PDA 培养基倒平板前，应先在已经融化好的培养基中，每 100mL 加入灭菌的 80%乳酸 1mL，轻轻摇匀，然后倒平板。

（2）分离细菌。取牛肉膏蛋白胨平板 9 套，分成 3 组，每组 3 个。用记号笔分别为每组平板标记 10^{-5}、10^{-6} 和 10^{-7} 稀释度字样。用 0.1mL 无菌移液管或移液枪分别取稀释度 10^{-5}、10^{-6} 和 10^{-7} 的土壤稀释液各 0.1mL，对号放入标记好稀释度的平板表面，快速用无菌玻璃涂布棒在培养基表面轻轻地涂布均匀。在涂布时，可将皿底转动一定角度，继续涂布，直至铺满整个平板表面。

（3）分离放线菌。取高氏 1 号平板 9 套，分成 3 组，每组 3 个。用记号笔分别为每组平板标记 10^{-4}、10^{-5} 和 10^{-6} 稀释度字样。取稀释度 10^{-4}、10^{-5} 和 10^{-6} 的稀释液试管，向每管中加入 10%酚液 5～6 滴，摇匀，静置片刻。用 0.1mL 无菌移液管或移液枪分别从 3 个试管中吸出稀释液 0.1mL，对号放入已标记好稀释度的平板表面，用无菌玻璃涂布棒在培养基表面轻轻地涂布均匀。

（4）分离霉菌、酵母菌。取 PDA 平板 9 套，分成 3 组，每组 3 个。用记号笔分别为每组标记 10^{-2}、10^{-3} 和 10^{-4} 稀释度字样。用 0.1mL 无菌移液管或移液枪分别取稀释度 10^{-2}、10^{-3} 和 10^{-4} 的稀释液 0.1mL，对号放入已标记好稀释度的平板表面，用无菌玻璃涂布棒在培养基表面轻轻地涂布均匀。

4. 培养

将牛肉膏蛋白胨平板置于 37℃恒温培养箱中培养 1～2d 观察；将高氏 1 号平板置于 28℃恒温培养箱中培养 5～7d 观察；将 PDA 平板置于 28℃恒温培养箱中培养 3～5d 观察。挑选单菌落，对其做进一步分离纯化或转接斜面，作为保藏菌种。

（二）稀释混合平板法

1. 土样采集

稀释混合平板法土样采集的方法同稀释涂布平板法。

2. 制备稀释液

稀释混合平板法制备稀释液的方法同稀释涂布平板法。

3. 稀释混合平板法操作

（1）分离细菌。取 9 套灭菌的培养皿，分成 3 组，每组 3 个。用记号笔分别为每组培养皿标记 10^{-5}、10^{-6} 和 10^{-7} 稀释度字样。用 1mL 无菌移液管分别取稀释度 10^{-5}、10^{-6} 和 10^{-7} 的土壤稀释液各 1mL，对号接入相应标记的培养皿中。取冷却至 50℃的牛肉膏蛋白胨培养基，分别倒入以上培养皿中，牛肉膏蛋白胨培养基装量以铺满皿底的 2/3 为宜。迅速轻轻摇动培养皿，使菌液与培养基充分混匀，但不沾湿培养皿的边缘，待琼脂凝固。

（2）分离放线菌。取 9 套灭菌的培养皿，分成 3 组，每组 3 个。用记号笔分别为每组培养皿标记 10^{-4}、10^{-5} 和 10^{-6} 稀释度字样。用 1mL 无菌移液管分别取经酚液处理过的稀释度 10^{-4}、10^{-5}、10^{-6} 的土壤稀释液各 1mL，对号接入相应标记的培养皿中。取冷却至 50℃的高氏 1 号培养基，分别倒入以上培养皿中，其装量以铺满皿底的 2/3 为宜。迅速轻轻摇动培养皿，使菌液与培养基充分混匀，但不沾湿培养皿的边缘，待琼脂凝固。

（3）分离霉菌和酵母菌。取 9 套灭菌的培养皿，分成 3 组，每组 3 个。用记号笔分别为每组培养皿标记 10^{-2}、10^{-3} 和 10^{-4} 稀释度字样。用 1mL 无菌移液管分别取稀释度 10^{-2}、10^{-3}、10^{-4} 的稀释液 1mL，对号接入相应标号的培养皿中。在已经融化的 PDA 培养基中，每 100mL 加入灭菌的 80%乳酸 1mL，轻轻摇匀，分别倒入以上培养皿中，其装量以铺满皿底的 2/3 为宜。迅速轻轻摇动培养皿，使菌液与培养基充分混匀，但不沾湿皿的边缘，待琼脂凝固。

4. 培养

稀释混合平板法的培养条件和方法同稀释涂布平板法。

（三）平板划线法

1. 倒平板

平板划线法倒平板方法同稀释涂布平板法。

2. 划线分离操作

将接种环在酒精灯火焰上反复烧红 3 次进行灭菌。按照无菌操作，用接种环从待纯化的菌落或待分离的斜面菌种中蘸取少量菌样，在相应培养基平板中划线分离。划线分离的方法有很多，其目的是获得单菌落。

（四）斜面接种法

（1）取新鲜固体斜面培养基，用记号笔在管壁上标记菌名、接种日期、接种人姓名。

（2）接种。用左手持菌种管和斜面管，使斜面管斜面向上并尽量放平。用右手先将菌种管的棉塞拧转松动，然后用右手的小指、无名指和手掌拔下棉塞并夹紧，同时将菌种管的管口在火焰上燃烧一圈，将接种环灼烧灭菌后插入菌种管内，冷却、挑菌后，立即转入斜面管底部，沿斜面划曲线或直线。

注意：划线要轻，不可把培养基划破。

（3）接种后于 30℃恒温环境下培养，培养细菌、酵母菌 48h，培养放线菌、霉菌至孢子成熟后取出，放于温度为 4℃的冰箱中保存备用。

五、注意事项

（1）对于采集来的样品，要及时进行分离，否则会影响分离效果。

（2）稀释样品时，每稀释一次要更换一支移液管。

（3）要适当延长放线菌的培养时间。

（4）进行划线分离操作时，动作要轻，避免划破培养基表面。

Ⅲ．微生物观察——细菌的革兰氏染色与大小测定

一、实验目的

（1）掌握细菌革兰氏染色技术。

（2）学习显微镜油浸系物镜的使用方法。

（3）掌握微生物大小测定的方法。

二、实验原理

革兰氏染色法可将所有的细菌区分为革兰氏阳性菌（G^+）和革兰氏阴性菌（G^-）两大类，是细菌学上最常用的鉴别染色法。该染色法之所以能将细菌分为 G^+菌和 G^-菌，是因为这两类菌的细胞壁结构和成分不同。G^-菌的细胞壁中含有较多易被乙醇溶解的类脂质，而且其肽聚糖层较薄、交联度低，因此用乙醇为 G^-菌脱色时溶解了类脂质，增加了其细胞壁的通透性，使初染的结晶紫和碘的复合物易于渗出，结果是脱色的细菌再经苯酚复红复染后变成红色。G^+菌细胞壁中肽聚糖层厚且交联度高，几乎不含类脂质，经乙醇处理后肽聚糖层的孔径缩小，通透性降低，因此 G^+菌仍保留初染时的蓝紫色。

微生物细胞的大小是微生物基本的形态特征之一，也是其分类的依据之一。微生物大小的测定，需要在显微镜下借助特殊的测量工具——测微尺进行。测微尺包括目镜测微尺和物镜（镜台）测微尺。目镜测微尺是一块圆形玻璃片，其中有精确的等分刻度，在 5mm 刻尺上等分 50 格，每格实际代表的长度因显微镜的放大倍数而不同。在使用目镜测微尺前需要用物镜测微尺校正，以求得在一定物镜及目镜等光学系统下，目镜测微尺每格实际代表的长度。物镜测微尺是中间部分刻有精确等分线的载玻片，一般将 1mm 等分为 100 格，每格为 0.01mm，即 10μm，是专门用于校正目镜测微尺每格长度的工具。

三、实验用品

（1）主要器具：显微镜、载玻片、目镜测微尺、物镜测微尺、试管、接种环、擦镜纸等。

（2）主要药品：二甲苯、香柏油、苯酚复红染液、95%乙醇、1%草酸铵水溶液、碘、碘化钾、蒸馏水等。

（3）主要材料：大肠杆菌、金黄色葡萄球菌的斜面菌种。

四、实验方法

（一）染液配制

1. 结晶紫染液

取结晶紫乙醇饱和液（将结晶紫 2g 溶于 20mL95%乙醇中）20mL、1%草酸铵水溶液 80mL，将两液混匀放置 24h 后过滤，制成结晶紫染液。该液不易保存，如果有沉淀物出现，则须重新配制该液。

2. 卢戈氏碘液

取碘 1g、碘化钾 2g、蒸馏水 300mL，先将碘化钾溶于少量蒸馏水中，然后加入碘并使其完全溶解，再加蒸馏水至 300mL 即成卢戈氏碘液。配成后将其贮于棕色瓶内备用。如果该液变为浅黄色，则不能使用。

3. 稀释苯酚复红染液

取苯酚复红饱和液 10mL，加蒸馏水 90mL 即可。

（二）革兰氏染色操作

1. 制片

（1）涂菌。在一片洁净无脂的载玻片上滴 1 滴无菌水，按无菌操作方法从试管中蘸取菌液 1 环，在水滴中涂布，做 1 层薄而均匀、直径约 1cm 的菌膜。涂菌后对接种环进行火焰灼烧灭菌。

（2）干燥。可以将载玻片置于空气中自然干燥，也可以把玻片置于火焰上部略加温，加速其干燥（温度不宜过高）。

（3）固定。固定的目的是杀死细菌并使细菌黏附在载玻片上，便于染料着色。固定常用加热法，即将载玻片面向上，通过火焰 3 次，以热而不烫为宜，防止菌体烧焦、变形。此制片可用于染色。

2. 染色

（1）初染。在制片上滴加结晶紫染液，染 1min 后，用水洗去剩余染料。

（2）媒染。在制片上滴加卢戈氏碘液，1min 后用水洗去剩余碘液。

（3）脱色。在制片上滴加 95%乙醇脱色，摇动制片至紫色不再为乙醇脱退为止（根据制片的厚薄，所需时间为 30s 至 1min）。

（4）复染。在制片上滴加苯酚复红染液复染 1min，用水洗去剩余碳酸复红染液。

（5）干燥。用滤纸吸干制片表面水液。

注意：不要抹干水液，防止擦掉菌体。

3. 镜检

使用显微镜油镜观察标本。

4. 结果记录

显微镜下染成蓝紫色的为革兰氏阳性菌，染成淡红色的为革兰氏阴性菌。记录染色结果并绘图。

（三）显微镜油浸系物镜使用

（1）用低倍镜、高倍镜观察到物像后，将物像理想的部位移入视野中间。

（2）提镜筒约 2cm（使用某些类型显微镜时，需要下降载物台 2cm），将显微镜油镜转至正下方，在镜头的正下方滴 1 滴香柏油，从侧面观察，小心降低镜头（使用某些类型的显微镜时，需要上升载物台），使显微镜油镜头浸在香柏油中，使镜头与装片接触，但勿压碎装片。

（3）将光线调亮，从目镜观察，用粗调节器将镜筒徐徐上升（使用某些类型显微镜时，需要徐徐下降载物台），当出现物像时，用细调节器校对镜头；如果因镜头下降未到位或镜头上升太快而未找到物像，则必须按操作规程重新操作，直至看清物像为止。

（4）镜检完毕后，移开显微镜物镜镜头，取出装片。用擦镜纸擦去镜头上的香柏油，再用擦镜纸蘸少量二甲苯擦去残油，最后用洁净的擦镜纸擦去残留的二甲苯。

（5）实验完毕后，把显微镜的外表擦拭干净。转动转换器，把显微镜的 2 个物镜偏到两旁，并将载物台缓缓下降到最低处。做好仪器使用登记。

（四）细菌大小测定

1. 目镜测微尺的标定

将目镜的上透镜旋开，将目镜测微尺放入目镜的隔板，使其有刻度的一面朝下。将物镜测微尺刻度朝上放在载物台上，先用低倍镜观察，调焦距，待看清物镜测微尺的刻度后，再转动目镜，使目镜测微尺和物镜测微尺的刻度平行，并使两尺左侧的一条线重合，向右寻找另外一条两尺重合的刻度线。记录两条重合刻度线之间目镜测微尺和物镜测微尺的格数，用公式计算出目镜测微尺每小格代表的实际长度。具体公式如下。

$$\text{目镜测微尺每格长度}=\frac{\text{两条重合刻度线间物镜测微尺格数}\times 10}{\text{两条重合刻度线间目镜测微尺格数}}$$

2. 菌体大小的测定

将物镜测微尺取下，换上待测菌玻片标本。先在低倍镜、高倍镜和油镜下找到目的物，然后用目镜测微尺测量菌体的大小。测量杆菌的大小时，应先量出菌体的长和宽占目镜测微尺的格数，再用所量出的目镜测微尺格数乘以目镜测微尺每格的长度，计算出菌体的长和宽。测量球菌时，应测量菌体的直径。只有在同一个玻片上测定 10～20 个菌体，求出其平均值，才能代表该菌体的大小。

注意：进行目镜测微尺标定和菌体大小测定时，显微镜的放大倍数要一致。

五、注意事项

（1）培养菌种的时间不能过长，否则会影响革兰氏染色的效果。

（2）取菌不能过多，涂片不能过厚。

（3）使用显微镜必须按照从低倍镜到高倍镜的顺序，否则容易压碎玻片。

（4）下降镜头时，一定要从侧面观察镜头，切忌用眼睛对着目镜、一边观察一边下降镜头，否则容易压碎玻片、损坏镜头。

（5）只能用擦镜纸擦镜头，并且要擦 3 次，保证镜头的清洁。

（6）放置物镜测微尺时，要注意分清正反面，使物镜测微尺有刻度的一面朝上。

（7）在目镜测微尺标定的过程中，必须按照从低倍镜到高倍镜的顺序标定，而且每标定一次，都要把视野中的物镜测微尺调到视野的正中间，否则显微镜放大倍数的改变，会使我们在视野中找不到物镜测微尺。

（8）在用目镜测微尺标定时，要准确找到目镜测微尺和物镜测微尺的重合刻度线，否则会影响实验的准确性。

Ⅳ．微生物观察——放线菌观察

一、实验目的

（1）掌握观察放线菌的制片方法。

（2）掌握放线菌的形态、结构及繁殖方式。

二、实验原理

放线菌是原核生物中能形成分枝菌丝和分生孢子的特殊类群，呈菌丝状生长，主要以孢子形态繁殖，因菌落呈放射状而得名。大多数放射菌有发达的分枝菌丝。放射菌的菌丝纤细，宽度近于杆状细菌，为 0.2～1.2μm，可分为：营养菌丝，又称基内菌丝或一级菌丝，其主要功能是吸收营养物质，可产生不同的色素，是菌种鉴定的重要依据；气生菌丝，叠生于营养菌丝之上，又称二级菌丝；孢子丝，是气生菌丝发育到一定阶段分化出的形成孢子的菌丝。在显微镜下直接观察时，气生菌丝在上层，营养菌丝在下层，气生菌丝色暗，营养菌丝较透明。依孢子丝种类的不同，可将其分为直孢子丝、波曲孢子丝、螺旋形孢子丝、单生孢子丝或轮生孢子丝。在显微镜油镜下观察，放线菌的孢子呈球形、椭圆形、杆状或柱状，其表面光滑或有刺。孢子丝及孢子的形态是放线菌分类鉴定的重要依据。

为观察放线菌的形态特征，人们设计了各种培养和观察方法，使用这些方法的主要目的是尽可能保持放线菌自然生长状态下的形态特征。

三、实验用品

（1）主要器具：恒温培养箱、显微镜、培养皿、镊子、酒精灯、载玻片、盖玻片、接种环、小刀（刀片）等。

（2）主要药品：苯酚复红染液、亚甲基蓝染液、香柏油、二甲苯等。

（3）主要材料：高氏 1 号培养基、细黄放线菌 5406 菌种。

四、实验方法

（一）插片法

（1）倒平板。将高氏 1 号培养基融化后，取 12～15mL 高氏 1 号培养基倒入灭菌的培养皿内，将其凝固后备用。

（2）插片。将灭菌的盖玻片以 45° 插入培养皿内的培养基中，插入深度约为培养皿的 1/2 或 1/3。

（3）接种与培养。用接种环将菌种接种在盖玻片与琼脂相接的沿线，放在 28℃恒温箱中培养 3～7d。

（4）观察。经培养后，菌丝体生长在培养基及盖玻片上。小心用镊子将盖玻片抽出，轻轻擦去生长较差的一面的菌丝体，将生长良好的菌丝体面向载玻片，压放于载玻片上；或在载玻片上滴 1 滴亚甲基蓝染液或苯酚复红染液，将生长良好的菌丝体面向载玻片，压放于载玻片上。将制好的标本直接放在显微镜下观察。

（二）压印法

（1）制备放线菌平板。在凝固的高氏 1 号培养基平板上，用平板划线法得到单一的放线菌菌落。

（2）挑取菌落。用灭菌的小刀（刀片）挑取 1 块有单一菌落的培养基，放在洁净的载玻片上。

（3）加盖玻片。先用镊子取 1 片洁净的盖玻片，在酒精灯火焰上稍微加热（注意别将盖玻片烤碎），然后把盖玻片盖放在带菌落的小块培养基上，最后用小镊子轻轻压几下，使菌落的部分菌丝体印压在盖玻片上。

（4）观察。将印压好的盖玻片放在洁净的载玻片上（菌体朝向载玻片），然后将其放置在显微镜下观察。

（三）埋片法

（1）倒琼脂平板。将已灭菌的高氏 1 号培养基融化，通过无菌操作倒入灭菌的培养皿底，倒匀，将整个培养皿底盖住，待其凝固。直径 9cm 的培养皿须倒入约 15mL 培养基。

（2）接种与培养。在已凝固的琼脂平板上，用灭菌小刀切开两条小槽，使其宽度小于 1.5cm。把放线菌接种在小槽边上，盖上已灭菌的盖玻片 1～2 片，盖好皿盖。将制作好的平板放在 28℃恒温培养箱中培养 3～4d。

（3）观察。取出培养皿，可以打开皿盖，将培养皿直接置于显微镜下观察。

五、注意事项

（1）使用插片法时，要多倒一些培养基，使培养皿中的培养基厚一些，否则会因培养基太薄而无法插片。

（2）培养放线菌的时间要长一些，但也不能过长。

（3）观察时，一定要擦去插片背面的菌丝及培养基，否则会影响观察效果。

Ⅴ．微生物鉴别——酵母菌观察

一、实验目的

（1）学习酵母菌的制片方法。

（2）学习并观察酵母菌的形态及出芽繁殖方式。

（3）学习区别酵母菌死、活细胞的实验方法。

二、实验原理

酵母菌是一类单细胞真核微生物，其个体形态有球状、卵圆、椭圆、柱状、柠檬形和香肠状等，其细胞宽度为 2～6μm，长度为 5～30μm，有的更长。酵母菌无鞭毛，不能游动。酵母菌具有典型的真核细胞结构，有细胞壁、细胞膜、细胞核、细胞质、液泡、线粒体等，有的还具有微体特征。成熟的酵母细胞中有 1 个大的液泡，是由单层膜围绕的电子密度特别低的结构，液泡中含有水解酶、聚磷酸、类脂中间代谢物和金属离子。液泡可能具有水解酶贮存库的功能，并起着提供营养物和调节渗透压的作用。

酵母菌的生殖方式分为无性繁殖和有性繁殖两大类。无性繁殖方式包括芽殖、裂殖、芽裂，有性繁殖方式是产生子囊孢子。

（1）芽殖是酵母菌进行无性繁殖的主要方式。成熟的酵母菌细胞长出 1 个小芽，小芽的芽细胞长到一定程度后脱离母细胞继续生长，形成新个体。芽殖有一端出芽、两端出芽、三端出芽和多端出芽几种类型。

（2）裂殖。少数种类的酵母菌与细菌一样，通过细胞横分裂繁殖。

（3）芽裂。母细胞总在一端出芽，并在芽基处形成隔膜；子细胞呈瓶状。这种方式在酵母菌的生殖中很少出现。

（4）产生子囊孢子。在营养状况不良时，一些可进行有性生殖的酵母菌会形成孢子（一般是 4 个），在条件适合时再萌发。

亚甲基蓝是一种无毒性的染料，氧化型亚甲基蓝呈蓝色，还原型亚甲基蓝无色。用亚甲基蓝染液对酵母菌的活细胞进行染色时，由于细胞的新陈代谢作用，细胞内具有较强的还原能力，能使亚甲基蓝由蓝色的氧化型变为无色的还原型。因此，具有还原能力的酵母菌活细胞是无色的，而酵母菌死细胞或代谢作用微弱的酵母菌衰老细胞则呈蓝色或淡蓝色，借此可对酵母菌的死细胞和活细胞进行区别。

三、实验用品

（1）主要器具：显微镜、载玻片、盖玻片、接种环等。

（2）主要药品：0.04%中性红染液、0.05%亚甲基蓝染液、95%乙醇等。

（3）主要材料：啤酒酵母菌种。

四、实验方法

（一）亚甲基蓝染液的配制

A 液：亚甲基蓝 0.3g，95%乙醇 30mL；B 液：0.01% KOH 100mL。混合 A 液和 B 液可配制成亚甲基蓝染液。根据需要，可配制成稀释亚甲基蓝染液，按 1∶10 或 1∶100 的比例稀释均可。

（二）酵母菌死、活细胞的观察

（1）以无菌水洗下 PDA 斜面培养基上的啤酒酵母菌种，制成菌悬液。

（2）取 0.05%亚甲基蓝染液 1 滴，滴在载玻片中央，并用接种环取酵母悬液与亚甲基蓝染液混匀，染色 2～3min，加盖玻片，在高倍镜下观察酵母菌个体的形态，区分母细胞与芽体，区分死细胞与活细胞。在显微镜下活细胞无色，死细胞呈蓝色。

（三）酵母菌液泡系的活体观察

于洁净载玻片中央加 1 滴中性红染液，取少许上述酵母菌悬液与之混合，染色 5min，加盖玻片在显微镜下观察。细胞无色，液泡呈红色。

五、注意事项

（1）使用的酵母菌菌种要新鲜。

（2）如果观察不到死细胞，则可通过微加热载玻片的方法进行观察。

Ⅵ. 微生物鉴别——霉菌观察

一、实验目的

（1）掌握利用载片法培养霉菌的技术。

（2）观察曲霉、青霉、根霉的形态特征及繁殖方式。

二、实验原理

霉菌是丝状真菌的总称，是一类生长在营养基质上的形成绒毛状、蜘蛛网状或絮状菌丝体的小型真菌。霉菌可产生具分枝的菌丝体，分为基内菌丝和气生菌丝。气生菌丝生长到一定阶段分化产生繁殖菌丝，由繁殖菌丝产生孢子。霉菌菌丝体（尤其是繁殖菌丝）及孢子的形态特征是识别不同种类霉菌的重要依据。霉菌菌丝和孢子的宽度通常比细菌和放线菌大得多（为 3～10μm），常是细菌菌体宽度的几倍至几十倍，因此，用低倍镜即可观察霉菌。

霉菌的有些结构在制片过程中易被破坏，从而影响观察，因此可采用载片法。使用此法便于直接在显微镜下观察霉菌，尤其适用于观察根霉的假根、曲霉的足细胞及分生孢子等结构的着生和生长情况，还可以在同一标本上观察微生物发育的不同阶段的形态。载片培养法也称载玻片湿室培养观察法，具体操作如下：按无菌操作将培养基琼脂薄层置于载玻片上，接种后盖上盖玻片培养，使霉菌在载玻片和盖玻片之间的有限空间内沿盖玻片横向生长；培养一定时间后，将载玻片上的培养物置于显微镜下观察。可直接在显微镜下观察载片培养法制备的标本，这种方法保持了霉菌的自然生长状态。

三、实验用品

（1）主要器具：显微镜、细口滴管、镊子、载玻片、载玻片搁架、烘箱、恒温培养箱、盖玻片、接种环、酒精灯、培养皿、滤纸、报纸等。

（2）主要药品：亚甲基蓝染液、20%甘油等。

（3）主要材料：PDA 培养基，产黄青霉、黑曲霉、黑根霉斜面菌种。

四、实验方法

（一）载片法培养观察霉菌

（1）准备湿室。在培养皿底部铺一张圆形滤纸片，在滤纸片上依次放上“U”形载玻片搁架、载玻片、盖玻片（2 片），盖上皿盖，用报纸包扎外部，在 121℃下高压灭菌 20min，再在 60℃下烘箱干燥，备用。

（2）取菌接种。用接种环挑取少量待观察的霉菌孢子，置于湿室的载玻片上，在1个载玻片上可接种两处同一菌种的孢子。接种时只要将带菌的接种环在载玻片上轻轻碰几下即可。接种量要少，以免培养后因菌丝过于稠密而影响观察。

（3）加培养基。用无菌细口滴管吸取少许融化并冷却至45℃的PDA培养基，滴加到载玻片的接种处。应将培养基滴得圆而薄，使其直径约为0.5cm（滴加量一般以1/2小滴为宜），注意无菌操作。

（4）加盖玻片。在培养基未彻底凝固前，用无菌的镊子将皿内的盖玻片盖在琼脂薄层上，用镊子轻压盖玻片，使盖玻片和载玻片之间的距离相当接近，但不能压扁霉菌孢子。不能将盖玻片紧贴载玻片，要彼此留有小缝隙，一是为了通气，二是为了使各部分结构平行排列，易于观察。

（5）倒保湿剂。在每皿倒入约3mL 20%的无菌甘油，使皿内滤纸完全湿润，以保持皿内湿度，盖上皿盖。

（6）培养。将制成的载玻片湿室放置在28℃的恒温培养箱中培养2～3d。

（7）观察。将培养好的载玻片取出，置于显微镜下直接观察。注意观察青霉和曲霉分生孢子头的结构。

（二）插片法培养、观察根霉

（1）倒平板。将PDA培养基融化后，倒20～25mL PDA培养基于灭菌的培养皿内，待其凝固后备用。

（2）插片。将灭菌的盖玻片以45°插入培养皿内的培养基中，插入深度约为培养皿的1/2或1/3。

（3）接种与培养。用接种环将根霉菌种接种在盖玻片与琼脂相接的沿线，在28℃环境中培养3～7d。

（4）观察。经培养后菌丝体生长在培养基及盖玻片上，小心用镊子将盖玻片抽出，轻轻擦去生长较差的一面的菌丝体，将生长良好的菌丝体面向载玻片，压放于载玻片上，直接在显微镜下观察；也可在载玻片上滴1滴亚甲基蓝染液，再将生长良好的菌丝体面向载玻片压放于载玻片上，制成染色片进行观察。

五、注意事项

（1）使用载片法时，不能让盖玻片紧贴载玻片，要留有极小的缝隙，否则会影响霉菌生长。

（2）在湿室培养时，培养基一定要薄。

实验 13 酒精发酵

一、实验目的

（1）学习并掌握淀粉质原料发酵生产乙醇的原理。

（2）学习并掌握白酒的制作方法。

（3）掌握酒精含量的测定方法。

二、实验原理

淀粉质原料在淀粉酶和糖化酶的作用下产生葡萄糖，葡萄糖经乙醇发酵产生乙醇。乙醇发酵分为酵母型乙醇发酵和细菌型乙醇发酵。进行酵母型乙醇发酵的微生物主要是酵母菌，如酿酒酵母。这种发酵是先通过糖酵解（glycolytic pathway，EMP）途径将 1 分子葡萄糖分解为 2 分子丙酮酸。丙酮酸在丙酮酸脱羧酶的催化下脱羧产生乙醛，然后乙醛被还原为乙醇。

三、实验用品

（1）主要器具：恒温培养箱、量筒、发酵罐、蒸馏装置、圆底烧瓶、酒精比重计、搅拌器、水浴锅、电磁炉、三角瓶等。

（2）主要药品：琼脂、葡萄糖、蔗糖、碘液、$MgSO_4·7H_2O$、NH_4NO_3、KH_2PO_4等。

（3）主要材料：酿酒高活性干酵母、玉米面、糖化酶、豆芽。

四、实验方法

（一）糖液直接发酵生产白酒

（1）培养基的配制。发酵培养基的配方为蔗糖 10g、$MgSO_4·7H_2O$ 0.5g、NH_4NO_3 0.5g、20%豆芽汁 2mL、KH_2PO_4 0.5g、水 100mL，自然 pH。将配制好的 300mL 发酵培养基分装入三角瓶中，每瓶 100mL，在 121℃下湿热灭菌 20～30min。

（2）接种和培养。在培养 24h 的酿酒酵母斜面中加入无菌水 5mL，制成菌悬液，并吸取 1mL 菌悬液接种于装有 100mL 培养基的三角瓶中，接种后于 30℃恒温静止环境下培养。

（3）酒精蒸馏及酒精度的测定。取 200mL 已发酵培养 3d 的发酵液，加入蒸馏装置的圆底烧瓶中，在水浴锅中于 85～95℃下蒸馏。当开始流出液体时，准确收集 70～80mL 液体于量筒中，用酒精比重计测量酒精度。

（4）品尝。取少量一定浓度（酒精度为 30°～40°）的酒品尝，体会口感。

（二）玉米淀粉发酵生产白酒

（1）培养基的配制。将玉米面和水按 1∶5 的比例进行配制。

（2）培养基的糊化。先提前用冷水调和玉米面，再将其加到煮沸的开水中，使其呈糊状。

（3）培养基的灭菌及冷却。将糊化后的玉米糊倒入经空气消毒过的发酵罐内，于 121℃下灭菌 25min 后，开启发酵罐冷却装置，将其冷却到 55℃。

（4）培养基的糖化。按产品说明计算糖化所需糖化酶的量，准确称量糖化酶，加入灭菌后冷却到 55℃的培养基中，开动搅拌器搅拌 2min。在糖化过程中用碘液进行检测，若培养基不变蓝，则说明糖化完成。

（5）接种。将酿酒高活性干酵母按产品说明进行活化，以无菌操作将其接入发酵罐中，开动搅拌器搅拌 2min，使菌种分布均匀。

（6）发酵。于 30℃恒温静止环境下培养 3d。

（7）酒精蒸馏及酒精度的测定。取 200mL 已发酵培养 3d 的发酵液加至蒸馏装置的圆底烧瓶中，在水浴锅中于 85～95℃下蒸馏。当开始流出液体时，准确收集 70～80mL 液体于量筒中，用酒精比重计测量酒精度。

五、注意事项

（1）糊化时注意不要煳底。

（2）注意掌握糖化的温度和时间。

实验 14　红曲霉固体发酵

一、实验目的

（1）掌握红曲霉菌种的分离纯化方法。

（2）掌握红曲霉液体菌种的制备方法。

（3）掌握固体发酵罐的使用方法和红曲霉固体的培养技术。

二、实验原理

红曲霉广泛分布于自然界，因此可以从自然界中分离纯化得到红曲霉。简便的方法是从红曲霉制成的发酵食品中分离出红曲霉。

培养红曲霉多用麦芽汁琼脂培养基，红曲霉在该培养基上生长良好，菌落较大，在培养初期其菌落为白色，在培养后期其菌落呈淡红色、紫红色、橙红色、烟灰色等，因种而异。红曲霉产生的水溶性红色色素能分泌到培养基中，使培养物着色。

常采用液体摇瓶培养的方法制备红曲霉种曲。种曲与固体培养基接触比较均匀，但因为含水量高，所以接种量不能太高，否则容易被杂菌污染。

将红曲霉液体菌种接种到含水量适宜的蒸熟的大米粒上，在适宜培养条件下（恒温，通气，加入适量乙酸以抑制杂菌生长），经新陈代谢、生长繁殖，可制得优质高级的红曲米。

大米经红曲霉固体发酵后产生了一系列代谢产物，但其含量较低。在代谢产物中既有水溶性组织成分，也有脂溶性组织成分，因此可用 80%的丙酮溶液（丙酮∶水=80∶20）进行抽提，用 HCl 或 NaOH 将其中的酸溶性组织成分、碱溶性组织成分和中性组织成分分开。

三、实验用品

（1）主要器具：超净工作台、水浴锅、冰箱、恒温培养箱、高压灭菌锅、培养皿、试管、移液管、安瓿管、三角瓶、恒温摇床、冰箱、电饭锅、固体发酵罐、通风设备、组织粉碎机、旋转蒸发仪、分液漏斗、保鲜膜、干燥器、角匙等。

（2）主要药品：半合成培养基（葡萄糖 30g，$NaNO_3$ 3g，酵母浸粉 1g，K_2HPO_4 1g，$MgSO_4·7H_2O$ 0.5g，KCl 0.5g，$FeSO_4·7H_2O$ 0.01g，pH 为 5.6，琼脂 20g，蒸馏水 1 000mL），豆芽汁培养基（豆芽 200g，加水 1 000mL，煮沸 10min 后过滤，滤液加 2%葡萄糖和 2%琼脂），液状石蜡，乳酸，P_2O_5，10%HCl，乙酸，乙酸乙酯，丙酮，无水 Na_2SO_4，Na_2CO_3，1mol/L HCl、无菌水等。

（3）主要材料：市售红曲米、麸皮、细沙、红曲霉菌种、优质大米、红曲霉液体等。

四、实验方法

（一）红曲霉的分离纯化

1. 实验准备

配制半合成培养基或豆芽汁培养基，并进行高压蒸汽灭菌。准备无菌水、移液管、培养皿等，灭菌备用。制备平板，待其冷却凝固后于 30℃恒温培养箱中放置 5～6h，以烘去冷凝水。

2. 红曲霉的分离纯化方法

称取红曲米 5g 置于 45mL 无菌水中，振荡摇匀后将其置于 60℃水中保温 30min，以杀死不耐热的杂菌；用稀释涂布平板法分离红曲霉，于 30℃环境下培养 5d 后挑取单菌落，做进一步纯化，然后镜检其是否为纯种，确认后保藏。

3. 菌种保藏

（1）斜面保藏。取纯化后的红曲霉，接种到斜面培养基中，于 30℃环境下培养 5d，等斜面菌体呈紫红色时将其保藏于 4℃冰箱中，每 2 个月转管一次。

（2）矿油保藏。将已灭菌并冷却的液状石蜡以无菌操作方式加入培养成熟的斜面红曲霉中，加量以淹没斜面为宜。

（3）曲粉保藏。称取麸皮 2g，加 1%乳酸 2mL，混匀制成曲粉，于 0.1MPa 环境下灭菌 30min，待曲粉冷却后接种，于 30℃环境下培养 7d，然后用无菌角匙挑取约 0.5g 培养物装入已灭菌的安瓿管中，再放入装有 P_2O_5 的干燥器中干燥，封口后放于室温中保藏。

（4）沙土管保藏。取细沙（过 24 目筛），用 10% HCl 加热处理，以去除其中的有机物质，水洗去酸，烘干，分装于安瓿管中，装量约 1cm 高。用无菌水制成红曲霉的孢子悬液，加入装沙的管中，每管加入 5 滴，同上法干燥，然后封口保藏。

（5）制曲保藏。用大米制成红曲后，放于干燥处保藏。

（二）红曲霉液体菌种的制备

（1）配制豆芽汁培养基。

（2）在 500mL 三角瓶中装豆芽汁培养基 200mL，包扎后于 0.1 MPa 环境下灭菌 20min。

（3）冷却后，在三角瓶中接入 1/2 支红曲霉斜面菌苔。

（4）于 30℃恒温摇床 180r/min 环境下培养 3～5d，待培养液呈深红色即可。

（5）于 4℃冰箱中保存红曲霉液体菌种备用。

（三）红曲霉固体通风培养

（1）在红曲霉液体菌种中加入适量米醋（pH 为 5.6）。

（2）浸米。称取 15kg 优质大米，在 25℃以上环境中浸米 5～8h，使大米的水分含量在 25%～30%。

（3）蒸饭。将浸好的大米用清水淋去米浆，沥干，在电饭锅上蒸饭。待电饭锅有蒸汽冒出后，继续蒸 10～30min，保证出饭率在 135%左右。饭粒呈玉色，粒粒疏松，不结团块。蒸饭不能夹生，也不能烂熟。

（4）装罐。将蒸熟的曲料（米饭）趁热装入固体发酵罐中，打开搅拌器（10r/min）。待曲料自然冷却至 30℃左右，关闭搅拌器。

（5）接种。接种量为曲料的 1%，打开搅拌器进行搅拌（10r/min，5min）。

（6）发酵。将曲料温度控制在 35℃左右，每隔 6h 搅拌一次（10r/min，5min），并适量通入无菌空气。当曲粒表面略有干皮、少数曲粒略有微红斑时，可适量补充无菌水。3～4d 后结束发酵。

（7）晒曲。在发酵结束后，将曲粒摊平风干，于 5～6d 后晒曲，应避免曝晒。

（8）成品质量检查。①外观检查：曲粒表层光滑紫红，中心呈玉色，没有空心和红心。曲粒断面菌丝均匀，具有红曲特有的曲香，没有酸气等不正常气味。②生物与理化项目检查：曲粒水分在 12%以下，容量为 44.5～46.5g（100mL），淀粉含量为 59%～62%，无杂菌污染。

（9）贮藏。将晒好的红曲按质量等级分批贮藏在封闭容器中，严防红曲受潮变质和被虫蛀，并从中挑选最优红曲种作为下次生产的曲种，单独贮藏，不得混杂。

（四）红曲代谢产物的浓缩

（1）取 200g 红曲米，在植物粉碎机中将其粉碎。

（2）将红曲粉置于 500mL 三角瓶中，加入 80%丙酮溶液 300mL，用保鲜膜封口。

（3）在室温下浸提 1d，每隔 2h 摇动 1 次，过滤红曲，收集滤液。

（4）用同样提取液对滤渣再抽提 2 次，每次 100mL，浸提 2h，过滤后合并滤液。

（5）将水浴温度调整到 40℃，在旋转蒸发仪中减压蒸去丙酮，当馏出液速度很慢时，可停止蒸馏。

（6）用 1mol/L HCl 调节残留液（约 100mL）的 pH 至 3.0，将残留液加入分液漏斗中。

（7）加入 70mL 乙酸乙酯，充分振荡后静置，收集有机相；在水相中再分两次加入 50mL 和 30mL 乙酸乙酯，同法收集有机相，合并有机相。

（8）用同样的方法分离红曲中的碱溶性组织成分、酸溶性组织成分和中性组织成分。

（9）将各分离的组织成分在旋转蒸发仪中蒸去溶剂，得到浓缩物，置于样品管中，低温保存。

五、注意事项

（1）注意无菌操作，防止杂菌污染标本。

（2）霉菌的菌落较大，为了便于挑取单菌落，稀释度要稍高一些。

（3）注意米饭蒸煮的时间。

（4）控制接种量。

（5）培养时控制红曲的通气量和温度。

（6）有机溶剂易燃，注意使其远离火种，原则上应在通风柜中进行操作。

实验 15　食用菌栽培

一、实验目的

（1）掌握食用菌菌种的分离方法。

（2）掌握食用菌菌种的制作技术。

（3）掌握平菇生料栽培技术。

二、实验原理

食用菌是可供人类食用的大型真菌。具体地说，食用菌是可供人类食用的蕈菌。蕈菌是指能形成大型的肉质或胶质子实体或菌核类组织并能供人们食用或药用的一类大型真菌。食用菌具有很高的营养价值和药用价值，深受人们喜爱。中国的食用菌资源丰富。中国是最早栽培、利用食用菌的国家之一。

在自然状态下，无论是野生的食用菌，还是人工栽培的食用菌，其表面和周围环境中都存在大量细菌、酵母菌、霉菌等微生物。对于食用菌来说，这些微生物都称为杂菌，因此，需要通过分离的过程获得纯菌种，采用必要的技术措施，将食用菌从杂菌的包围中分离出来，使其经过培养成为纯菌种，这个过程叫作菌种分离。食用菌菌种分离的目的是获得纯菌丝体。分离培养所得到的第 1 代菌丝体，称为母种。

食用菌菌种分离的方法很多，常用的有孢子分离法、组织分离法和基质分离法。

孢子分离法是使食用菌的有性孢子或无性孢子萌发成菌丝，从而获得菌种的一种方法。具体操作如下：取八成熟的良好种菇，去杂物，用 75%乙醇抹擦菇体，去除菇柄，放入灭菌的器皿内备用。在 1 个顶部有孔口的玻璃罩下放 1 张干净的白纸，在白纸上放 1 个培养皿，使皿口向上。取铁丝、双层纱布、棉塞备用。将以上物品放在 1 个白瓷盆内，进行灭菌处理。用铁丝钩住种菇的菇盖，使菌褶向着培养皿，将其挂在罩顶的孔上，使菇体在罩内稍接近培养皿。用棉塞、纱布把罩孔封好，连白瓷盆一起在适合温度（温度依菌种而定）、漫射光条件下培养 12～20h。待孢子散出，用接种针或接种环取单孢或少数孢子在斜面或平板培养基上划线分离，要求无菌操作。把接种的培养基在适合温度、黑暗条件下培养 3～4d，可得纯菌丝体。

组织分离法是生产中最常用的方法，它操作简便，菌丝萌发快，分离所得的菌种遗传性较稳定，在培养基条件适宜的情况下，能保持原有菇种的优良性状和特性。具体操作如下：选择优良种菇，去杂物，用 75%乙醇抹擦菌体，待稍干再用 0.1%氯化汞抹擦菌体，用解剖刀从菇体底部轻轻纵向切一刀，然后用手把菇体掰开。用解剖刀在菇柄与菇盖之间或菇柄上部挑取 $0.2cm^3$ 的小块组织，放入适当的斜面或平板培养基上，在适温、黑暗中培养 3～4d，待长出白色菌丝体即可。以上必须无菌操作。

基质分离法是利用食用菌生长的基质（如菇木或耳木）作为分离材料，培养纯菌种的方法。特别是对银耳、黑木耳采用这种方法，成功率高，其性状也较稳定。基质分离法是生产上经常采用的方法。在产子实体的季节，选择出菇良好、无病虫害的菇木晾干，截取 2cm 长的小段，放在 0.1%氯化汞中浸 1min，再用无菌水冲洗 2～3 次，吸干水分。用解剖刀把菇木木段四周切去，再把菇木木段切成火柴大小的木枝，给每个木枝去两头，将其插入或平放在平板培养基内，在适当条件下培养 3～5d 长出菌丝体，即得母种。以上必须无菌操作。

食用菌的菌种按培养阶段和来源的不同，可分为母种、原种和栽培种 3 种。从食用菌的孢子分离培养或从组织分离培养、基内菌丝分离培养所得到的第 1 代菌丝体，称为

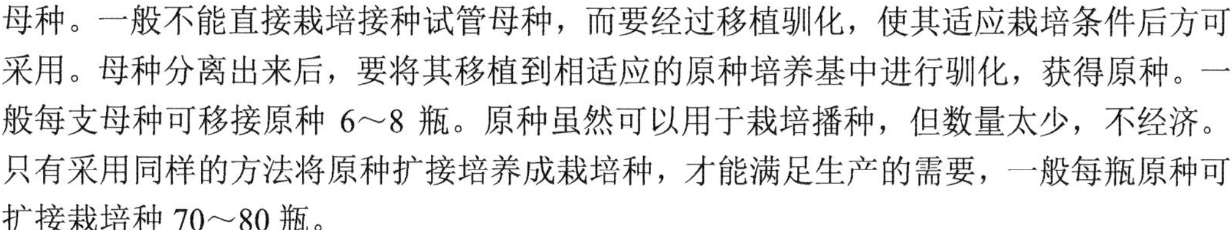

母种。一般不能直接栽培接种试管母种，而要经过移植驯化，使其适应栽培条件后方可采用。母种分离出来后，要将其移植到相适应的原种培养基中进行驯化，获得原种。一般每支母种可移接原种 6～8 瓶。原种虽然可以用于栽培播种，但数量太少，不经济。只有采用同样的方法将原种扩接培养成栽培种，才能满足生产的需要，一般每瓶原种可扩接栽培种 70～80 瓶。

三、实验用品

（1）主要器具：高压灭菌锅、恒温培养箱、接种铲、电子天平、电子秤、超净工作台、牛皮纸、电磁炉、不锈钢小锅、解剖刀、切板、量杯、纱布、漏斗（带胶管和玻璃管）、止水夹、漏斗架、试管（18mm×180mm 或 20mm×200mm）、棉花（未脱脂）、捆扎绳、酒精灯、接种针、接种铲、镊子、剪刀或刀片、金属丝、菇床或竹筐、铡刀、铁锨、农用薄膜、菌种瓶、棉塞、打孔棒、标签、尖形木棒、解剖刀、聚丙烯耐高压塑料袋等。

（2）主要药品：70%乙醇、0.1%（*W*/*V*，下同）升汞、琼脂、葡萄糖、蔗糖、石膏粉、过磷酸钙、多菌灵等。

（3）主要材料：新鲜平菇、马铃薯、稻草、麸皮、杂木屑、米糠、麦皮、麦粒、木屑等。

四、实验方法

（一）食用菌菌种分离及母种制作

1. PDA 培养基的制作

1）PDA 培养基配方

去皮马铃薯 200g、葡萄糖 20g、琼脂 20g、水 1 000mL、自然 pH。

2）制作方法

将 200g 马铃薯去皮、去芽眼，切成小条放入不锈钢小锅中，加入 1 000mL 水，煮沸 20～30min 至马铃薯软而不烂时，用 6～8 层纱布过滤，于锅中取滤汁，补水至 1 000mL，加入琼脂融化，再加入糖搅拌均匀，趁热分装于试管中。于 121℃下灭菌 20min 后摆斜面，经无菌检查后方可使用。

2. 菌种分离

1）种菇的选择及消毒

从产量高、长势好、适应性强、无杂菌、无病虫害的食用菌群体中选择菇形正、朵大、菌盖厚实、生长健壮、八成熟的子实体作为分离材料。选择的种菇应保持菇体洁净。取幼嫩新鲜的食用菌子实体，用无菌棉球蘸 70%乙醇擦拭菌盖和菌柄表面消毒；或用 0.1%升汞浸泡食用菌子实体 20min，快速冲洗并用无菌纱布擦去其表面水分后备用。

2）组织分离法分离菌种

取消毒好的种菇，用无菌解剖刀自菌柄处切开少许，用手将子实体掰开，在菌盖与菌褶交界处，切取 0.3～0.4cm^3 的一小块菌肉，移放在 PDA 培养基斜面中央。如果是已开伞的种菇，则选其菌盖与菌柄交界处的菌肉作为接种材料。如果种菇已受雨淋，吸水较多，则应取其菌褶作为接种材料。将接种的斜面放在 25℃的恒温培养箱中培养，若组织块周围萌发出菌丝并向培养基蔓延生长，则表明分离菌种成功。继续培养，待菌丝长满斜面后，选择菌丝洁白健壮的斜面保留备用。

3. 母种的扩大培养

用接种铲把斜面培养基连同菌丝体切成米粒大的小块，转接至新的 PDA 培养基斜面中央，在 20～25℃环境下培养一周，待菌丝长满斜面后取出，保藏备用，此即为母种（一级种）。一般每支母种试管可扩大繁殖 60～80 支新管。

（二）食用菌原种和栽培种制作

1. 培养基的配制

凡木生的食用菌都可用木屑-米糠培养基培养；凡草生的食用菌都可用粪草或稻草培养基培养。

（1）木屑-米糠培养基：杂木屑 78%、米糠（麸皮）20%、蔗糖 1%、石膏粉 1%。具体制法如下：先将蔗糖溶于清水中，然后将其和杂木屑、米糠（麸皮）等材料拌和。培养基的含水量以 60%～65%为宜，加水量依木屑种类而异，一般每 100kg 干料加水 240～300kg，以手紧握培养基，以指间有水渗出而不滴下为度。配好培养基后，装入菌种瓶中，用尖形木棒在培养基中钻 1 个直通瓶底的洞孔，使灭菌更彻底，有利于菌丝的蔓延。将瓶内外洗净后，擦干，塞上棉塞，用牛皮纸包扎紧瓶口。此培养基适用于培养香菇、银耳、黑木耳、猴头、平菇等菌种。

（2）粪草培养基：粪草 95%、麦皮 3%、蔗糖 1%、石膏粉 1%。具体制法如下：先将粪草堆积发酵，粪、草比为 1∶1，发酵时间为 18～20d，翻堆 2～3 次，晒干，切碎，装瓶。此培养基适用于培养蘑菇菌种。

（3）稻草培养基：稻草 80%、米糠（麦皮）18%、蔗糖 1%、石膏粉 1%。具体制法如下：先将稻草切成 1cm 长的小段，用水浸湿，堆制 1～2d，待稻草吸水软化后，拌入 18%米糠（麦皮）及蔗糖和石膏粉，使培养基含水量达到 65%，然后将培养基装瓶。此培养基适用于培养草菇、平菇、凤尾菇等菌种。

（4）种木培养基：种木 70%、木屑 10%、米糠 18%、蔗糖 1%，石膏粉 1%。具体制法如下：先将种木（有圆形种木和楔形种木两种）在清水中浸泡一夜，待种木充分吸水后，再拌入木屑和米糠等，然后将其装瓶。此培养基适用于香菇、银耳、黑木耳等木生食用菌的段木接种。

（5）麦粒培养基：麦粒 80%、木屑 18%、蔗糖 1%、石膏粉 1%。具体制法如下：

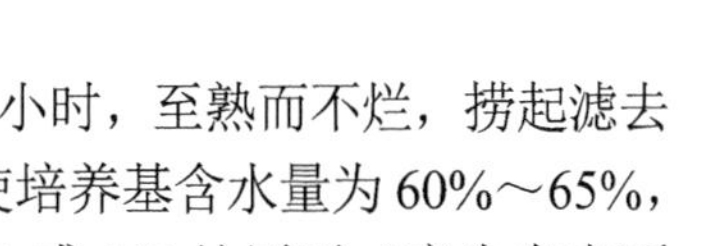

先将麦粒洗净，浸泡一夜吸水膨胀后，将其置于锅中煮沸半小时，至熟而不烂，捞起滤去多余的水，加入其他配料混拌均匀，调节好适宜的酸碱度，使培养基含水量为 60%～65%，然后逐一分装到菌种瓶中，一边装一边压实，装至瓶高 1/2 或 3/5 处压平（应先在表面铺一层木屑后再压平），中间扎 1 个圆洞，洗净瓶壁和瓶口，用布擦干，塞上棉花，并用牛皮纸包扎好瓶口。此培养基适用于培养蘑菇、猴头、凤尾菇等菌种。

2. 灭菌

配制好培养基后，即可进行常压或高压蒸汽灭菌。

（1）常压蒸汽灭菌。这种方法利用蒸笼或土消毒灶灭菌，其设备比较简单，适合农村群众生产时使用，但一次不宜过多，一般以 1 000 瓶左右为宜。待锅内蒸汽上升后，保持 6～8h，冷却后即可接种。

（2）高压蒸汽灭菌。高压蒸汽灭菌利用高压锅产生的高压蒸汽进行杀菌。具体操作如下：把菌种瓶装入锅内，加热至压力达到 0.5kg/cm^2 时，放出冷气，使压力回到“0”，关好阀门，继续加热使压力上升到 1.5kg/cm^2（128℃），保持 1.5～2h，待压力回到“0”后，打开锅盖取出菌种瓶。

3. 原种制作

将已灭菌的菌种瓶移入事先消毒过的接种箱内，对母种、用具及手都要进行消毒。等培养基温度降至 35℃左右时，按无菌操作方法进行接种。用接种铲取 1 块母种放入菌种瓶内培养基的孔隙边，并使菌丝紧贴在培养基上，塞上棉签，贴上标签，注明菌种名称和接种日期。

接种后，将菌种瓶置于 23～26℃的环境中，培养 2～3 周，待菌丝长满全瓶后，即可用来接种栽培种。培养成的原种，菌丝浓白健壮，菌丝紧贴瓶壁不干缩，生命力强，具有一定清香味，无任何杂菌污染。

4. 栽培种制作

将配好的培养基加入聚丙烯耐高压塑料袋，装满后在中间打孔，将袋口封上，灭菌、接种、培养方法同原种制作，待菌丝长满袋即可。

（三）平菇生料栽培技术

1. 培养基配方

稻草 72%、木屑 16%、麸皮 10%、石膏粉 1%、过磷酸钙 1%、多菌灵 0.1%。

2. 栽培技术

（1）称料、拌料。先将稻草切成 10cm 左右的小段，再用 2%石灰水浸泡 12～24h，捞起沥干后拌和其他原料，注意培养基的水分要适度，其含水量应为 60%～65%，以用手握培养基时指缝略有水渗出而不滴下为度，pH 为 7～7.5。拌料后进行堆料 3～5d，使其成为半熟料。在这期间，当堆温达到 70℃时应翻堆。

（2）铺料、播种。可以采用床式栽培或筐式栽培。铺料前先在床架或筐底铺一层农用薄膜，然后铺料，用木板稍拍紧。铺料的厚度以 10～15cm 为宜，气温较高时，铺料应略薄；气温较低时，铺料应略厚。每平方米料床用干料 15～20kg。铺料后即可播种，采用穴播方式，穴距为 5～8cm，穴深为 3～5cm，每平方米料床用菌种 4～5 瓶，最后再撒一层菌种覆面。播种后在料床上盖一层报纸，再盖上一层农用薄膜。

（3）发菌管理。播种后应将菇房温度控制在 15～20℃，相对湿度以 70%为宜。若菇房气温过高，则应揭开薄膜通风降温。播种 10d 后，每天可以揭开薄膜 1～2 次，每次 20min。

（4）出菇管理。播种后 30～40d，菌丝长满培养基，出现桑葚状的平菇子实体原基，此时可揭去覆盖料面的农用薄膜，将菇房的温度控制在 15℃左右，可喷水保湿，将菇房相对湿度调至 90%左右，加强菇房的通风换气，经 5～7d 平菇长至八成熟时可采收。

五、注意事项

（1）整个过程要严格保证无菌操作。

（2）对培养基灭菌要彻底，并且要进行严格的无菌检查。

（3）接种时菌丝紧贴在培养基上。

（4）出菇管理期间要注意保持菇房适宜的水分。

实验 16　植物的试管快速繁殖

一、实验目的

掌握植物的试管快速繁殖方法。

二、实验原理

植物的试管快速繁殖技术的理论依据是植物细胞具有全能性。所谓细胞的全能性是指植物体任何一个细胞都携带有发育成完整植株的全部遗传信息，因此其具有发育成完整植株的潜能。在离体培养条件下，如果拥有适当的营养物质和不同种类、配比及浓度的生长调节物质，则植物的器官、组织或细胞可以经过脱分化和再分化的过程再生出完整的小植株。

三、实验用品

（1）主要器具：培养瓶、培养皿、滤纸、超净工作台、紫外灯、恒温培养箱、报纸、剪刀、镊子、解剖刀、酒精棉、酒精灯等。

（2）主要药品：70%乙醇、0.1%升汞、6-苄氨基嘌呤（6-BA）、萘乙酸（naphthlcetic

acid，NAA）、灭菌水、KNO_3、NH_4NO_3、KH_2PO_4、$MgSO_4·7H_2O$、$CaCl_2$、碘化钾、H_3BO_3、硫酸锰、硫酸锌、钼酸钠、$CuSO_4$、氯化钴、乙二胺四乙酸二钠、$FeSO_4·7H_2O$、肌醇、甘氨酸、盐酸硫胺素、盐酸吡哆醇、烟酸、蔗糖、琼脂等。

（3）材料：无菌凤仙苗。

四、实验方法

（一）实验用品的准备

70%乙醇（用 95%乙醇或者无水乙醇配制）；0.1%升汞（可重复用，注意回收）；用报纸包好剪刀、镊子和解剖刀，并提前灭菌烘干备用；用 70%乙醇泡好酒精棉备用；蒸馏水灭菌备用；剪好滤纸装入培养皿，用报纸将其包好灭菌烘干备用；附有 2.0mg/L 6-BA 的 MS（Murashige and Skoog）培养基；附有 0.5mg/LNAA 的 MS 培养基。

（二）超净工作台和操作人员的灭菌

实验之前，打开超净工作台的无菌风，用酒精棉将台面擦拭一遍，点亮紫外灯灭菌 30min 以上。操作人员在进行接种操作前，要用温水和肥皂将手洗净，并用 70%酒精棉球消毒。

（三）凤仙的快速繁殖

在超净工作台内，取出灭菌的培养皿，在培养皿内用解剖刀或剪子将无菌凤仙苗的带有节的茎段（1cm 左右）切下，接入附有 2.0mg/L 6-BA 的 MS 培养基诱导侧芽生长，在培养瓶封口前注意对培养瓶口和瓶盖内、外侧进行消毒，将培养瓶放入恒温培养箱中培养，注意观察侧芽的生成。

待侧芽长至 2cm 左右时切下，接入附有 0.5mg/L NAA 的 MS 培养基中，将培养瓶放入恒温培养箱诱导生根，注意观察根的生成。在操作过程中，要注意及时对不同的培养基做好标记。

五、注意事项

（1）注意无菌操作，降低污染率。

（2）若使用盆栽凤仙苗，则须先进行除菌操作。

实验 17　植物的溶液培养及缺素培养

一、实验目的

（1）掌握植物溶液培养的原理和方法。

（2）观察并认识氮、磷、钾等矿质元素的专一缺素症状及各元素的生理功能。

二、实验原理

植物正常生长发育需要多种矿质元素，如果要确定各种元素是否为植物所必需，就需要借助无土培养法（溶液培养法和砂基培养法）。用植物必需的矿质元素按一定比例配成培养液来培养植物，可使植物正常生长发育。如果植物缺少某一必需元素，则会表现出缺素症。如果将植物所缺元素加入培养液并用来培养植物，则植物的缺素症状可逐渐消失，同时可以避免受土壤里的各种复杂因素的影响。无土栽培不仅是一种研究手段，而且成为新的生产方式，大规模应用于无污染蔬菜、花卉的生产中。

三、实验用品

（1）主要器具：25mL 和 500mL 烧杯各 1 个、1mL 吸量管 1 支、5mL 吸量管 10 支、1 000mL 量筒 1 个、培养瓶（可用 1 000mL 塑料广口瓶或瓷质、玻璃质培养缸）7 个、黑色蜡光纸适量、塑料纱网纱布（15cm×15cm）1 块、精密 pH 试纸（pH 为 5～6）或广泛 pH 指示剂、搪瓷盘（带盖）1 个、石英砂适量、陶质花盆 1 个、500mL 试剂瓶 11 个。

（2）主要药品：KNO_3、$MgSO_4 \cdot 7H_2O$、KH_2PO_4、K_2SO_4、Na_2SO_4、NaH_2PO_4、$NaNO_3$、$Ca(NO_3)_2 \cdot 4H_2O$、$CaCl_2$、$FeSO_4 \cdot 7H_2O$、H_3BO_3、$MnCl_2 \cdot 4H_2O$、$CuSO_4 \cdot 5H_2O$、$ZnSO_4 \cdot 7H_2O$、$H_2MoO_4 \cdot H_2O$、HCl、EDTA-Na、蒸馏水等。

（3）主要材料：高活力玉米（番茄）种子。

四、实验方法

（1）精选高活力玉米或番茄种子为试验材料。

（2）培苗。用搪瓷盘装入一定量的石英砂或洁净的河沙，将已浸泡一夜的玉米（番茄）种子均匀地排列在砂面上，再覆盖一层石英砂，保持湿润，然后将其放置在温暖处发芽。第 1 片真叶完全展开后，选择生长一致的幼苗，小心地将其移植到各种缺素培养液中。移植时注意勿损伤其根系。

（3）配制大量元素贮备液，用蒸馏水按表 17-1 配制。微量元素贮备液按以下配方配制：称取 H_3BO_4 2.86g、$MnCl_2 \cdot 4H_2O$ 1.81g、$CuSO_4 \cdot 5H_2O$ 0.08g、$ZnSO_4 \cdot 7H_2O$ 0.22g、$H_2MoO_4 \cdot H_2O$ 0.09g，将其溶于 1L 蒸馏水中。配好以上贮备液后，再按表 17-2 配成完全培养液或缺乏某元素的培养液（用蒸馏水，调节 pH 为 5.5～5.8）。

表 17-1　大量元素贮备液配制表

药品名称	浓度/（g/L）
$Ca(NO_3)_2 \cdot 4H_2O$	236
KNO_3	102
$MgSO_4 \cdot 7H_2O$	98
KH_2PO_4	27
K_2SO_4	88

续表

药品名称		浓度/（g/L）
$CaCl_2$		111
NaH_2PO_4		24
$NaNO_3$		170
Na_2SO_4		21
EDTA-Fe	EDTA-Na	7.45
	$FeSO_4 \cdot 7H_2O$	5.57

表 17-2 完全培养液和各种缺素培养液配制表

贮备液	每 1 000mL 培养液中各种贮备液的用量/mL						
	完全	缺 N	缺 P	缺 K	缺 Ca	缺 Mg	缺 Fe
$Ca(NO_3)_2 \cdot 4H_2O$	0.5	—	0.5	0.5	—	0.5	0.5
KNO_3	0.5	—	0.5	—	0.5	0.5	0.5
$MgSO_4 \cdot 7H_2O$	0.5	0.5	0.5	0.5	0.5	—	0.5
KH_2PO_4	0.5	0.5	—	—	0.5	0.5	0.5
K_2SO_4	—	0.5	0.1	—	—	—	—
$CaCl_2$	—	0.5	—	—	—	—	—
NaH_2PO_4	—	—	—	0.5	—	—	—
$NaNO_3$	—	—	—	0.5	0.5	—	—
Na_2SO_4	—	—	—	—	—	0.5	—
EDTA-Fe	0.5	0.5	0.5	0.5	0.5	0.5	—
微量元素	0.1	0.1	0.1	0.1	0.1	0.1	0.1

（4）取 7 个 1 000mL 塑料广口瓶，分别装入配制的完全培养液及各种缺素培养液 900mL，贴上标签，写明日期。然后把各瓶用黑色蜡光纸或黑纸包起来（黑面向里），或用报纸包 3 层，用 0.3mm 的橡胶垫做成瓶盖，并用打孔器在瓶盖中间打 1 个圆孔，把选好的植株去掉胚乳，并用棉花缠裹住其茎基部，小心地通过圆孔固定在瓶盖上，使其整个根系浸入培养液中。装好后，将培养瓶放在阳光充足、温度适宜（20～25℃）的地方，培养 3～4 周。

（5）实验开始后每 2d 观察 1 次，并用精密 pH 试纸检查培养液的 pH，如果 pH 高于 6，则应用稀盐酸将 pH 调整到 5～6。注意记录植物缺乏必需元素时所表现的症状和最先出现症状的部位。待各缺素培养液中的幼苗表现出明显症状后，可把缺素培养液一律更换为完全培养液，观察植物症状逐渐消失的情况，并记录结果。

五、注意事项

（1）为了使植物根系氧气充足，应每天定时向培养液中充气，或在瓶盖与溶液间保留一定空隙，以利通气。

（2）每隔 1 周须更换 1 次培养液。

实验 18 人工种子的制作、保存和发芽

一、实验目的

掌握人工种子制作、保存和发芽的方法。

二、实验原理

人工种子(artificial seeds)又称合成种子(synthetic seeds)或体细胞种子(somatic seeds)。通过组织培养技术，可把植物组织的细胞培养成在形态及生理上与天然种子胚相似的胚状体，即体细胞胚。科学家把体细胞胚包埋在胶囊内形成球状结构，使其具备种子机能。因此，人工种子是一种人工制造的代替天然种子的颗粒体，可以直接用于播种。

人工种子的包裹技术要满足 4 个基本条件：①常规操作的外部力量不会伤害内部植物幼体；②保持内部幼小植株体生存必需的水分，且具有通气性；③保持供给幼小植物体发芽和发育初期所需要的营养；④所包材料能被植物发芽的力量穿破。包裹制种方法主要分为 3 类：干燥法、离体交换法和冷却法。其中，以离子交换法最实用、方便，以海藻酸钠最为常用。

人工种子充分利用了快繁技术的优势，吸收了关于植物生长发育和农业生物技术研究的先进成果。人工种子具有以下优点。①可对一些自然条件下不结实的或种子很昂贵的植物进行繁殖。②固定杂种优势，使 F_1 杂交种可多代利用，使优良的单株能快速繁殖成无性系品种，从而大大缩短育种年限。③节约粮食，人工种子作为播种材料，在一定程度上可替代部分粮食（种子与块根茎）。④在人工种子的包裹材料里加入各种生长调节物质、菌肥、农药等，可人为地影响、控制作物的生长发育和抗性。⑤可以保存及快速繁殖脱病毒苗，克服某些植物由于长期营养繁殖所积累的病毒病等。⑥与试管苗相比，成本低、运输方便（体积小），可直接用于播种和机械化操作。

三、实验用品

（1）主要器具：培养瓶、滴管、培养皿、无菌袋或无菌瓶、滤纸、超净工作台、酒精棉、恒温培养箱、紫外灯、剪刀、镊子、解剖刀、酒精灯、冰箱、玻璃棒、小烧杯等。

（2）主要药品：4%（*W*/*V*，下同）海藻酸钠（液体部分为 MS 培养基）、2%（*W*/*V*，下同）$CaCl_2$、酒精棉、灭菌水、70%乙醇、75%乙醇等。

（3）主要材料：凤仙侧芽、胡萝卜无菌苗。

四、实验方法

（一）实验用品的准备

70%乙醇（用 95%乙醇或者无水乙醇配制）；4%海藻酸钠灭菌备用；2%$CaCl_2$ 溶液

灭菌备用；用报纸包好剪刀、镊子、解剖刀和玻璃棒，并提前灭菌烘干备用；用 70%乙醇泡好酒精棉备用；蒸馏水灭菌备用；剪好滤纸装入培养皿，用报纸包好培养皿灭菌烘干备用。

（二）超净工作台和操作人员的灭菌

在实验前，打开超净工作台的无菌风，用酒精棉将台面擦拭一遍，点亮紫外灯灭菌 30min 以上。

操作人员在接种操作前，要用温水和肥皂将手洗净，再用 75%乙醇棉球消毒。

（三）人工种子的制备

1. 凤仙人工种子的制备

在超净工作台内，取出灭菌的培养皿，在培养皿内用解剖刀或剪子将凤仙的侧芽切下，放入 4%海藻酸钠溶液中 3～5min，其间缓缓摇动 2～3 次，将凤仙侧芽用灭菌后的玻璃棒移入灭菌后的 2% $CaCl_2$ 溶液中浸泡 15min 进行离子交换，用无菌水冲洗凤仙人工种子后，用无菌滤纸吸干。

2. 胡萝卜人工种子的制备

取胡萝卜无菌苗的下胚轴，切成 3mm 一段，接种在附加有 1.5mg/L 的 2,4-D（2,4-二氯苯氧乙酸）的 MS 固体培养基上诱导愈伤组织，将经过继代的疏松愈伤组织转至无激素 MS 液体培养基中，在 26℃左右光照振荡培养（90r/min），每周换 1 次新鲜培养基，使其产生大量胚状体。当胚状体生长到一定时间时，用不同孔径的过滤筛筛选成熟的体细胞胚。以大小为 2mm 左右的体细胞胚为材料，将其与 4%海藻酸钠混合，然后用滴管吸取体细胞胚滴入 2% $CaCl_2$ 溶液中 15min，形成半透明大小均匀的包埋丸（人工种子），最后用无菌水冲洗胡萝卜人工种子几次后用无菌滤纸吸干。

（四）人工种子的保存

将制备好的人工种子放入无菌袋或无菌瓶中，置于 4℃冰箱保存。

（五）人工种子的发芽

将人工种子（凤仙侧芽）放在附有 0.5mg/L NAA 的 MS 培养基中并封口，封口前注意对培养瓶口和瓶盖内、外侧进行消毒，将培养瓶放入恒温培养箱中培养，注意观察根的生成。可以比较未放入冰箱的人工种子、放入冰箱的人工种子及不同贮藏温度下人工种子的生根率，探讨温度和贮藏时间对人工种子发芽率的影响。

五、注意事项

注意无菌操作，降低污染率。

实验 19 原生质体的制备与活力鉴定

一、实验目的

学习和掌握原生质体制备与活力鉴定的方法。

二、实验原理

原生质体是指植物细胞通过质壁分离后与细胞壁分开的那部分细胞物质。植物的细胞壁一般由纤维素、半纤维素和果胶质构成，因此去除植物细胞壁一般采用纤维素酶和果胶酶，有时也采用半纤维素酶。这种方法可以不伤害细胞本身，且可以获得大量去壁的原生质体。

可以通过二乙酸荧光素（FDA）染色法来对原生质体进行活性鉴定。FDA 本身无荧光、无极性，可自由渗透出入完整的原生质体膜，其进入原生质后，因原生质体内酯酶的分解而产生有荧光的极性物质荧光素，荧光素不能自由渗透出入原生质体膜，因此荧光素积累在有活力的原生质中，便产生荧光，而无活力的原生质体不能分解 FDA，因此无荧光。

三、实验用品

（1）主要器具：超净工作台、载玻片、镊子、解剖刀、酒精灯、离心机、离心管、注射器、培养皿或带盖培养瓶、200 目筛、荧光显微镜等。

（2）主要药品：纤维素酶（R-10）、果胶酶（R-10）、20%蔗糖溶液，甘露醇、2-N 吗啡啉乙磺酸钠、FDA、$CaCl_2$ 等。

（3）主要材料：无菌烟草苗。

四、实验方法

（一）实验用品的准备

1. 酶解液的准备

用 0.1%的 2-N 吗啡啉乙磺酸钠配制，内含 2%纤维素酶（R-10）、1%果胶酶（R-10）、0.6mol/L 甘露醇、0.05 mmol/L $CaCl_2$、pH 为 6.0。

2. 洗涤液用品的准备

（1）0.2mol/L $CaCl_2$，加有 0.1%的 2-N 吗啡啉乙磺酸钠，pH 为 6.0。

（2）0.1%的 2-N 吗啡啉乙磺酸钠，内含 20%蔗糖，pH 为 6.0。

（3）0.02% FDA，5mg FDA 溶于 1mL 丙酮中，避光 4℃保存，使用时取 0.22mL FDA

贮存液加入 5mL 0.65mol/L 甘露醇中，使用时最终浓度为 0.01%。

（4）20%蔗糖溶液。

（5）无菌蒸馏水。

（二）原生质体的制备

（1）取无菌烟草苗，将其叶脉叶柄切成 0.2mm 宽的小条。

（2）取培养皿或带盖培养瓶装入 10mL 酶液，装入 2g 左右烟草条，置于 30r/min 的摇床上，于 26℃左右黑暗环境下酶解 4～8h。

（3）用 200 目筛过滤酶解液，使滤液离心（600r/min），使原生质体沉淀下来。

（4）将原生质体悬浮在装有洗涤液的离心管中，用注射器缓缓向离心管中注射 20%蔗糖 6mL，离心（600r/min，5min），两相液面中出现一层液体为原生质体。

（三）原生质体的活力鉴定

取 1 滴原生质体放在载玻片上，取相同体积的 0.02%FDA 稀释液放在载玻片上，静置 5min 后于荧光显微镜下观察，发绿色、黄色荧光的为有活力的原生质体。

五、注意事项

配制药品要准确，注意回收酶液。

实验 20　动物细胞培养

一、实验目的

（1）掌握动物细胞的原代细胞培养技术的原理和方法。

（2）掌握动物细胞的传代细胞培养技术的原理和方法，识别细胞的生长状态和特点。

（3）掌握动物细胞冷冻保存技术的原理和方法。

二、实验原理

利用动物细胞培养技术可以排除动物体内各种因素的干扰，直接观察培养细胞的效应，同时可获得单一类型的细胞。另外，在细胞培养实验中，还能直接观察细胞生命活动的动态过程。

（1）原代细胞培养。直接在体外将组织碎块酶解分离成单个细胞，用培养基制成含分散细胞的悬液，在适宜条件下使细胞生长繁殖。原代细胞培养是建立各种细胞系的第一步，是培养工作人员应熟悉和掌握的最基本的技术。

（2）传代细胞培养。传代细胞培养是一种将细胞种保存下去的方法，同时是利用培养细胞进行各种实验的必经过程。对于悬浮型细胞的传代培养，直接将其分瓶即可，而对于贴壁细胞须经消化后才能分瓶。细胞在培养瓶长成致密单层后，已基本上饱和，如果想使细胞继续生长并扩大细胞数量，就必须进行传代（再培养）。

（3）在不加任何条件直接冻存细胞时，细胞内和外环境中的水都会形成冰晶，导致细胞内发生机械损伤、电解质升高、渗透压改变、脱水、pH 改变、蛋白变性等，引起细胞死亡。如果向培养液中加入保护剂，则可使冰点降低。将细胞贮存在-130℃以下的低温中能减少冰晶的形成。目前常用的保护剂为二甲基亚砜（dimethyl sulfoxide，DMSO）和甘油，它们对细胞无毒性，分子量小，溶解度大，易穿透细胞。

三、实验用品

（1）主要器具：恒温培养箱、培养瓶、培养皿、吸管、移液管、纱布、手术器械、倒置显微镜、超净工作台、冰箱、超低温冰箱、液氮罐、离心机、离心管、水浴锅、微量加样器、冻存管（塑料螺口专用冻存管或安瓿瓶）、废液缸、安瓿瓶等。

（2）主要药品：1640 培养液（含 10%小牛血清）、0.25%胰蛋白酶、Hank's 液、EDTA、75%乙醇、DMSO 或甘油、碘酒、含保护剂的培养基（即冻存液）等。

（3）主要材料：孕鼠或新生鼠。

四、实验方法

（一）动物细胞原代培养

（1）将孕鼠或新生鼠引颈处死，置于 75%乙醇中浸泡 2～3s（时间不能过长，以免乙醇从口和肛门浸入鼠体内），再用碘酒对其腹部进行消毒，取胎鼠带入超净工作台内或将新生鼠带入超净工作台内，解剖取胎鼠肾脏，置于培养皿中。

（2）用 75%乙醇擦拭新生鼠背部，在新生鼠背部肋两侧下缘取出肾脏，放在培养皿中。将 Hank's 液滴在新生鼠肾脏上，将肾脏剪成 $1mm^3$ 的组织碎块，用生理盐水冲洗至组织碎块发白，将 Hank's 液弃去。

（3）从 37℃恒温培养箱中取出预热的 0.25%胰蛋白酶，将组织碎块移入 0.25%胰蛋白酶液中，在 37℃恒温培养箱中静置消化 30min。

（4）用吸管吸取 0.25%胰蛋白酶，用 Hank's 液冲洗组织碎块。

（5）将组织碎块吸入 1640 培养液中，在 CO_2 培养箱中进行培养。

（二）动物细胞传代培养

（1）吸出培养瓶内的培养液。

（2）加入胰蛋白酶和 EDTA 混合液并盖满瓶底。

（3）2～5min 后检查，如果有细胞间隙变大、细胞质回缩现象，则终止消化。

（4）吸出消化液，加入 Hank's 液，轻轻转动培养瓶以免细胞流失，洗去残留的消化液。如果单用胰蛋白酶进行培养，则可直接加入培养液，不必洗去残留的消化液。

（5）用吸管轻轻吹打瓶壁，使细胞脱落，制成细胞悬液。

（6）重新接种培养。

（三）细胞冷冻保存

（1）消化细胞，将细胞悬液收集至离心管中。

（2）对细胞悬液进行离心（1 000r/min，10min），弃上层清液。

（3）在细胞悬液中加入含 20%小牛血清的完全培养基，于 4℃环境下预冷 15min 后，逐滴加入灭菌的 DMSO 或甘油，用吸管轻轻吹打瓶壁使细胞均匀，使细胞浓度保持在 $3\times10^6 \sim 1\times10^7$/mL。

（4）将细胞悬液分装至冻存管中，每管 1mL。

（5）将冻存管口封严。如果用安瓿瓶做冻存管则采用火焰封口，封口一定要严，否则细胞复苏时瓶体易出现爆裂。

（6）贴上标签，写明细胞种类、冻存日期。在冻存管外拴 1 个金属重物和 1 条细绳。

（7）按下列顺序给冻存管降温：室温→4℃（20min）→冰箱冷冻室（30min）→低温冰箱（−30℃，1h）→80℃过夜→液氮保存。

注意：操作时应小心，以免被液氮冻伤。定期检查液氮，随时补充，不能让其挥发干净，一般 30L 的液氮能用 1～1.5 个月。

五、注意事项

（1）操作前要洗手，进入超净工作台后要用 75%乙醇或 0.2%新洁尔灭溶液擦拭双手，还要擦拭试剂瓶口。

（2）从取材开始，保证所有组织细胞处于无菌条件下。操作动作要准确敏捷，但不能太快，以防因空气流动而增加污染概率。

（3）在超净工作台中，组织细胞、培养液等不能被暴露过久，以免溶液蒸发。凡在超净工作台外操作的步骤，都应用盖子或橡皮塞将器皿盖好，以防止细菌落入器皿中。

（4）瓶子开口后，要尽量保持其与桌面呈 45° 倾斜，不能混用吸管等器皿。

（5）传代培养时要注意严格执行无菌操作，防止细胞之间交叉污染。

（6）酶解消化过程中要不断观察，以免因消化过度而对细胞造成损害，或因消化不够而使细胞解离停止。

（7）传代培养后，每天观察细胞生长情况，了解细胞是否健康生长。健康细胞的形态饱满，折光性好。

（8）掌握好传代时机。当健康生长的细胞生长致密、即将铺满瓶底时，就可进行传代。

实验 21 动物细胞融合

一、实验目的

（1）了解聚乙二醇（polyethylene glycol，PEG）诱导细胞融合的基本原理。

（2）通过 PEG 诱导鸡红细胞之间的融合实验，初步掌握细胞融合技术。

二、实验原理

在人工条件下，只有在某些诱导物（如仙台病毒、PEG）的诱导下，亲本细胞膜发生一定的变化，才能使两个、多个或更多的细胞融合。细胞融合的过程，首先，细胞在诱导物的作用下出现凝集现象；其次，在细胞粘连处发生细胞融合成为多核细胞；最后，经有丝分裂，细胞核进行融合，形成新的杂种细胞。

用人工方法诱导的细胞融合可形成两种类型的双核或多核细胞，由同一亲本细胞融合形成的细胞被称为同核体，由不同亲本细胞融合形成的细胞被称为异核体。细胞融合后的多核细胞大多存活一段时间（十几日）就相继死亡，只有双核的异核体细胞才能存活下来。存活下来的异核体细胞经有丝分裂，其染色体合并在一个细胞核内，形成杂种细胞。

三、实验用品

（1）主要器具：显微镜、离心机、电子天平、离心管、注射器、细滴管、载玻片、盖玻片、血球计数器、牙签、冰箱等。

（2）主要药品：Alsever 溶液、GKN 溶液、0.85%生理盐水、50% PEG 溶液、双蒸水、Janus green 染液等。

（3）主要材料：一龄公鸡的静脉血。

四、实验方法

（1）在公鸡翼下的静脉抽取 2mL 鸡血，加入盛有 8mL Alsever 溶液的器皿中，使鸡血与 Alsever 溶液的比例达到 1∶4，混匀后存放于冰箱中。

（2）取此贮存鸡血 1mL 加入 4mL 0.85%生理盐水，充分混匀，离心（800r/min，3min），弃去上清，重复上述条件离心 2 次。

（3）弃去上清，加 GKN 溶液，制成 10%细胞悬液。

（4）取上述细胞悬液以血球计数器计数，用 GKN 溶液将其细胞浓度调整为 1×10^6 个/mL。

（5）取以上细胞悬液 1mL 置于离心管，放在 37℃水浴中预热，同时将 50% PEG 溶液一并预热 20min。

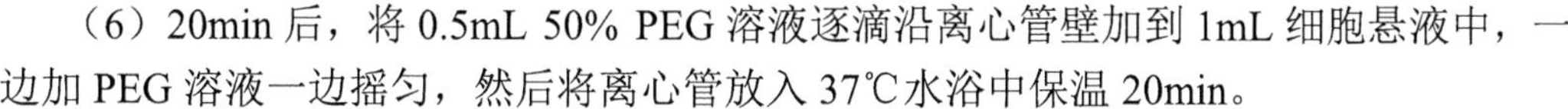

（6）20min 后，将 0.5mL 50% PEG 溶液逐滴沿离心管壁加到 1mL 细胞悬液中，一边加 PEG 溶液一边摇匀，然后将离心管放入 37℃水浴中保温 20min。

（7）20min 后，向离心管中加入 GKN 溶液至 8mL，静置于水浴中 20min。

（8）离心（800r/min，3min），弃去上清，加入 GKN 溶液再离心 1 次。

（9）弃去上清，加入少许 GKN 溶液，混匀，取少量细胞悬液悬浮于载玻片上，加入 Janus green 染液，用牙签混匀，3min 后盖上盖玻片，观察细胞融合情况。

（10）计算细胞融合率。计算公式为

$$\text{细胞融合率} = \frac{\text{视野内发生融合的细胞核总数}}{\text{视野内所有细胞核总数}} \times 100\%$$

五、注意事项

利用 PEG 诱导细胞融合，其融合效果受以下几种因素的影响。

（1）PEG 的分子量与浓度。在实验时，采用的 PEG 分子量一般为 1 000～4 000，浓度一般为 40%～60%。

（2）PEG 的 pH。经验证，PEG 的 pH 为 8.0～8.2 时，细胞融合效果最好。

（3）PEG 的处理时间。PEG 处理时间越长，细胞融合效果越好，但对细胞的毒害也越大。因此，一般将 PEG 处理时间限制在 1min 之内。在本实验中，在细胞融合后无须继续培养，PEG 处理时间可适当放宽。

（4）细胞融合时的温度。生物细胞膜的流动性与温度成正比，因此细胞的融合效果与温度成正比。为了获得更好的融合效果，可在细胞可承受的温度范围内适当提高处理的温度，一般采用的处理温度为 38～40℃。

实验 22　动物组织块培养

一、实验目的

掌握动物细胞组织块培养技术的原理和方法。

二、实验原理

直接在动物体外将组织碎块酶解分离成单个细胞，用培养基制成含分离细胞的悬液，在适宜条件下使细胞生长繁殖。原代细胞培养根据培养方法不同分为组织块培养法和单层细胞培养法。

三、实验用品

（1）主要器具：恒温培养箱、培养瓶、青霉素瓶、培养皿、吸管、移液管、纱布、手术器械、离心机、超净工作台等。

（2）主要药品：1640 培养基（含 10%小牛血清）、0.25%胰蛋白酶、Hank's 液、碘酒、75%乙醇。

（3）主要材料：孕鼠或新生鼠。

四、实验方法

（1）将孕鼠或新生鼠引颈处死，置于 75%乙醇中泡 2～3s（时间不能过长，以免乙醇从口和肛门浸入鼠体内），用碘酒对其腹部进行消毒，取胎鼠或新生鼠带入超净工作台内解剖取其肾脏，置于培养皿中。

（2）用 Hank's 液将肾脏洗涤 3 次，并剔除脂肪、结缔组织、血液等杂物。

（3）用手术剪将肾脏剪成小块（$1mm^3$），再用 Hank's 液洗 3 次。

（4）将组织块转移到培养瓶中，使其贴附于瓶底。翻转瓶底朝上，将培养液加入瓶中，勿使培养液接触组织块，于 37℃恒温培养箱中静置 3～5h，轻轻翻转培养瓶，使组织块浸入培养液中（勿使组织漂起），在 37℃条件下继续培养。

五、注意事项

（1）操作前要洗手，进入超净工作台后要用 75%乙醇或 0.2%新洁尔灭溶液擦拭双手，并擦拭试剂瓶口。

（2）自取材开始，保持所有组织细胞处于无菌条件。操作动作要准确敏捷，但不能太快，以防因空气流动而增加污染概率。

（3）在超净工作台中，不能将组织细胞、培养液等暴露过久，以免其溶液蒸发。凡在超净工作台外操作的步骤，都应用盖子或橡皮塞盖住各器皿，以防止细菌落入。

（4）瓶子开口后，要尽量使其与桌面保持 45° 倾斜，不能混用吸管等。

实验 23　果蝇的采集、饲养及生活史观察

一、实验目的

（1）了解果蝇生活史中各阶段的形态特征。

（2）区别雌、雄果蝇和几种突变型的主要性状。

（3）掌握果蝇的饲养管理方法及实验处理方法和技术。

二、实验原理

普通果蝇为双翅目昆虫，具完全变态。果蝇作为实验材料的优点如下。①生长迅速。生活史短，每 12d 左右即可完成一个世代。②繁殖能力较强。每只受精的雌果蝇可产卵 400～500 个，因此在短时间内即可获得多数子代，有利于遗传学的分析。③容易饲养。④突变性状多，可达 400 以上，且多数为形态变异，便于观察。果蝇是研究遗

传学的好材料，尤其在基因分离、连锁、交换等方面的研究中，果蝇应用广泛而充分。果蝇至今仍是遗传学、细胞生物学和发育生物学等研究中最成熟的模式生物。

三、实验用品

（1）主要用具：实体解剖镜、显微镜、广口瓶、放大镜、麻醉瓶、培养瓶、白瓷板、新毛笔、镊子、载玻片、死蝇盛留器等。

（2）主要药品：乙醚、乙醇、琼脂粉、玉米粉、白糖（红糖）、酵母膏或酵母粉、丙酸或苯甲酸、香蕉等。

（3）主要材料：饲养的野生型果蝇和几种常见的突变型果蝇，如残翅、白眼、黑檀体等。

四、实验方法

（一）果蝇生活史观察

果蝇生活史包括卵—幼虫—蛹—成虫 4 个时期。我们可以用放大镜从培养瓶外观察果蝇生活史的 4 个时期。

（1）卵。羽化后的雌果蝇一般在 12h 后开始交配，2d 后产卵。卵长约 0.5mm，呈椭圆形，其腹面稍扁平。在卵背面的前端伸出 1 对触丝（filament），它能使卵附着在食物或瓶壁上，不至于深陷到食物中去。

（2）幼虫。卵孵化为幼虫，幼虫经过两次蜕皮进入三龄幼虫期，此时体长可达 4～5mm。在肉眼观察下可见其一端稍尖为头部，有个黑点即口器，稍后有一对半透明的唾腺，每条唾腺前有一个唾腺管向前延伸，然后汇合成一条导管通向消化道。幼虫的神经节位于消化道前端的上方。通过幼虫体壁，还可以看到一对生殖腺位于幼虫的身体后半部的上方两侧。精巢较大，外观为一个明显的黑色斑点，卵巢较小。熟悉观察后可借此鉴别幼虫雌雄。幼虫的活动力强而贪食，在培养基上爬过时留下一道沟，沟多而宽时，表明幼虫生长良好。

（3）蛹。幼虫生活 7～8d 后即化蛹，化蛹前从培养基上爬出附着在瓶壁上，渐次形成一个梭形的蛹。蛹起初颜色呈淡黄，柔软，以后逐渐硬化变为深褐色时，就显示幼虫将要羽化了。

（4）成虫。从蛹壳里羽化而出的果蝇就是成虫。刚羽化的成虫虫体较大，翅还没有展开，体表也未完全几丁质化，因此呈半透明的乳白色。透过腹部体壁，可以看到其消化道和性腺。不久，蝇体变粗短，呈椭圆形，双翅伸展，体色加深，如野生型果蝇，初为浅灰色，而后成为灰褐色。果蝇全部生活史所需的时间，常因饲养温度和营养条件不同而有所不同。

营养条件适宜时，在 20℃条件下饲养，卵—幼虫约为 8d，蛹—成虫约为 6.3d；在 25℃条件下饲养，卵—幼虫约为 5d，蛹—成虫约为 4.2d。

普通果蝇生活的最适宜温度为 20～25℃。在适宜的温度下，果蝇经过 10～14d 即可繁殖一代。温度低于 10℃时，果蝇生活史会延长至 57d 以上，且生活力明显降低。温度高于 30℃时，果蝇会不育和死亡。

（二）成虫的外部形态和常见的突变类型

1. 成虫雌、雄性别的辨识

雌、雄成虫的区别很明显，我们可以通过放大镜或直接观察进行鉴别，其特点见表 23-1。

表 23-1　雌、雄果蝇的特点

项目	雌果蝇	雄果蝇
体型	较大	较小
腹部	呈椭圆形，末端稍尖	末端钝圆
腹部背面	外观有 5 条黑色条纹	有 3 条黑色条纹，前两条细，后一条宽而延伸至腹面，呈一明显的黑斑
腹部腹面	有 6 个腹片	有 4 个腹片
有无性梳	无性梳	第 1 对足的跗节基部有黑色鬃毛状性梳
外生殖器	外观比较简单	外观比较复杂。用低倍镜观察刚羽化的幼虫，可见到明显的生殖弧、肛上板、阴茎等

2. 几种常见的突变性状类型

对于实验室中常用的普通果蝇突变性状，多可通过肉眼鉴别，对于肉眼无法鉴别的突变性状，可借助解剖镜进行辨认。这些突变性状一般是明显而稳定的（表 23-2）。

表 23-2　实验室中常用的普通果蝇的突变性状类型

突变名称	基因符号	性状特征	在染色体上的座位
白眼（white）	w	复眼白色	X1.5
棒眼（bar）	B	复眼横条形，小眼数少	X57.0
黑檀体（ebony）	e	身体呈乌木色，黑亮	ⅢR70.7
黑体（black）	b	体黑色比黑檀体黑	Ⅱ L48.5
黄体（yellow）	y	全身呈浅橙黄色	X0.0
残翅（vestigial）	vg	翅明显退化，部分残留，不能飞	Ⅱ R67.0
焦毛（singed）	sn	刚毛卷曲如烧焦状	X21.0

（三）性状观察方法

对果蝇进行观察时，需要将果蝇进行麻醉处理，以使果蝇保持静止状态。麻醉处理可使用专用麻醉瓶，也可使用适当大小的广口瓶。

用乙醚进行麻醉，麻醉程度依实验要求而定。如果将果蝇做种用，则应轻度麻醉；如果将果蝇做观察用，则应深度麻醉。果蝇翅外展和身体呈 45°，即双翅垂直时，表明已被麻醉致死而不能复苏。

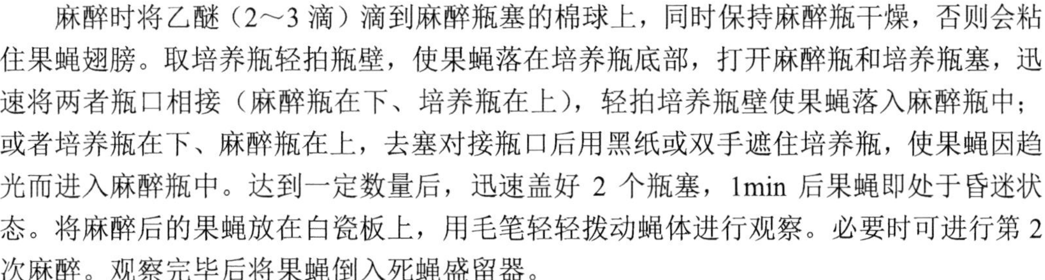

麻醉时将乙醚（2～3 滴）滴到麻醉瓶塞的棉球上，同时保持麻醉瓶干燥，否则会粘住果蝇翅膀。取培养瓶轻拍瓶壁，使果蝇落在培养瓶底部，打开麻醉瓶和培养瓶塞，迅速将两者瓶口相接（麻醉瓶在下、培养瓶在上），轻拍培养瓶壁使果蝇落入麻醉瓶中；或者培养瓶在下、麻醉瓶在上，去塞对接瓶口后用黑纸或双手遮住培养瓶，使果蝇因趋光而进入麻醉瓶中。达到一定数量后，迅速盖好 2 个瓶塞，1min 后果蝇即处于昏迷状态。将麻醉后的果蝇放在白瓷板上，用毛笔轻轻拨动蝇体进行观察。必要时可进行第 2 次麻醉。观察完毕后将果蝇倒入死蝇盛留器。

（四）培养基的制备

成熟的肉质水果，如葡萄、香蕉等，特别是水果成熟过度开始发酵时，常可招致很多野生果蝇。因为果蝇是以果汁上的酵母菌为食的，所以根据果蝇的生活习性可以在一些发酵的基质上进行饲养。

1. 香蕉培养基

取一片熟透的香蕉，在盛有薄层新鲜酵母悬液的小瓶中浸沾一下，放入小型培养瓶内即可。这种培养基制备简单，但容易变软，且易发霉，会影响操作。

2. 玉米粉琼脂培养基

玉米粉琼脂培养基配方如表 23-3 所示。

表 23-3　玉米粉琼脂培养基配方

配方	水/mL	琼脂粉/g	白糖（红糖）/g	玉米粉/g	丙酸（苯甲酸）/mL	酵母
1	75	1.5	13.5	10.0	0.5（0.15～0.2g）	适量
2	380	3.0	31.0	42.0	2.5（0.75～1.0g）	适量

目前实验室常用的果蝇培养基配方如下。

A：白糖 6.2g，琼脂粉 0.62g，加水 38mL，煮沸溶解。

B：玉米粉 8.25g，加水 38mL，混合均匀，再加适量的酵母膏或酵母粉。

将 B 慢慢倒入 A 中，并不停搅动混合，加热成糊状后，再加适量的酵母膏或酵母粉，混合均匀，待其稍冷却后加入 0.5mL 丙酸，调匀后即可分装到培养瓶中。

（五）采集

在温暖季节尤其是初秋，在果皮或腐烂水果堆积处可见到成群的果蝇。在实验前可将培养瓶放在其附近进行诱捕，也可将瓶内放置有果皮的广口瓶置于阳台或室外墙边庇荫处，不久即有果蝇飞入瓶中。用硬纸片盖住瓶口，用乙醚将果蝇麻醉，将其倒出后可鉴别性别，然后移入培养瓶进行培养。

（六）交配

果蝇雌体生殖器官有受精囊，可保留交配时所得的大量精子，能使大量的卵受精，因此在做品系间杂交时，必须选用处女蝇。

雌蝇孵出后 8～10h 不会交配，因此把老果蝇除去后，在 8～10h 所收集到的雌蝇必为处女蝇。因为雌蝇 2d 内不产卵，所以可直接将雄蝇放到处女蝇培养瓶中，贴好标签，写好日期。在幼虫孵化出来以前，在 23℃条件下培养 7～9d，倒出亲本，以免和亲代混淆。

注意：杂交的 F_1 代的计数安全期是自培养开始的 20d 内，因为再晚一些时，F_2 代也可能有了。

五、注意事项

（1）使用乙醚时注意安全。

（2）饲养果蝇的用具必须经过消毒。

（3）在保留原种的果蝇培养瓶中，千万不能混杂有别种果蝇，每类原种至少保留 2 套。

第 3 部分
生物显微技术

实验 24 显微镜使用及动物细胞观察

一、实验目的

（1）掌握显微镜的基本构造及使用方法。

（2）观察动物细胞的基本结构。

二、实验用品

（1）主要器具：光学显微镜、几种不同类型的显微镜、载玻片、盖玻片、牙签、滤纸等。

（2）主要药品：生理盐水（0.9% NaCl 溶液）、0.1%亚甲基蓝溶液等。

（3）主要材料：各种细胞装片、实验者本人的口腔上皮。

三、实验方法

（一）显微镜的使用方法

1. 低倍镜的使用方法

（1）取出和放置显微镜。平时将显微镜存放在柜或箱中，用时将其取出，用右手紧握镜臂，用左手托住镜座，将显微镜放在自己左肩前方的实验台上，以镜座后端距桌边1～2 寸（1 寸≈3.33cm）为宜，便于坐着操作。

（2）对光。用拇指和中指移动旋转器（切忌手持物镜移动），使低倍镜对准镜台的通光孔（当转动听到碰叩声时，说明物镜光轴已对准镜筒中心）。打开光圈，上升集光器，并将反光镜转向光源，以左眼在目镜上观察（右眼睁开），同时调节反光镜方向，直到视野内的光线均匀明亮为止。

（3）放置玻片标本。取一个玻片标本放在镜台上，将标本有盖玻片的一面朝上，不可放反，用推片器弹簧夹夹住标本，然后旋转推片器螺旋，将所要观察的部位调到通光孔的正中。

（4）调节焦距。以左手按逆时针方向转动粗调节器，使镜台缓慢地上升至物镜距标本约 5mm 处，应注意在上升镜台时，切勿在目镜上观察。一定要从右侧看着镜台上升，以免上升过多造成镜头或标本损坏。两眼同时睁开，用左眼在目镜上观察，用左手顺时针方向缓慢转动粗调节器，使镜台缓慢下降，直到视野中出现清晰的物像为止。如果物像不在视野中心，则可调节推片器将其调到中心（注意移动标本的方向与视野物像移动的方向是相反的）。如果视野内的亮度不合适，则可通过升降集光器或开闭光圈来调节。如果在调节焦距时，镜台下降已超过工作距离（>5.4mm）而未见到物像，则说明此次操作失败，应重新操作，切不可因心急而盲目地上升镜台。

2. 高倍镜的使用方法

（1）选好目标。先在低倍镜下把须进一步观察的部位调到中心，同时把物像调节到最清晰的程度，再进行高倍镜的观察。

（2）转动转换器，转换高倍镜头。转换高倍镜时转动速度要慢，并从侧面进行观察（防止高倍镜头碰撞玻片），如果高倍镜头碰到玻片，则说明没有调好低倍镜的焦距，应重新操作。

（3）调节焦距。转换高倍镜后，用左眼在目镜上观察，此时一般能见到一个不太清楚的物像，可将细调节器的螺旋逆时针移动 0.5～1 圈，即可获得清晰的物像（切勿用粗调节器调节）。如果视野的亮度不合适，则可用集光器和光圈调节，如果需要更换玻片标本，则必须先按顺时针（切勿转错方向）转动粗调节器使镜台下降，再取下玻片标本。

（二）口腔上皮细胞的制片

将牙签粗的一端，放在自己的口腔里，轻轻地在口腔颊内刮几下（注意不要用力过猛，以免损伤颊部）。将刮下的白色黏性物薄而均匀地涂在载玻片上，加 1 滴生理盐水，然后加盖玻片。加盖玻片的时候一定要使盖玻片保持倾斜，缓缓放下，以免产生气泡影响观察。将制作的装片放在载物台上，首先在低倍镜下观察，可见口腔上皮细胞常数个连在一起。口腔上皮细胞薄而透明，因此观察时需要光线暗些。找到口腔上皮细胞后，将其放在视野中心，再转高倍镜观察，可见口腔上皮细胞呈扁平多边形。试辨认细胞核、细胞质、细胞膜。若观察不清楚，则可在盖玻片一侧加 1 滴 0.1%的亚甲基蓝溶液，在盖玻片另一侧放一小块吸水纸，将染液吸过来，使染液流入盖玻片下面进行染色，将细胞染成浅蓝色。

四、注意事项

（1）调节显微镜时，必须让载物台缓缓下降，不能上升，以免压碎玻片或伤害物镜镜头。

（2）观察时，一定要将观察对象某部分移至视野正中央，因为换高倍镜时只对低倍镜中间部分进行放大。

实验 25 生物显微绘图

一、实验目的

（1）了解显微描绘器的原理。

（2）掌握显微描绘器的使用方法。

二、实验原理

应用显微镜的成像原理，借助显微描绘器可以将显微镜的调焦面和显微描绘器的调焦面重叠，也就是将装片的调焦面和绘图纸的调焦面重叠，可将显微镜下观察到的物像直接描绘下来。这与显微摄影不同，显微描绘器绘制的图像比照片更能突出重要细节及表现物体全层。因此，它是显微镜使用技术中必须掌握的技能之一。

三、实验用品

（1）主要器具：显微镜、显微描绘器、擦镜纸、绘图纸、内六角螺丝刀等。

（2）主要材料：要绘图的装片。

四、实验方法

（一）显微描绘器与显微镜配合使用的安装和操作方法

（1）取下显微镜的双筒目镜座。

（2）将显微描绘器安装在显微镜上（用内六角螺丝刀安装）。

（3）重新装上双筒目镜座，使其正对显微描绘器光路下方。

（4）在显微镜右边实验台面铺上绘图纸。

（5）转动显微描绘器上的聚集环，通过显微镜目镜观察，直到图纸表面出现在焦点上。

（6）打开显微镜光源。逐渐增加亮度，直到与纸面的亮度平衡。

（7）把要绘制的装片放在载物台上，利用显微镜的调焦轮调准焦点，使装片上的物像与图纸平面同时出现在焦点上。

（8）用铅笔绘图，要适时调整显微镜光源的亮度与图纸面的亮度，保持平衡。可缩小聚光镜光圈，使其小于物镜的数值孔径（numerical aperture，NA）值，以增加物像的反差，使观察效果更好。如果绘图时不需要从显微镜光源发射出来的光线，则可滑动挡光管关闭镜子。

绘图结束后，如果要计算绘图的放大倍数，则可将装片自载物台上取下，换上载物台测微尺，将它的标尺的一部分或全部用铅笔在同一张绘图纸上画出来。根据载物台测微尺测出的数据求出所绘图像的放大倍数。因为载物台测微尺的每个小格刻度为 10μm，如果绘出的小格是 n 个，则它的全长是 10nμm。若用 mm 标尺直接量出的所绘载物台测微尺的直线数值是 a，则图像的放大倍数 M 为

$$M = 1\,000a/10n = 100a/n$$

（二）装片结构的描绘

先在低倍物镜和高倍物镜下观察要绘制的装片的形态特点，再进行显微绘图。绘图通常在高倍镜下进行，显微描绘器没有自带光源，因此只能运用自然光源。必须调节好显微镜的光源，特别是在晴天时尽量将显微镜的光源调得柔和一些，否则看不清楚绘图纸。

五、注意事项

在安装显微描绘器时，一定要避免损伤玻璃器件。

实验26 细胞计数

一、实验目的

（1）学会血球计数板的计数原理。

（2）掌握血球计数板的使用方法。

二、实验原理

要计算单位体积的细胞或微小生物的数量，须应用显微镜的成像原理并借助血球计数板进行计数。血球计数板为一块特制的长方形的厚玻璃板，中部有 2 个凹平台为计数室，盖上盖玻片后，其深度为 0.1mm。每个计数室长、宽各 3mm，精确划分为 9 个大方格。每个大方格的面积为 $1mm^2$，体积为 $0.1mm^3$。每个角的大方格各划分为 16 个中方格。中央的大方格则由双线划分为 25 个中方格。每个中方格的面积为 $0.04mm^2$，体积为 $0.004mm^3$；每个中方格又各分成 16 个小方格。每个小方格的面积为 $1/400mm^2$，体积为 $1/4\ 000mm^3$。知道了每个小方格的体积，就可以通过计数计算每个小方格的平均细胞数，从而计算出待测液体的细胞密度。

三、实验用品

（1）主要器具：光学显微镜、血球计数板、盖玻片、擦镜纸、小烧杯、注射器（用 5 号针头）等。

（2）主要药品：生理盐水、肝素等。

（3）主要材料：中国林蛙红细胞。

四、实验方法

（1）中国林蛙红细胞悬液的制备。取 50mL 小烧杯，用肝素（1mg/mL 生理盐水）湿润，加入用注射器从中国林蛙体内取来的血，以 10 倍生理盐水稀释，制成中国林蛙红细胞悬液。

（2）取血球计数板，加上盖玻片，盖住计数室两边的小槽。

（3）加 1 滴中国林蛙红细胞悬液于盖玻片边缘，则悬液自动被吸入计数室。加入前要摇匀中国林蛙红细胞悬液。

（4）放置 1～2min 进行计数，按“数上不数下，数左不数右”的原则，即在记录时，记录该格的上线和左线上的细胞，不记录该格的下线和右线上的细胞。统计 200 个小格

的细胞。

（5）计算细胞密度（d）。通过计数后的结果计算每个小格的平均细胞数，用 m 表示。计算公式为

$$m=\frac{d_0\times 0+d_1\times 1+d_2\times 2+d_3\times 3+d_4\times 4\cdots d_n\times n}{200}$$

式中，d_0 表示统计的 200 个小格中有多少个无细胞的小格；d_1 表示统计的 200 个小格中有多少个有 1 个细胞的小格，以此类推。

计算细胞的密度，需要 m 值除以每个小格的体积。计算公式为

$$d=m/4\,000\ (\text{细胞数/mm}^3)$$

（6）原溶液细胞密度计算。

用待测溶液的稀释倍数乘以稀释液的细胞密度，得到原溶液的细胞密度。如果用 10 倍生理盐水稀释制成中国林蛙红细胞悬液，则应用中国林蛙红细胞悬液的细胞密度乘以 10，得到原溶液的细胞密度。

五、注意事项

（1）加入前要摇匀中国林蛙红细胞悬液，计数时要对四周和中间的小方格都选取计数，否则计算的密度会产生偏差。

（2）血球计数板有两种：一种是中央的大方格，由双线划分为 25 个中方格，每个中方格又分成 16 个小方格；另一种是中央的大方格，由双线划分为 16 个中方格，每个中方格又分成 25 个小方格。如果用小方格计数，则产生误差较小。

实验 27　动物组织临时装片

一、实验目的

掌握动物结缔组织和血液组织临时装片的制作方法。

二、实验用品

（1）主要器具：光学显微镜、载玻片、盖玻片、解剖针、镊子、剪刀、解剖刀、滤纸、吸管等。

（2）主要药品：0.1%亚甲基蓝溶液、0.7% NaCl 溶液等。

（3）主要材料：活蛙或活蟾蜍。

三、实验方法

1. 结缔组织临时装片的制作

将活蛙或活蟾蜍麻醉或处死后，剪开其腹部的皮肤，用细镊子从皮肤与肌肉层之间

取下一小片结缔组织（两栖类动物的皮下结缔组织不发达），放在干净的载玻片上，加1滴0.7% NaCl溶液。用解剖针将其展薄，加数滴0.1%亚甲基蓝溶液。2min后，用0.7% NaCl溶液冲去多余的染液，加盖玻片在显微镜下观察。

可见胶原纤维和弹性纤维均不着色。胶原纤维成束，弯曲成波浪状；弹性纤维细而具分枝，不成束，无波浪状弯曲。结缔组织细胞不甚规则，细胞核着色深而清楚，细胞质色浅，细胞界限明显。

2. 血液组织临时装片的制作

剖开蛙或蟾蜍的腹壁，剪开其动脉圆锥，用吸管取出血液，放入器皿中，加入少许0.7% NaCl溶液稀释。吸此液1滴，制成临时装片，在显微镜下观察。

蛙的红细胞呈扁椭圆形。单个红细胞呈极浅的黄色，中央有一个较大的椭圆形细胞核。蛙红细胞间的无色液体为血浆（已被稀释）。轻轻地敲击载玻片，可看到红细胞在血浆中转动，注意观察红细胞的形状。

四、注意事项

观察蛙红细胞时，一定要用较暗的视野，因为在强光下很难看清红细胞的细胞核。

实验28 动物整体制片

一、实验目的

学会几种整体装片的制作方法。

二、实验用品

（1）主要器具：培养缸、表面皿、吸管、镊子等。

（2）主要药品：无水乙酸、氨水、1%盐酸、1%盐酸乙醇、甲醛、二甲苯、波因（Bouin）氏固定液、硼砂洋红染液、树胶、苦味酸等。

（3）主要材料：水螅或其他小型动物。

三、实验方法

（1）波因氏固定液的配制。取75mL苦味酸饱和水溶液，加入25mL甲醛，在临用时再加入5mL无水乙酸。

（2）固定。固定水螅时，先在表面皿里放少量水，然后用吸管把水螅从培养缸中吸出，放在表面皿内。等水螅身体和触手慢慢伸展后，用加热的波因氏固定液（30～34℃）固定。波因氏固定液要多一些，倾倒时要迅速，也可用吸管吸取加热的波因氏固定液浇射在水螅上，浇射的方向必须从其基部到触手端，浇射的时间要短，不要把波因氏固定

液滴入水内，这样不会使水螅收缩。将水螅在波因氏固定液中固定 4～8h。

（3）将水螅浸入 70%乙醇中，每天更换 1 次 70%乙醇，直到洗去标本上因波因氏固定液而染上的苦味酸的黄色为止。如果需要快一些去色，则可以加 1～2 滴氨水。如果使用氨水去色，则在黄色除去后，换 2 次 70%乙醇，以除去氨水的碱性。

（4）染色。将水螅浸入硼砂洋红染液中，染 24h。

（5）褪色。用 1%盐酸乙醇褪色，时间为 0.5～1min，褪色到水螅内部器官能被看清楚为止。

（6）脱水。将水螅依次浸入 70%乙醇、80%乙醇、95%乙醇及无水乙醇。

（7）透明。用二甲苯使水螅透明。中途更换 1 次新液，至水螅透明为止。

（8）封片。用树胶封片，树胶可以浓一些。

四、注意事项

（1）制作水螅整体装片最重要的环节是固定，如果这一步骤处理不好，水螅的触手和身体收缩，制成的标本装片就不能使用，因此采取有效的方法来固定水螅是制作标本成功的关键。

（2）在制作水螅装片时要非常小心，稍不注意就会弄碎或折断水螅触手，特别是在二甲苯中更容易弄碎或折断水螅触手，因此在整个制作过程中，尽量少用镊子夹水螅，也不宜多次更换盛器，应只换溶液（如乙醇、二甲苯），不换盛器。

（3）褪色时，标本不能在盐酸乙醇中停留过久，否则颜色会全部褪尽。

实验 29　植物整体制片

一、实验目的

掌握植物整体制片的实验方法，学会封片的操作过程。

二、实验用品

（1）主要器具：显微镜、载玻片、盖玻片、滴管、镊子、滤纸、染色碟等。

（2）主要药品：甘油、加拿大树胶等。

（3）主要材料：蕨类植物。

三、实验方法

（1）取带有孢子的蕨类植物，用水洗净，取 1 片蕨类植物的小叶片放在染色碟中，加入 10%甘油，将染色碟放在无尘避风处，使其慢慢蒸发到纯甘油浓度。此步骤的主要目的是使材料脱水和透明。

（2）用镊子取出 1 小片叶子，放在载玻片中央，先放在显微镜下镜检，如果材料没有收缩或变形，则可进行装片。

（3）取 1 滴纯甘油滴在材料中央，盖上盖玻片。不可滴太多甘油，如果甘油多到从盖玻片边缘溢出，就会影响下一步的封固。此时可将盖玻片拿开，用滴管吸掉多余的甘油，重新加盖玻片。

（4）用较浓稠的加拿大树胶沿着盖玻片圆周封边。

四、注意事项

（1）甘油蒸发速度不可太快，因此不宜将其放于过高的温度下，在蒸发期间不宜添加 10%甘油，以防材料因浓度骤变而收缩。

（2）10%甘油体积不能少于材料体积的 10 倍，这样能保证在蒸发到纯甘油浓度时甘油仍能浸润材料，不至于使材料干涸。

实验 30　冷 冻 切 片

一、实验目的

（1）掌握冷冻切片机的结构和使用方法。

（2）掌握冷冻切片的制作方法。

二、实验原理

冷冻切片是借助低温使组织冻结达到一定的硬度，并通过冰起支撑作用来进行切片的一种方法。速冻可缩小冰晶直径，避免组织细胞损伤。可以通过压缩机氟利昂制冷、半导体温差电制冷冷冻切片。

三、实验用品

（1）主要器具：恒温冷冻切片机、载玻片、盖玻片、滤纸等。

（2）主要药品：苏木精等。

（3）主要材料：动物肌肉和肝脏。

四、实验方法

（一）恒温冷冻切片机的使用方法

这里以沈阳誉德生产的恒温冷冻切片机 SYD-K2030 为例，对冷冻切片机的结构和使用方法进行说明。应该注意的是，这台恒温冷冻切片机必须等到再次开机时才能执行上次设置的温度，并且使用后需要打开冷冻箱的滑盖让潮气释放出来。在进行切片时，要锁住滑轮，以免滑轮自动下降误伤操作人员。每次使用后要清理干净刀片，以免生锈，定期更换刀片。

（二）冷冻切片的制作

1. 准备

将仪器打开，等待 5min 后开始制冷，10min 后按速冷键。关闭冷冻箱的滑盖让冷冻箱呈封闭状态。左手边有 1 个按钮可以调节 2 台制冷系统。按到冷头，可将冷冻头、冷冻刀、冷冻台、冷冻箱 4 个制冷点进行制冷；按到冷台，可将冷冻台、冷冻箱 2 个制冷点进行制冷。平时按到冷头即可。

2. 取材

取材的组织必须新鲜，尽量不水洗组织。取材时应避免组织挤压，防止造成人为假象。组织样品大小为 30mm×30mm×30mm。将组织放在圆形冷冻器上，如果怕组织不粘连，则可以滴 1 滴胶水，平时滴一点水即可。

3. 速冻

将组织样品放在冷冻台上，为了使冷冻台上的组织样品速冻，可以将上面的铁块与组织接触，大概 2～5min 可以使组织冻实。在制冷过程中，一定要将挡板靠近冷刀，使冷刀的低温传到挡板上，否则会使切下来的组织与挡板发生粘连。根据要切片的组织种类的不同，可以设定不同的温度。

脑，−12℃；肝脏，−14℃；肾脏，−16℃；肌肉，−20℃；皮肤，−25℃；多脂肪组织，−30℃；经过固定的组织，−5～−10℃。

4. 切片

在切片前要进行修片，按速进或速退按钮可以使刀片更加邻近组织，转动滑轮进行切片，一直修片到能切出完整的面积较大的切片为止，开始正式切片。切片时可以调节切片的厚度，厚度的调节螺旋在冷冻室内，一般调节的切片厚度为 6～15μm。

5. 制片

将事先准备好的载玻片贴到切下的组织上，使组织与载玻片粘连在一起。

6. 染色观察

将组织吸干水，加 1 滴苏木精，加盖玻片，用显微镜观察。

五、注意事项

（1）在对不同组织进行冷冻时，要选定不同的冷冻温度。
（2）在操作室进行操作时必须将轮盘锁住，避免发生危险。
（3）不同组织、不同厚度对制片效果有不同的影响，在实际操作中应摸索规律。

（4）如果打开紫外灯消毒，则操作人员必须离开，并且在实验室门上必须注明：紫外线消毒，请勿入。避免紫外线给误入人员带来伤害。

实验 31 血液涂片

一、实验目的

（1）掌握血液涂片的制作方法。

（2）掌握白细胞的分类方法。

二、实验原理

可以依据白细胞的形状，染色颗粒，细胞质和细胞核的形状、大小进行分类。常用的白细胞分类方法是根据细胞质中有无特殊的嗜色颗粒，将其分成颗粒细胞和无颗粒细胞。依据颗粒细胞所含颗粒对染色剂反应的特性，将其分为嗜中性粒细胞、嗜酸性粒细胞和嗜碱性粒细胞。无颗粒细胞则被分成单核细胞和淋巴细胞。嗜中性粒细胞有较强的吞噬能力，能消灭侵入机体的微生物，并可参与清除免疫复合物和坏死组织的工作。嗜酸性粒细胞含有过氧化物酶和酸性磷酸酶，其吞噬能力与中性粒细胞相当或稍弱，能吞噬抗原—抗体复合物。此外，嗜酸性粒细胞具有抗炎作用。嗜碱性粒细胞含有多种化学物质，如组织胺、肝素和 5-羟色胺等。当抗原—抗体发生反应时，或机体在寒冷环境中时，嗜碱性粒细胞会释放组胺和肝素。血液中的单核细胞穿出血管壁进入组织，变成巨噬细胞，可对抗组织内的致病物、各种细菌和病毒。淋巴细胞有免疫功能，对异己构型的物质具有杀灭和消除作用。

只有对各种白细胞进行染色，才能易于区分其类别。常用染色方法为瑞氏（Wright's）染色法和姬姆萨（Giemsa）染色法。

三、实验用品

（1）主要器具：显微镜、载玻片、盖玻片、滤纸、玻片水平支架、采血针或注射器、计数器、小滴管、蜡笔、酒精棉等。

（2）主要药品：香柏油、瑞氏染液、pH 为 6.4～6.8 的磷酸盐缓冲液、姬姆萨染液、蒸馏水等。

（3）主要材料：实验者本人的指尖血 1 滴。

四、实验方法

（一）血涂片的制作

取 1 滴血，滴于洁净无油脂的载玻片一端。用左手持载玻片，用右手再取边缘光滑的另一片载玻片作为推片。将推片边缘置于血滴前方，然后向后拉，当推片与血滴接触

后，血即均匀附在两片载玻片之间。将推片以与第 1 片载玻片呈 30°～45°的角度平稳地向前推至第 1 片载玻片的另一端。推时角度要一致，用力应均匀，推出均匀的血膜（血膜不可过厚、过薄）。将制好的血涂片晾干，不可对其加热。

（二）血涂片的染色步骤

（1）用蜡笔在血膜两端各画一道线，以免染液外溢，将血涂片置于水平支架上。

（2）用小滴管将瑞氏染液滴于涂片上，并盖满画出的血涂片部分，固定约 0.5min。

（3）用小滴管再加 1.5 倍缓冲液或姬姆萨染液，轻轻摇动，并轻吹液体使染液与缓冲液混合均匀，静置 5～10min。

（4）用蒸馏水冲洗（如果自来水的 pH 稳定于 7.2 左右，则可用其替代蒸馏水）。冲洗血膜时应将载玻片持平，冲洗后斜置血涂片于空气中干燥，或用滤纸吸取水分使其迅速干燥，即可进行镜检。

（三）白细胞分类计数

先用低倍镜检查血涂片及其染色是否均匀。然后加 1 滴香柏油于血膜厚、薄均匀处（一般在体尾交界处），在油镜下由此处开始按其形态特征进行分类计数，计数移动时避免重复。根据见到的 100 个白细胞，记录各种白细胞所占的百分比。例如：

$$\text{嗜中性粒细胞所占百分比（\%）}=\frac{\text{计数嗜中性粒细胞个数}}{\text{计数白细胞个数}}\times 100\%$$

五、注意事项

（1）实验前要做好学生的思想工作，可以采用引导式教学，让学生带着兴趣自愿地采取自己的血液，让学生在采血前用医用酒精棉对采血处消毒，避免感染。

（2）用蒸馏水冲洗血膜时动作要慢一些，否则会将血膜冲起。

实验 32　植物徒手切片与绘图法

一、实验目的

（1）了解植物细胞的基本结构。

（2）掌握徒手切片技术和植物制片的一般染色方法。

（3）学习植物绘图法。

二、实验用品

（1）主要器具：显微镜、擦镜纸、纱布、载玻片、盖玻片、镊子、滴管、毛笔、培养皿、刀片、剪刀、解剖针、直尺、橡皮、绘图纸、铅笔、吸水纸等。

（2）主要药品：蒸馏水、碘-碘化钾染液、中性红染液等。

（3）主要材料：洋葱、芹菜。

三、实验方法

（一）徒手切片法

徒手切片法简称手切片法，即用手拿刀片将材料切成能在显微镜下观察其内部结构的薄片的方法，它是植物形态解剖学实验及研究中最简单和最常用的方法，也是最重要的基本技能之一。徒手切片的材料一般是新鲜的，有时也可用预先固定好的材料。这种切片方法虽然有缺点，如不易将整个切面切得薄而完整、切出的切片厚薄不一、比较难切过软或过硬的材料，但其优点也很多。例如，工具简单，只要有一把锋利的剃刀或双面刀片就够了；方法简便，容易学会；节省时间，只要有现成材料，就可以立刻用刀片将其切成薄片进行观察，即使需要对材料进行染色，所需时间也不长；可以看到组织细胞内的自然结构和天然颜色。

1. 一般材料的徒手切片方法

（1）将材料切成长 2～3cm 的小段，削平切面。

（2）用左手拇指和食指的第 1 关节指弯夹住材料，使其固定不动摇。为防止刀伤，拇指应略低于食指，并使材料上端超出手指 2～3mm，不可高出过多，否则在切片时容易动摇材料，也不容易将其切薄。

（3）用右手拇指和食指捏住刀片的右下角（刀片要非常锋利，双面刀片必须是新的），使刀口向内并与材料切面平行。在切片前先将材料和刀口蘸些水，保持切时滑润。

（4）切片的方法。以刀口自外侧左前方向内侧右后方拉切，这样可以一边切一边看清切片的进展情况，同时切起来也比较顺手。在切片时只用臂力而不要用腕力及握刀指关节的力量，左手保持不动，不要两手同时拉动刀片，两手不要紧靠身体或压在桌子上，并且动作要敏捷，要一次切下材料，切忌中途停顿或推前拖后做“拉锯式”切割，要切得薄而平。如此连续切片，切下数片后，用湿毛笔将切片轻轻移入培养皿的清水中备用。

（5）在切片过程中要不断给刀口和材料蘸水，以保持刀口锋利和避免材料失水变形。所切的材料和刀片一定要保持水平方向，不要切斜，切斜即使切片很薄，也会造成细胞切面偏斜，影响观察。

（6）切下足够多的切片后，挑选薄而平的切片制成临时装片以供镜检，必要时也可以制成永久装片。挑选切片时，材料不一定要切得很完整，只要切得很薄就行，有时只要有一小部分材料，就可以看清其结构。例如，玉米茎横切片，只要有 1/4 或者更少的小片，就可以看出其内外维管束的大小、多少及每个维管束的构造。因此，切下的切片不是每一片都适用，也不是只有完整的切得薄的切片才能用，要根据需要进行选择，一次可多选几片切片置于载玻片上，制成临时装片，通过镜检再进一步选择理想的材料用以观察。

2. 柔软和坚硬材料的徒手切片方法

对于过于柔软的材料，如植物的叶片或其他薄而微小的材料，难以直接执握手切，须将其夹入坚固而易切的夹持物中切片。常用的夹持物有胡萝卜根（用胡萝卜时可将中间硬心即木质部切去，用其余部分）、土豆块茎、接骨木的髓部及通草髓等。但须注意的是通草髓遇水会变软，可将其保存在乙醇中备用。切片前先将夹持物切成长方小体，将其上端与纵轴垂直面削平。若被切材料属于叶状体一类的薄片，则将夹持物从上至下纵切一缝，将材料夹于其中；若被切材料不是叶状体，则根据材料不同在缝里挖一个和材料形状相似、大小相同的凹陷，把材料夹在凹陷里。用手握住夹持物，采用上述切片方法将夹持物和其中的材料一齐切成薄片，除去夹持物的薄片，便得到材料的薄片。

对于坚硬的材料，要经软化处理后再切。软化的方法有两种：一种是对于比较硬的材料，先把材料切成小块，再进行煮沸，经 3～4h 煮沸后，浸入软化剂（50%乙醇∶甘油=1∶1）中数天至更长时间，最后再切；另一种是对于已干或含有矿物质的比较坚硬的材料，要先在 15%氢氟酸水溶液中浸渍数周，充分浸洗后，再将其置入甘油里软化，最后再切。

本实验主要以芹菜叶柄为材料做徒手切片练习，通过芹菜叶柄切片结果装镜观察来了解厚角组织的结构特点。

注意：在显微镜下观察芹菜切片，可见在其棱角处稍靠内方有一团具有珠光色彩的组织，为厚角组织。在高倍镜下观察，可见其细胞壁厚为角隅处，其细胞壁的性质是初生壁性质，主要成分为纤维素，有强烈的吸水性，在显微镜下有珠光色彩。

（二）植物细胞的基本结构

（1）取洋葱肉质鳞片叶 1 块，用镊子从其内表面（凹的一面）撕下 1 块薄膜状的内表皮，再用剪刀剪取 3～5mm^2 的 1 小块，迅速将其置于载玻片上已预备好的水滴中，如果其发生卷曲，则应细心地用解剖针将它展开，并盖上盖玻片。覆盖盖玻片时，用镊子夹起盖玻片，使其一边先接触到水，再轻轻放平，如果有气泡，则可用镊子轻压盖玻片，将气泡赶出或重新做一次。如果洋葱内表皮水分过多，则可用吸水纸吸除水分，制成临时装片。这种临时装片的制作，是生物实验中常用的基本技术。

（2）将装好的临时装片，置于显微镜下，先用低倍镜观察洋葱表皮细胞的形态和排列情况，可见其细胞呈长方形，排列整齐、紧密；然后在盖玻片的一侧加上 1 滴碘-碘化钾染液，同时用吸水纸从盖玻片的另一侧将多余的染液吸除（另一种方法是把盖玻片取下，用吸水纸把材料周围的水分吸除，然后滴上 1 滴碘-碘化钾染液，经 2～3min，加上盖玻片即可）。细胞染色后，在低倍镜下，选择一个比较清楚的区域，把它移至视野中央，再转换高倍镜仔细观察一个典型植物细胞的构造，识别下列各部分。①细胞壁。洋葱表皮细胞周围有明显界限，被碘-碘化钾染液染成淡黄色的，为细胞壁。细胞壁本身是无色透明的结构，因此观察时不易看见细胞上面与下面的平壁，而只能看到侧壁。②细胞核。在细胞质中可看到有一个呈圆形或卵圆形的球状体，并被碘-碘化钾染液染成黄褐色，此为细胞核。细胞核内有一个至多个染色较淡且明亮的小球体，为核仁。幼嫩细胞的细胞核居细胞中央；成熟细胞的细胞核偏于细胞的侧壁，多呈半球形或纺锤形。③细胞质。细胞核以外，紧贴细胞壁内侧的无色透明的胶状物，即细胞质，其被碘-碘化钾染液染色后，呈淡黄色，但比细胞壁颜色浅一些。在较老的细胞中，细胞质是紧贴细胞壁的薄层。在细胞质中还可以看到许多小颗粒，如线粒体、白色体等。④液泡。液泡为细胞内充满细胞液的腔穴。在成熟细胞里，可见一个或几个透明的大液泡位于细胞中央。

注意：在细胞角隅处观察，把光线适当调暗，反复旋转细调节器，区分出细胞质与液泡间的界限。在观察过程中，在有的表皮细胞中看不到细胞核，这是因为在撕表皮时把细胞撕破，有些结构已从细胞中流出。

（三）植物绘图法

1. 植物绘图的类型

（1）外形图或形态图。外形图或形态图是指对植物体及器官或器官的某一部分的外形，按自然状态做实物描绘，这在植物分类学中常用到。绘图时要特别注意绘图的植物形体的比例正确，特征准确明显，有立体感。

（2）草图、轮廓图或示意图。草图、轮廓图或示意图是指绘制植物标本全部或某一部分细胞或组织的排列位置和比例的大概轮廓结构。图解图也属于这一类。

（3）细胞结构图或详图。细胞结构图或详图是指在显微镜下描绘生物切片标本某部分的细胞或组织的详细结构。绘制时可徒手也可用描绘器按显微照相照片放大仿绘。本实验要求掌握铅笔徒手作图方法。

2. 植物绘图的方法和要求

（1）工具准备。HB 铅笔、2H 或 3H 铅笔、直尺、橡皮、绘图纸（实验报告纸）。

注意：不能用钢笔、圆珠笔或有色铅笔绘图。

（2）图纸划分。绘图之前应对实验要求的绘图内容做合理布局，先把实验题目写在纸的正中上方，将姓名、日期依次填上。将每张图的位置及大小配置适宜，对于性质相关的图宜列在一处。如果只绘一张图，则应将其放在纸的当中；如果绘两张图，则应使其各处于纸的上、下方，并在纸的右侧留出注字的空当，在纸的左侧留有装订的边缘。

（3）绘制图形。将实验指导与实验材料对照，观察了解清楚，选出正常的、典型的和要求绘图的部分作图，尽可能把图画大一些。绘细胞结构图时，画 2～3 个细胞即可。绘器官图时，画 1/2、1/4、1/6 或 1/8 部分即可。只要画好，不一定画很多。绘图时先用 HB 铅笔按一定放大或缩小的比例轻轻勾出标本轮廓，再用 2H 铅笔将准确的线条画出。生物图的绘图不同于一般的美术图，应注意比例正确、科学和真实，在图上只用线条和圆点表示明暗，不可涂黑衬、阴影。要一笔画出线条，要求线条光滑、洁净清晰、粗细均匀，中间不要开叉或断线，对于一切紊乱或无用的线，须用橡皮擦去。点圆点时，把铅笔立起来点，保证圆点圆而均匀，不要点成小撇。绘图时要注意图各部分的位置和比例必须与观察的标本各部分位置及比例一致。另外，构成各种器官的组织、细胞构造特点不同，其描绘方法也不同，切忌千篇一律，用一个笔调描绘，看不出各部分细胞构造的区别，失掉图的形象性。例如，有的细胞大，有的细胞小；有的细胞壁厚，有的细胞壁薄（壁厚的用粗线表示或用双线表示，壁薄的用细线表示）；有的细胞排列紧密，有的细胞排列疏松；细胞核的大小及在细胞中的位置不同；细胞质的稀稠不同（可用点的疏密来表示）；有的是死细胞，有的是活细胞。这些细胞特点都要表示出来。用绘图方法表示细胞显微结构，应与显微照相有区别，它不是有什么画什么，而是经过反复观察后，抓住主要矛盾，突出重点，画出细胞构造中最本质和最典型的部分，要抛弃次要和偶然的内容。为了不失图的真实性，要依据实际观察到的图像绘制，不要凭假想绘图，也不要单纯按书本照抄、照画。

（4）图形注字。每张图各部分均应详细注字，注字可在图的一侧或两侧（一般在图的右侧）。注字时将所须标注的各部分用直尺引出水平细线，用正楷字将注字写于线的末端，排成一竖行；也可在线的末端标注名称序号，然后在图形下方按序号顺序写出各部分名称。图的标题即名称和所用的材料写在图的下方，竖直使用实验报告纸，横写注字。

四、注意事项

（1）徒手切片时注意手持材料与刀片的姿势、切的方向；所切材料要尽量薄。

（2）依据实际观察到的图像绘制，不要凭假想绘图，也不要单纯按书本照抄、照画。

实验 33　石蜡切片

一、实验目的

（1）了解石蜡切片的方法。

（2）掌握石蜡切片技术。

（3）了解植物根、茎、叶的结构特点。

二、实验原理

活的细胞或组织多为无色透明，各种组织之间和细胞内各种结构之间均缺乏反差，因此在一般光镜下不易清楚区别它们。组织离开机体后很快就会死亡和产生组织腐败，失去原有正常结构，因此，使用石蜡切片技术对细胞组织进行固定、石蜡包埋、切片及染色等能避免细胞组织死亡，并能清晰辨认其形态结构。石蜡切片技术是组织学常规制片技术中应用最为广泛的方法之一，不仅用于观察正常细胞组织的形态结构，还用于研究、观察及判断细胞组织的异常形态变化。

三、实验用品

（1）主要器具：显微镜、切片机、恒温培养箱、载玻片、盖玻片、刀片、滴管、培养皿、滤纸、纱布、染色缸、注射针管、抽气机、玻璃细棒、干燥箱等。

（2）主要药品：1%番红水溶液、0.1%固绿酒精或苯胺固绿溶液、各级乙醇、二甲苯、FAA（formalin-aceto-alcohol，福尔马林-乙酸-乙醇混合液）固定液、蒸馏水、加拿大树胶、石蜡等。

（3）主要材料：植物的根、茎、叶。

四、实验方法

（一）植物石蜡切片技术

（1）材料采集、分割。应根据制片的目的和要求采集材料，所选材料要有代表性，且无病虫害及其他损伤。分割材料要用锋利刀片，顺一个方向迅速切割，分割大小一般不超过 $1.5cm^3$。如果是子房、花药，则不需要进行分割。

（2）杀死与固定。利用药剂迅速把细胞杀死，并保持其生前的状态和结构。常用的固定剂有 FAA、卡诺氏等固定液。将固定液放入有橡皮塞的小瓶（可用青霉素瓶、链霉素瓶代替）中，将切割好的材料投入其中，盖好瓶盖，用注射针管抽去细胞间隙的空气（或打开瓶盖，在瓶口扎上纱布，放在大的玻璃瓶内用抽气机抽气），使固定液迅速浸入材料。用 FAA 固定液固定 24h 后，仍可将材料保存在固定液中备用。材料固定好后，先后用 95%乙醇、85%乙醇浸洗 20min，然后将材料保存在 70%乙醇中备用。

（3）脱水。脱水的目的是除去材料组织内多余的水分，便于透明剂渗入组织。常用脱水剂为乙醇，其原则是将材料从低浓度乙醇中逐级移入高浓度乙醇中，即由 70%乙醇→80%乙醇→95%乙醇（加入少量 95%曙红溶液）→无水乙醇（两次），每级停留 3～4h，无水乙醇每次停留 1.5～3h。

（4）透明。透明的目的是除去脱水剂，使材料透明干净，增加其折光系数，同时便于包埋剂（石蜡）进入组织中。常用透明剂为二甲苯和氯仿，其使用原则也是逐级进行，可减少材料的收缩，即由 1/2 纯乙醇+1/2 二甲苯→二甲苯（2 次），每级停留 1～2h。二甲苯的透明能力强但易于使组织收缩变脆，因此，使用时不能让材料在其中停留时间过长，同时脱水要干净。

（5）浸蜡。浸蜡的目的是逐渐除去透明剂，并使其为包埋剂（石蜡）所代替，以便进行包埋。将透明后的材料与二甲苯一起装入小杯中，然后将溶解的石蜡轻轻倒入小杯中，在 37℃保温箱中放 3d，再加温到 55～60℃，使石蜡完全溶解，倒去上层含有二甲苯的石蜡，换溶解好的纯石蜡 2～3 次，在保温箱中操作。

注意：浸蜡的温度不宜过高，以石蜡不凝固为度，温度过高容易使材料变脆。

（6）包埋。包埋就是将已浸好石蜡的材料连同溶解的石蜡一起倒入定形的纸盒中，并根据需要把材料按一定间距调整好位置，使之凝固（待纸盒蜡面凝固后，即可将纸盒转入冷水盆中），这样就把材料包埋在石蜡中，去掉纸盒后可长期保存蜡块备用。

（7）修块与粘接。将已包埋好的蜡块，按需要切面（横切或纵切），把大蜡块裁成小蜡块，用单面刀片去掉材料四周多余的石蜡，使其成为大小适当的方块，并修出切面。修好的蜡块各边要平行，否则切出的蜡片不会平直。把蜡块底部牢固地粘接在木质蜡座上，以避免切片时脱落。

（8）切片。用旋转切片机将蜡块切成连续蜡片（也可用滑走切片机切成不连续蜡片），其厚度一般在 8～14μm。

（9）粘片与展片。在干净的载玻片上，用玻璃细棒取一小滴蛋清甘油滴于载玻片中央，以洗净的右手小指或无名指涂抹均匀，范围以足够粘贴蜡片为度，抹去多余的黏贴剂或用 0.3%明胶水粘片，在载玻片左侧用记号笔写上编号，并加数滴蒸馏水于载玻片中央。取镜检合格的蜡片，以光亮的一面向下平放于载玻片的水平面上，然后将已放材料的载玻片平放在 35～40℃的展片台上，使蜡片展平或在酒精灯上稍许加热，并摆好蜡片位置，去掉多余水分，放入摊片盘中。装满一盘后将其移至恒温培养箱中（38～40℃）继续烘干 2～3d 备用。

（10）脱蜡。用二甲苯脱蜡，先将二甲苯盛入染色缸中（容量为缸的 4/5），将已烘干待脱蜡的载玻片放入缸中 10～15min，使石蜡完全溶解。

（11）染色制片。染色方法很多，可根据制片目的而定，可以采用番红、固绿双重染色法。

因为要染色的切片还包在石蜡之中，所以将粘片干燥后的载玻片取出，先进行脱蜡，然后染色。具体步骤如下：二甲苯中 10min（使石蜡全部脱掉）→1/2 纯乙醇+1/2 二甲苯中 5min→95%乙醇、70%乙醇、35%乙醇中各 5min→1%番红水溶液中 12h→蒸馏水洗涤→35%乙醇、70%乙醇各 2min→0.1%固绿酒精溶液中 30s→95%乙醇中 2min→纯乙醇中 5min→1/2 二甲苯+1/2 乙醇中 5min→纯二甲苯中 5min。

（12）封片。先将加拿大树胶滴在擦净的盖玻片上，将带有染好色的材料的载玻片放在实验台上，用右手拇指与食指捏住盖玻片，将其从上向下轻轻地放置在材料上。封好片放在干燥箱内干燥，干燥后进行显微镜下观察。

（二）营养器官结构观察

将制作的植物营养器官切片置于显微镜下观察其结构。

双子叶植物根的初生结构以毛茛根为例，如图 33-1 所示。

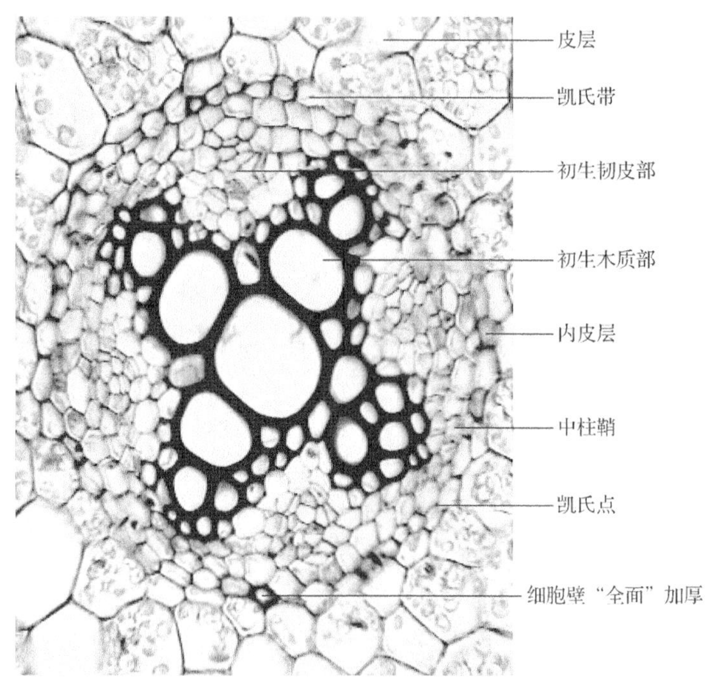

图 33-1　毛茛根的初生结构

单子叶植物根的初生结构以鸢尾根为例，如图 33-2 所示。

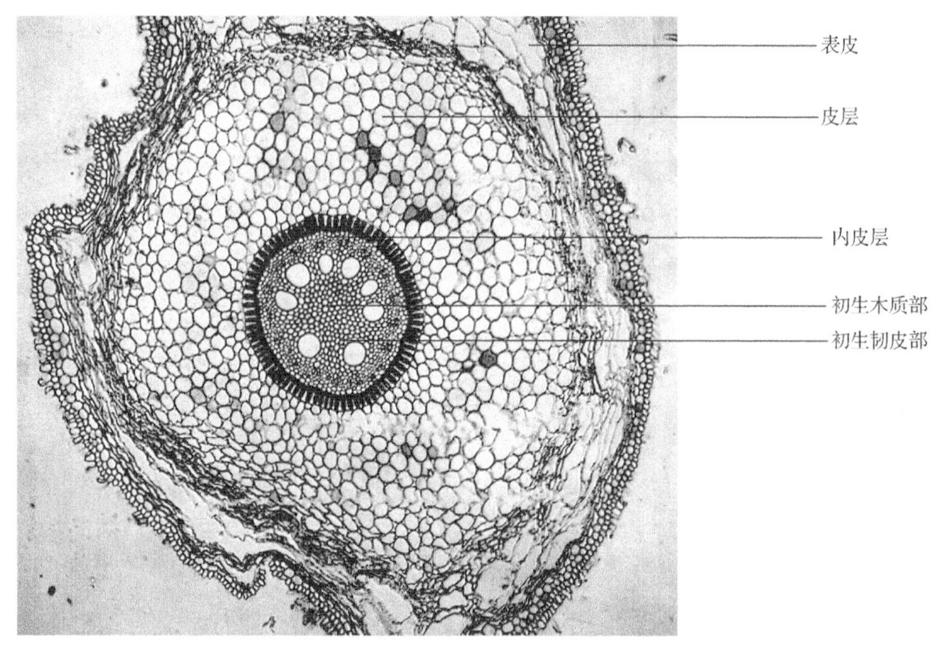

图 33-2　鸢尾根的初生结构

单子叶植物茎的初生结构以玉米茎为例，如图 33-3 所示。

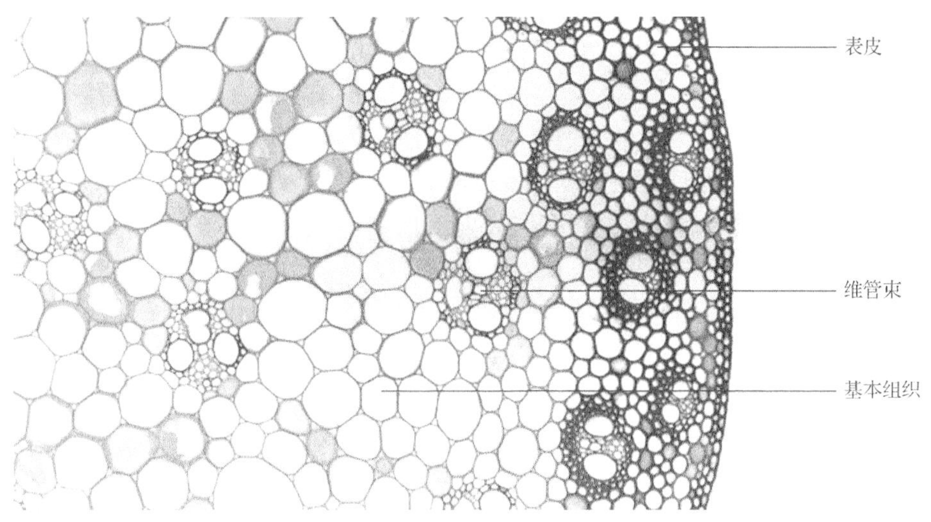

图 33-3　玉米茎的初生结构

双子叶植物茎的次生结构以椴树 3 年茎为例，如图 33-4 所示。

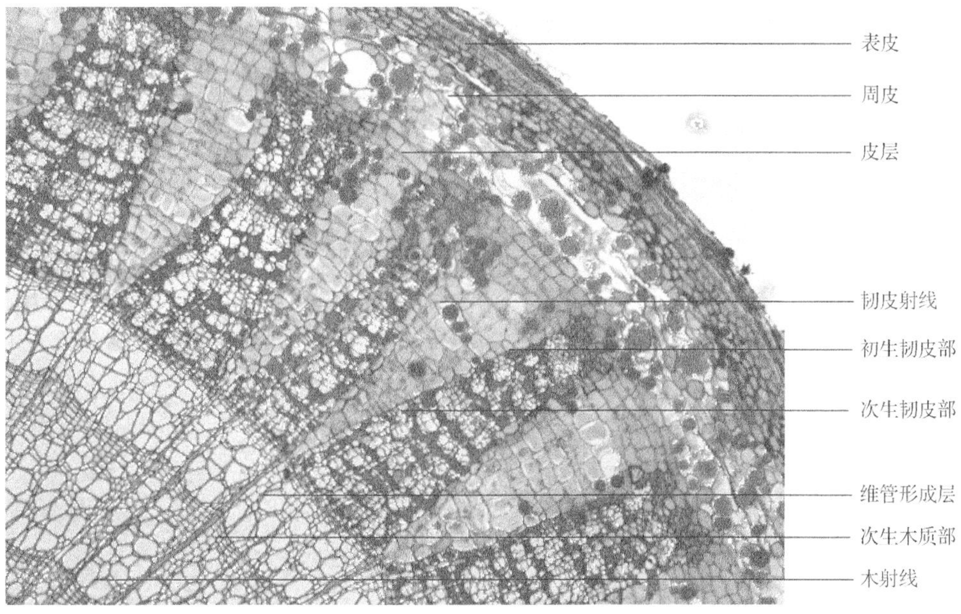

图 33-4　椴树 3 年茎的初生结构

五、注意事项

（1）正确使用切片机。

（2）在番红染色后要检查材料颜色深浅，颜色太浅应退回重染。

实验34　暗视野显微镜使用与细胞器观察

一、实验目的

（1）了解暗视野显微镜的用途。
（2）掌握暗视野显微镜的使用方法。
（3）学习利用中央挡光法自建暗视野的方法。

二、实验原理

1. 丁达尔现象

丁达尔现象是指光通过浑浊媒质（烟、雾、悬液和乳状液等）时，浑浊介质所呈现的光的强烈散射现象。暗视野显微镜是以丁达尔现象为基础，即以胶体粒子的反射和散射现象为基础而设计的。

2. 基本工作原理

应用丁达尔现象，使用特殊的聚光器，使照明光线不能直接入射到物镜内，使入射光线经聚光器斜向照明被检样品，利用被检样品表面的散射光和反射光进行观察。视野内所看到的图像不是由透过样品的直射光线形成的，而是由被检样品表面所散射和反射的光形成的，因此在暗视野中看到的是被检样品的衍射光图像，非物体本身。暗视野照明法是斜射照明法的一种。

3. 暗视野照明法优点

暗视野照明法能提高显微镜对微小物体的分辨能力。对于大小在0.004μm以上的微小粒子，使用此方法虽然看不清楚样品的细微结构，但可清晰地分辨其存在和运动方式。

4. 暗视野照明法缺点

暗视野照明法是利用被检样品表面散射的光层而观察物体的，所以在黑暗的视场中只能看到被检样品的存在与运动，但不能辨清样品内部的细微结构。

三、实验用品

（1）主要器具：普通复式光学显微镜、暗视场聚光器、载玻片、盖玻片、滤纸、镜头纸、滤色镜、黑纸、圆规、直尺、剪子、铅笔、胶水等。
（2）主要药品：Ringer氏液或蒸馏水、香柏油。
（3）主要材料：洋葱。

四、实验方法

（一）暗视场聚光器的使用

（1）暗视场聚光器的安装。从聚光器座架上卸下明视场聚光器，然后将暗视场聚光器安装到位并固紧。

（2）将被检样品的载玻片标本置于载物台上，在聚光器透镜与载玻片之间滴加香柏油，使之密接。

（3）聚光器合轴的调中。用低倍物镜对被检样品聚焦，用聚光器升降螺旋上下调节聚光器位置，当在暗视场中清晰地窥见一个光环或圆形光点时，停止升降聚光器，用聚光器调中螺杆移动聚光器，将光环或光点调至视场中心位置。

（4）调节聚光器焦点。转动聚光器升降螺旋，将视场中的光环或光点调成最小的圆形光点，此刻聚光器的焦点恰好位于被检样品处。

（5）更换高倍物镜进行镜检观察。

（二）暗视场光挡的制作方法

（1）转动聚光器升降螺旋，使聚光器达到最高位置。

（2）用低倍物镜对被检样品聚焦。

（3）聚光器合轴调中。

（4）将使用的物镜旋入光路，然后对样品聚焦。

（5）取出一个目镜。

（6）通过目镜筒向下观察，在物镜透镜中的后焦面处，可见聚光器孔径光阑的影像。旋转孔径光阑调节环或拨动调节杆，使孔径光阑开孔的内缘与物镜孔径的内缘完全重合。

（7）根据所测得的直径，用黑纸制作暗视场光挡，将暗视场光挡粘贴于滤色镜中央部位并放于滤色镜支架上（黑纸朝下），检查暗视野效果并进行调整，使光挡的中心准确位于显微镜光轴的轴心部位。

（8）制作洋葱鳞茎内表皮细胞装片。

（9）暗视野观察。仔细观察和辨认洋葱鳞茎内表皮细胞中的各种细胞器。

五、注意事项

（1）制作暗视场光挡时，若光挡的直径过小或光挡的中心位置不正，则不能全部挡掉直射光，视野不暗，使被检样品与背景的明暗反差不明显；若光挡的直径过大，则会使聚焦到样品上的光线不足，使观察到的样品亮度不佳，影响观察效果。

（2）使用暗视场显微镜时，照明光源的照明强度要高，否则被检样品的反射光强度不够，会影响观察效果。

（3）若视场中被检样品与背景明暗反差不强，则可以上下调节聚光器的位置，提高视场内的明暗反差。

（4）载玻片和盖玻片应清洁无痕，否则照明光线会于不洁处发生漫反射而影响暗视场的照明效果。

（5）载玻片的厚度要适宜，照明光束经暗视场聚光器后，产生空心照明光锥，其中心为暗区。反射光的焦点在聚光器透镜表面之上，距离很短。因此，载玻片的适宜厚度为 0.8～1.2mm。

（6）物镜的数值孔径必须小于聚光器的数值孔径，否则会因物镜的孔径角度大于暗视场聚光器所形成的照明光束中心暗区的角度，而使部分照明光线射入物镜，破坏或降低暗视场的照明。

实验 35　相差显微镜使用与细胞器观察

一、实验目的

（1）了解相差显微镜的用途。

（2）掌握相差显微镜的结构、原理及使用方法。

二、实验原理

1. 相差显微镜的结构

相差显微镜与普通光学显微镜的主要不同之处在于相差显微镜具有以下 4 种特殊结构。

（1）转盘聚光器。转盘聚光器由聚光镜和环状光阑组成。环状光阑是由大小不同的环状孔形成的，其作用是将直射光所成的像从一些衍射旁像中分出来。

（2）相差物镜。相差物镜在物镜的后焦面上装有种类不同的相差板。相差板分为两个部分，即通过直射光的共轭面和通过衍射光的补偿面。相差板上有吸收光线的吸收膜和推迟相位的相位膜，其作用是推迟直射光或衍射光的相位，并吸收直射光，从而使相差物镜的亮度发生改变。

（3）合轴调中望远镜。合轴调中望远镜用于环状光阑的环孔（亮环）与相差物镜相差板的共轭面环孔（暗环）的调中合轴与调焦，以保证直射光和衍射光各行其路，使成像光线的相位差转变为可见的振幅差（明暗差）。

（4）绿色滤色镜。绿色滤色镜用波长为 500～600nm 的绿色单色光照明，使明暗反差明显，提高物镜的分辨能力，并兼有吸热的功能，有利于活体观察。

2. 相差显微镜的原理

该实验通过环状光阑和相差板，利用光的衍射与干涉现象把肉眼难以分辨的相位差变为振幅差。相差法能对透明的活体进行直接观察，无须采用使细胞致死的固定和染色方法。染色可能给活体造成有害的影响，使标本失真。

相差显微镜的原理包含以下内容。

（1）背景的亮度：由通过相差板的直射光（S）形成。

（2）物像的亮度：由衍射光（D）和直射光（S）经干涉后的合成波（P）决定。表达式为 $P = S + D$ 或 $P = S - D$。

（3）如果直射光（S）与衍射光（D）产生相长干涉，则 $P = S + D > S$。在视野中物像的亮度大于背景的亮度为明反差。

（4）如果直射光（S）与衍射光（D）产生相消干涉，则 $P = S - D < S$。在视野中物像的亮度小于背景的亮度为暗反差。

三、实验用品

（1）主要器具：普通复式光学显微镜、相差显微镜附件、载玻片、盖玻片、滤纸、镊子、镜头纸、滤色镜片等。

（2）主要药品：Ringer 氏液或蒸馏水。

（3）主要材料：洋葱、绿叶菠菜或绿色植物叶片。

四、实验方法

（一）相差装置的安装

（1）相差物镜的安装。从物镜转换器上通过旋转卸下普通物镜，再通过旋转将相差物镜安装至物镜转换器上。

（2）转盘聚光器的安装。旋转普通聚光器升降螺旋，使普通聚光器处于最低位，旋松固定螺钉，卸下普通聚光器；将转盘聚光器安装至相应位置，旋紧固定螺钉，旋转聚光器升降螺旋，使转盘聚光器升到最高位，将转盘聚光器的标示孔朝向操作者。

（3）把绿色滤镜放入镜座的滤色镜支架上。

（二）聚光器调中

（1）把转盘聚光器的环状光阑调至“0”位，即将明视场的普通可变光阑旋入光路。

（2）将聚光器升至最高位置。

（3）接通照明光源，使视场明亮。

（4）将 1 个有标本的载玻片置于载物台上，把 4 倍或低倍物镜旋入光路。

（5）将视场光阑的开孔缩小一些，将孔径光阑的开孔开大一些，寻找物像并聚焦。

（6）逐渐降低聚光器，直到视场光阑图像的边缘完全清晰为止。

（7）推动两个调中螺杆调整聚光器位置，将缩小的视场光阑图像调至视场中心。

（8）逐渐开放视场光阑，使视场光阑图像的边缘与视场边缘相接。

（9）反复缩放视场光阑，确认现场光阑的中心和边缘与视场完全重合。

（10）将聚光器调回至顶点位置。

（三）相板圆环与环状光阑圆环的合轴调中

（1）正确选用和匹配相差物镜与环状光阑。

（2）把合轴调中望远镜放入目镜筒。取下 1 个目镜，换入合轴调中望远镜，同时保证合轴调中望远镜在使用前眼透镜处于最低位。

（3）明环与暗环的调中重叠。通过合轴调中望远镜进行观察，手捏调中装置，移动明环，使其与暗环完全重叠合一。

（4）回装观察目镜。

（四）制作洋葱鳞茎内表皮细胞装片并镜检观察

（1）制片。用镊子撕下洋葱鳞茎的 1 小片内表皮，并将其移至载玻片中央，滴 1 滴 Ringer 氏液，盖上盖玻片。

（2）镜检。依次用 10 倍物镜和 40 倍物镜进行观察。

五、注意事项

（1）使用相差显微镜时，载玻片和盖玻片应清洁无痕，载玻片的厚薄要均匀，厚度在 1mm 左右。

（2）相差显微镜所用的标本切片厚度不要大于 20μm。

（3）每次更换物镜倍数时，要更换相匹配的环状光阑，并且重新进行相板圆环与环状光阑圆环的合轴调中。

实验 36　荧光显微镜使用与植物叶绿体的分离及观察

一、实验目的

（1）了解荧光显微镜的用途。

（2）掌握荧光显微镜的结构、工作原理及使用方法。

（3）掌握差速离心法分离并观察植物叶绿体的操作方法。

二、实验原理

1. 荧光显微镜的结构

（1）光源：高压汞灯。

（2）滤色镜系统。激发滤色镜，位于高压汞灯和二向色镜或折光镜之间，其作用是吸收长波长的荧光，通过短波长的激发光成像。阻断滤色镜，位于物镜和目镜之间，其

作用是吸收残余的短波长的激发光，通过长波长的荧光成像。

（3）分色镜系统（落射式）。分色镜系统位于高压汞灯和激发滤色镜与物镜、目镜光轴相交处，呈 45° 角，用于透过长波长的光线，反射短波长的光线。

2. 荧光显微镜的工作原理

荧光显微镜的工作原理是利用一些特殊的装置，产生短波长的激发光，照射在样品上，从而激发细胞内的荧光物质或荧光染料，发出长波长的可见光，即荧光，在视野中形成荧光映像。

（1）自发荧光：细胞内天然物质经短波长的激发光照射后直接发出荧光的现象。例如，叶绿体因含有叶绿素而发出红色荧光；细胞壁因含有木质素而发出黄色荧光。

（2）诱发荧光：有些生物材料或细胞组织成分自身不能发出荧光，但是与荧光物质结合激发后呈现一定颜色荧光的现象。例如，经 0.01%吖啶橙染色后，DNA（deoxyribonucleic acid，脱氧核糖核酸）发出绿色荧光，RNA（ribonucleic acid，核糖核酸）发出淡红色荧光。

3. 叶绿体的分离

在对非均一悬浮系混合物离心时，其悬浮系中球形颗粒的沉降速度取决于它的密度、大小及其悬浮介质的黏度，依次增加离心力和离心时间能使非均一悬浮系混合物中的颗粒按大小、密度先后分批地沉降在离心管的底部。分批收集它们，即可达到分离物质的目的，这就是差速离心。

三、实验用品

（1）主要器具：普通光学显微镜、荧光显微镜、荧光显微镜附件、高压汞灯、台式高速冷冻离心机、组织捣碎机、载玻片、盖玻片、滤纸、镜头纸、纱布（200 目尼龙网）、冰浴、烧杯、漏斗、吸管等。

（2）主要药品：Ringer 氏液或蒸馏水、香柏油、二甲苯、0.35mol/L NaCl 溶液、荧光染料等。

（3）主要材料：绿叶菠菜或绿色植物叶片。

四、实验方法

（一）反射式荧光显微镜的使用

（1）旋松固定螺钉，取下三目头，将荧光显微镜附件安装到主机上，将目镜头固定到荧光附件上，旋紧固定螺钉。

（2）点亮高压汞灯。

（3）调中高压汞灯，聚焦调整汞灯电弧像。

（4）将用荧光染料染色的标本，放在载物台上，用 10 倍物镜聚焦。

（5）调整孔径光阑。在高压汞灯调中和聚焦时，将光阑开到最大。观察时，适当缩小孔径光阑。

（6）调整视场光阑，其开孔应与孔径光阑的开孔相当。

（7）选用适合的滤色镜系统。

（8）制作绿色植物叶片下表皮装片，镜检观察。

（二）叶绿体的分离

1. 实验材料的清洗、称重

选取新鲜的嫩菠菜叶，洗净擦干后去叶柄及粗脉。称50g菠菜叶片放入200mL 0.35mol/L NaCl溶液中或将30g嫩菠菜叶放入150mL的0.35mol/L NaCl溶液中。

2. 制备匀浆

利用组织捣碎机，高速匀浆30s（可以延长至50s，充分捣碎细胞，使绝大部分叶绿体游离出来）。

3. 过滤匀浆

将匀浆用6～7层纱布或用200目的尼龙网过滤于500mL烧杯中。

4. 差速离心

（1）取匀浆滤液4mL，在0℃条件下，离心（2 000r/min，2min），弃去沉淀。

（2）取上清液在0℃条件下，离心（3 000r/min，5min），弃去上清液。

5. 制备悬液

将沉淀用0.35mol/L NaCl溶液悬浮。

6. 制片观察

取叶绿体悬液1滴滴于载玻片上，加盖玻片后即可观察。

（1）在普通光学显微镜下观察。

（2）在荧光显微镜下观察。

五、注意事项

（1）使用荧光显微镜时，在未装滤光片的情况下，千万不要用肉眼直接观察，以免损伤眼睛。

（2）使用荧光显微镜时，用油镜观察荧光标本必须用本身不含荧光物质的镜油或甘油。

（3）使用荧光显微镜时，在制片过程中，不要用自身发荧光或抑制荧光发生的物质做固定剂、封埋剂，应用冰冻切片，用蒸馏水粘片。

（4）使用荧光显微镜时，应在比较暗的环境下观察。

（5）标本照射时间（数分钟）过长，会发生荧光减弱现象，因此要快速找到物像进行观察；在显微摄影时，要采用高速感光底片、低放大目镜和大数值孔径的物镜，缩短曝光时间。

（6）分离叶绿体时应注意离心速度。第一步用 2 000r/min，第二步用 3 000r/min。在此条件下，如果叶绿体数目较多，则建议使用 2 000r/min 和 3 000r/min 离心。

（7）分离叶绿体的操作要在 0～4℃条件下进行。

（8）制作叶绿体装片时，不可过多滴叶绿体悬液。

实验 37　活体染色技术显示细胞器

一、实验目的

（1）了解活体染色技术的实验原理。

（2）掌握液泡系和线粒体的活体染色方法。

（3）学会如何辨认液泡系和线粒体。

二、实验原理

活体染色是指能使生活有机体的细胞或组织着色且无毒害的一种染色方法，可以用于研究生活状态下的细胞形态结构和生理、病理状态。应选用对细胞无毒性或毒性极小的染料，将其配成稀淡的溶液来作为活体染色剂。一般以碱性染料最为适用，因为它具有溶解于类脂质的特性，易于被细胞吸收。中性红和詹纳斯绿 B 是活体染色剂中最重要的碱性染料，二者对线粒体和液泡系各有专一性。

（1）中性红是一种弱碱性染料，当 pH 为 6.8～8 时，中性红由红色变为黄色，当 pH 低于 6.8 时，中性红呈现樱桃红色。活细胞吸收了中性红后，会将其定向地转运到液泡中。液泡内为酸性或中性环境，因此累积了中性红的液泡一般呈现樱桃红色或玫瑰红色，而细胞核和细胞质则不被染色。如果被染色的细胞发生死亡，则整个细胞呈现弥散性染色。

（2）詹纳斯绿 B 是对线粒体具有专一性活体染色且毒性最小的碱性染料。它通常有两种存在状态，即氧化态和还原态。氧化态的詹纳斯绿 B 呈现蓝绿色，还原态的詹纳斯绿 B 则无色。线粒体中含有细胞色素氧化酶，它能氧化詹纳斯绿 B，使线粒体显色，而线粒体外的詹纳斯绿 B 因呈现还原态而无色。

三、实验用品

（1）主要器具：普通光学显微镜、载玻片、盖玻片、滤纸、擦镜纸、镊子、双面刀片、表面皿等。

（2）主要药品：Ringer 氏液、0.03%中性红染液、0.3%詹纳斯绿 B 染液、香柏油、二甲苯等。

试剂的配制如下。①Ringer 氏液的配制：NaCl 8.5g（恒温动物细胞应用 8.5g，变温动物细胞应用 6.5g）、KCl 2.5g、氯化钙 0.3g、蒸馏水 1 000mL。②1%中性红母液的配制：称取 0.5g 中性红溶于 50mL Ringer 氏液中，稍加热（30～40℃），待中性红完全溶解，用滤纸过滤，装入棕色瓶中于暗处保存，否则易因氧化沉淀而失去染色能力。③0.03%中性红染液的配制：临用之前，取 1%中性红母液 1mL 加入 29mL Ringer 氏液混匀，装入棕色瓶备用。④1%詹纳斯绿 B 母液的配制：称取 0.5g 詹纳斯绿 B 溶于 50mL Ringer 氏液中，稍加热（30～40℃），待其完全溶解，用滤纸过滤，装入棕色瓶中于暗处保存。⑤0.3%詹纳斯绿 B 染液的配制：临用之前，取 1%詹纳斯绿 B 母液 9mL 加入 21mL Ringer 氏溶液混匀，装入棕色瓶备用。詹纳斯绿 B 染液应现用现配。

（3）主要材料：洋葱、植物幼苗根尖（洋葱、大豆、大蒜水稻等）。

四、实验方法

（一）植物细胞液泡系的观察

（1）取材。用双面刀片将植物幼苗根尖，沿着中柱做纵切剖面。

（2）染色。将切好的材料置于 0.03%中性红染液中，染色 10～15min。

（3）漂洗。用 Ringer 氏液快速漂洗。

（4）制片。将材料置于载玻片上滴 1 滴 Ringer 氏液，盖上盖玻片，用镊子轻轻地下压盖玻片，使根尖压扁。

（5）镜检：依次用 10 倍物镜、40 倍物镜和 100 倍油镜进行观察。

（二）植物细胞线粒体的观察

（1）取样染色。用镊子撕下洋葱鳞茎表皮 1 小片，将其撕裂朝下放在 0.3%詹纳斯绿 B 染液上染色 5～10min。

（2）制作装片。将染好色的洋葱鳞茎表皮组织移到载玻片中央，滴 1 滴 Ringer 氏液，盖上盖玻片。

（3）镜检。依次用 10 倍物镜、40 倍物镜和 100 倍油镜进行观察。

五、注意事项

（1）用中性红染液染色时，以 10～15min 为宜。观察时先用 10 倍物镜从分生区到成熟区进行观察，然后在 40 倍物镜下观察细节点，但在 100 倍油镜下观察的效果并不理想。

（2）切植物根尖时必须沿着中轴快速切下，使切面平整。

（3）用詹纳斯绿 B 染液染色时，将材料的一部分暴露于空气中，以便接触氧气，使詹纳斯绿 B 充分氧化，或者将材料全部浸没于染液中，但是要用镊子经常将材料提出液面。

实验 38　细胞膜制备

一、实验目的

（1）了解细胞膜的制备原理。

（2）掌握制备、分离并观察细胞膜的方法。

二、实验原理

人和其他哺乳动物的成熟红细胞中没有细胞核和众多的细胞器。选用这样的细胞作为实验材料，并采用差速离心法将红细胞分离、纯化，经低渗溶血，提纯红细胞膜。

三、实验用品

（1）主要器具：普通光学显微镜、相差显微镜、台式高速冷冻离心机、电子天平、移液枪、离心管、载玻片、盖玻片、滤纸、烧杯、吸管、注射器、试管等。

（2）主要药品：pH 为 7.4 的磷酸盐缓冲液（phosphate buffered saline，PBS）、0.1mol/L pH 为 7.4 的 Tris-HCl（三羟甲基氨基甲烷盐酸盐）缓冲液、香柏油、二甲苯、蒸馏水、双蒸水、麻醉剂、抗凝剂。

试剂的配制。①pH 为 7.4 的磷酸盐缓冲液的配制：NaCl 8.0g、KCl 0.2g、$Na_2HPO_4 \cdot 12H_2O$ 2.9g（$NaHPO_4$ 1.15g 或 $Na_2HPO_4 \cdot 2H_2O$ 1.44g）、KH_2PO_4 0.2g、双蒸水 800mL，用 15%$NaHCO_3$ 或 1mol/L HCl 调 pH 至 7.4 后，用双蒸水定溶至 1 000mL。②0.1mol/L Tris-HCl（pH 为 7.4）缓冲液的配制：Tris（氨基丁三醇）相对分子质量为 121.14，配制 0.1mol/L 溶液，每升须加 Tris 12.1g。HCl 相对分子质量为 36.5，比重为 1.18，市售浓盐酸浓度为 11.6mol/L，配制 0.1 mol/L HCl，每升须加 8.62mL 市售浓盐酸，Tris∶HCl∶H_2O=50mL∶42mL∶8mL。③配制麻醉剂和抗凝剂。

（3）主要材料：家兔新鲜血液或猪、牛、羊新鲜血液。

四、实验方法

（1）取血。用注射器在家兔耳缘静脉或颈动脉取血，放入试管或 50mL 小烧杯中，并加适量抗凝剂，轻轻振荡混合均匀。

（2）提取红细胞。将含有抗凝剂的新鲜血液转移到离心管中，在 0～5℃条件下离心（3 000r/min，20min）。得到红细胞沉淀，弃去上层血浆及红细胞表面的绒毛状沉淀层，加入 pH 为 7.4 的等渗磷酸盐缓冲液，继续离心。重复上述操作 3 次，尽量洗净红细胞。

（3）溶血。取洗净的红细胞，按照 1∶40 的比例加入 pH 为 7.4 的低渗 Tris-HCl 缓冲液，一边加一边搅拌，在 4℃条件下放置 1～2h，完成溶血。

（4）提取细胞膜。在 0～5℃条件下离心（9 000r/min，20min），使红细胞膜沉淀，弃去上层溶液。重复洗涤，离心 3～5 次，得到纯净的红细胞膜样品。

（5）镜检观察。取少量膜样品悬液，在相差显微镜下观察，检验样品的质量。纯净的红细胞膜应该为白色的扁圆形，膜表面略有皱纹。在视野中应不含有完整的红细胞或污染的细菌。

（6）在普通光学显微镜下镜检观察。

（7）制作临时装片镜检。用滴管吸取少量红细胞稀释液，滴 1 小滴于载玻片上，盖上盖玻片，制成临时装片。在高倍镜下观察，待观察清晰时，在盖玻片的一侧滴 1 滴蒸馏水，同时在另一侧用吸水纸小心吸引，注意不要把细胞吸跑。上述操作均在载物台上进行，并持续观察细胞的变化，可以看到近水部分的红细胞发生变化：凹陷消失，细胞体积增大，很快细胞破裂，内容物流出。

五、注意事项

（1）取血时动作要快，以防凝血。

（2）制作临时装片时，用吸水纸从载玻片一侧吸水要小心，动作要轻。

（3）用相差显微镜镜检观察时要仔细观察，并检验实验效果。

实验 39　植物有丝分裂制片及植物染色体组型分析

一、实验目的

（1）掌握有丝分裂压片标本的制备技术。

（2）学会植物染色体组型分析的方法。

二、实验原理

有丝分裂是高等生物体细胞增殖的主要方式，根据染色体的形态与动态的变化可将有丝分裂过程分为前、中、后、末 4 个时期。对于处于旺盛有丝分裂的植物组织细胞，经过适当的取材处理和固定，可使其停止于有丝分裂的各时期，再经过水解、软化、染色和压片，可以迅速地将细胞分散附着在载玻片上进行有丝分裂和染色体的形态观察，并通过细胞分裂观察、研究染色体的形态、结构和计数，从而进行植物染色体组型分析。

三、实验用品

（1）主要器具：显微镜、恒温水浴锅、恒温培养箱、载玻片、盖玻片、冰箱、酒精灯、烧杯、试管架、量筒、镊子、眼科剪、解剖刀、吸管、火柴、吸水纸、擦镜纸、测微尺、量脚规、毫米尺、表面皿、竹签、白卡纸等。

（2）主要药品：预处理液（8-羟基喹啉、对二氯苯饱和水溶液）、70%乙醇溶液、无水乙醇、水醋酸、5%的石炭酸水溶液、37%的福尔马林溶液、蒸馏水、碱性品红、1mol/L HCl、卡诺氏固定液、改良石炭酸品红染液、45%乙酸、山梨醇等。

试剂的配制包括预处理液的配制、改良石炭酸品红染液的配制和卡诺氏固定液的配制。

预处理液的配制：称取 8-羟基喹啉 290.32g 溶于 1 000mL 蒸馏水中，置于 60℃恒温培养箱中过夜，次日待药品完全溶解后取出。当溶液温度降至 40℃时，取适量对二氯苯溶于该溶液中，配成对二氯苯饱和水溶液，待溶液温度降至室温即成预处理液。

改良石炭酸品红染液的配制如下。①母液 A：取 3g 碱性品红溶于 100mL 70%的乙醇（可以长期保存）。②母液 B：取 10mL 母液 A 加入 90mL 5%的石炭酸水溶液。③石炭酸品红染液：取 45mL 母液 B 加入 6mL 乙酸和 6mL 37%的福尔马林溶液中。④改良石炭酸品红染液：取 25～30mL 石炭酸品红染液加入 45%乙酸 70～75mL 和 1.8g 山梨醇。此液在常温下可以保存数月。

卡诺氏固定液的配制：取无水乙醇 3 份、乙酸 1 份，混合均匀即成，应现用现配。

（3）主要材料：洋葱、大蒜。

四、实验方法

（1）材料发根。将大蒜或洋葱置于垫有吸水纸或几层纱布的培养皿中，加水适量，使其根部完全浸于水中，置于 25℃恒温培养箱中培养，要经常换水，防止其根部腐烂。

（2）预处理。待其根尖长为 0.5～1cm 时，切下根尖，放入预先盛有预处理液的小瓶中，轻轻振荡后在室温下处理 3～5h，其间须轻轻振荡 2 次。

（3）固定。用吸管吸去预处理液，再用蒸馏水洗涤两次。用卡诺氏固定液固定根尖 4～24h，如果不马上使用根尖，则可以将根尖放入 70%乙醇溶液中，在 4℃冰箱中保存待用。

（4）水解。将盛有 1mol/L HCl 的小瓶，置于 60℃的恒温水浴中预热，待 HCl 的温度升至 60℃时，取适量根尖放入 1mol/L HCl 中，水解 6～8min。

（5）软化。将水解好的根尖放入盛有 45%乙酸的表面皿内软化约 5min。

（6）染色。切取乳白色的分生区，用镊子轻轻压碎，滴 1 滴改良石炭酸品红染液。将载玻片在酒精灯火焰上过 2～3 次，再将载玻片放回实验台面染色 3～5min。

（7）压片。取 1 片洁净的盖玻片盖在染好色的根尖上，用吸水纸吸去多余的染液，覆以吸水纸，用左手拇指压牢盖玻片的一角，用竹签在盖玻片上轻敲，使根尖细胞均匀分散开，用双手拇指叠在一起垂直向下重压盖玻片。

（8）镜检。先用低倍镜找到处于不同时期的细胞分裂相，然后在高倍镜下观察不同分裂时期的细胞中的染色体、纺锤体等的动态变化。

（9）染色体组型分析。

① 选材。选取 10 个中期染色体分散良好的标本，进行显微摄影。

② 测量与计算。在显微镜下和放大的照片上，对染色体依次进行测量和描述。

③ 配对。根据目测和比较染色体的特征，进行同源染色体的剪切配对。

④ 排列。按照染色体从短到长的顺序编号。等长的染色体以短臂长的在前，有特殊标记的染色体如具有随体的染色体多数排在最后，性染色体应单独列出。

⑤ 分类。以臂比（长/短）数值确定染色体着丝点位置，如表 39-1 所示。

表 39-1　着丝点位置确定表

染色体	臂比（长/短）
正中部着丝点染色体（M）	1.0
中部着丝点染色体（m）	1.0～1.7
近中部着丝点染色体（sm）	1.7～3.0
近端部着丝点染色体（st）	3.0～7.0
端部着丝点染色体（t）	7.0 以上

具有随体的染色体（sat）可以用 * 标出，随体的长度可以计入或不计入染色体长度，但是需要说明。将所得的各项数据填入表 39-2 中。

表 39-2　染色体数据表　　单位：μ

编号	绝对长度	相对长度	短臂	长臂	臂比	随体	类型

⑥ 翻拍与绘图。将配比排列好的染色体组型，贴在白卡纸上进行翻拍，并绘制出组型的模式图。

五、注意事项

（1）取材部位要准确，一定要切取分生区，应将分生区分成几小块后，再进行压片。

（2）注意水解时间，设时间梯度，水解时间过短或过长均会影响制片效果。

（3）注意染色时间，设时间梯度，找到最佳染色时间。

（4）注意染色方法，在酒精灯火焰上过时，要防止染液沸腾。

（5）压片时要掌握好力度，根据观察的目的选择力度。如果是观察有丝分裂各时相，则使根尖细胞均匀分散开即可，不可因过于用力而将细胞压碎，要保持细胞的完整性。如果是制作染色体标本进行组型分析，则压片时要用力，需要使染色体充分散开，以便于显微照相。

实验 40　细胞内 DNA 和 RNA 的原位显示

一、实验目的

（1）掌握细胞化学的基本操作技术。

（2）学习用细胞化学方法显示细胞内 DNA 与 RNA 的分布与定位。

二、实验原理

细胞中的两种核酸（DNA 和 RNA）分子中都含有磷酸基团，都亲和碱性染料。因此，一般的染料难以分辨它们。但是，用甲基绿-派洛宁混合染料染色时，甲基绿能将 DNA 染成绿色，而派洛宁能将 RNA 染成红色。这种染色性能上的差异被认为是由两种核酸聚合程度不同造成的。其中，DNA 的聚合程度较 RNA 的聚合程度高，对于高聚合度的 DNA，可以选择高电荷密度的甲基绿进行染色；对于低聚合度的 RNA，可以选择低电荷密度的派洛宁进行染色。

三、实验用品

（1）主要器具：普通光学显微镜、水浴锅、染色缸、载玻片、盖玻片、载玻片钳、镊子、擦镜纸、吸水纸等。

（2）主要药品：甲基绿、派洛宁、石炭酸、丙酮、无水乙醇、95%乙醇、二甲苯、卡诺氏固定液、5%三氯乙酸、乙酸钠、乙酸、0.1%核糖核酸酶（RNase）等。

试剂的配制如下。①甲基绿-派洛宁染液的配制：称取石炭酸 0.25g、甲基绿 0.3g、派洛宁 0.7g，将石炭酸溶于 100mL 蒸馏水配制成石炭酸水溶液，取此液 30mL 溶解甲基绿成甲液，溶解 70mL 派洛宁配制成乙液，甲、乙两液混合成染液。②5%三氯乙酸的配制：三氯乙酸 5g 加蒸馏水 100mL；③0.1%RNase 的配制：称取 RNase 0.01g 溶于 10mL 0.2mol/L 的乙酸缓冲液（pH 为 5.0）中。

（3）主要材料：洋葱。

四、实验方法

（一）实验组

（1）取材。用镊子撕取洋葱鳞茎内表皮 1 小块，置于载玻片上。

（2）固定。用卡诺氏固定液固定 30min。

（3）染色。在标本上滴几滴甲基绿-派洛宁染液，染色 30min。

（4）水洗。用蒸馏水冲洗 2 次，然后用吸水纸吸取多余水分，但不要使标本过干，标本上要留少许水分，以便于分色。

（5）分色。将丙酮滴在标本上分色 10～30s，然后用吸水纸吸干。
（6）镜检。盖上盖玻片镜检观察。

（二）对照组

（1）撕取洋葱鳞茎内表皮放入 5%三氯乙酸中，在 90℃水浴处理 15min 后，再经 70%乙醇、蒸馏水，然后按实验组 2～6 的步骤制片观察。
（2）撕取洋葱鳞茎内表皮放入 0.1% RNase 中，先经室温处理 10～15min 后，再经蒸馏水，然后按实验组 2～6 的步骤制片观察。

实验 41 福尔根核反应染色法

一、实验目的

（1）学习和掌握鉴别植物组织及细胞中 DNA 分布的福尔根核反应染色法。
（2）观察染色结果，了解福尔根核反应染色法的原理，加深理解切片或整体处理的压片方法，为今后的有关实验和科研工作做好准备。

二、实验原理

分子遗传学及生物化学的研究证明，DNA 是主要的遗传物质，DNA 通常存在于细胞核及染色体上。细胞中的 DNA，在 1mol/L HCl、60℃条件下水解时，部分破坏了脱氧核糖与嘌呤碱之间的糖苷键，使嘌呤碱脱掉，从而使脱氧核糖的第 1 个碳原子上潜在的醛基获得自由状态。DNA 水解后，要对组织进行水洗，再将其移入希夫（Schiff）试剂中，暴露出来的活性醛基与希夫试剂的无色亚硫酸品红分子发生反应而呈现为紫红色的化合物，使细胞内含有 DNA 的部位呈现紫红色阳性反应。呈现紫红色，是因为反应产物的分子内含有醌基，醌基是 1 个发色团，具有颜色。

此反应是 1924 年福尔根（Feulgen）和罗森贝克（Rossenbeck）发现并确定的，是广泛用于鉴别 DNA 的一种特异性检查方法，在切片、涂片上研究细胞核及染色体时，这种方法能减少细胞质着色对观察的影响，因此在细胞学研究中受到普遍重视。

此反应也可设计对照组，对照组预先用热三氯乙酸或 DNA 酶进行处理，因抽提除去细胞中的 DNA 而得到阴性反应，从而证明了福尔根反应的专一性。

三、实验用品

（1）主要器具：显微镜、恒温水浴锅、镊子、刀片、载玻片、盖玻片、染色皿、吸水纸、温度计、量筒、青霉素小瓶瓶口（白瓷盘）、指管、烧杯等。
（2）主要药品：各级浓度乙醇、乙酸、1mol/L HCl、希夫试剂、5%三氯乙酸、0.1%亮绿溶液、漂洗液、0.05%～0.2%秋水仙素、对二氯苯饱和水溶液、8-羟基喹啉水溶液、

0.5%的果胶酶、0.5%的纤维素酶、45%乙酸水溶液、蒸馏水等。

（3）主要材料：根尖（洋葱、大蒜、黑麦、蚕豆等的根尖）。

四、实验方法

（一）实验组

1. 取材

先剪去洋葱（毛葱、大蒜等）的鳞茎老根，再将其置于盛满水的烧杯瓶口上或放在白瓷盘中萌发（25℃），待新生发的不定根长至 1～2cm 时剪下。

应于每天的分裂高峰时取材，不同植物的分裂高峰不一样，一般在上午 9:00～11:00，下午 2:00～4:00。

2. 预处理

（1）目的。降低细胞质的黏度，使染色体缩短、变粗，易于分散，防止纺锤体的形成，让更多的细胞处于分裂中期。

（2）方法。预处理方法包括物理处理和药物处理（化学法）两种。①物理处理。例如低温，不同植物所需的低温是有差别的。将材料（如小麦）浸入蒸馏水内，放置到 1～4℃冰箱中（玉米及水稻为 6～8℃）处理 20～24h，能起到良好的效果。此方法简单、经济，但时间长。②药物处理（化学法）。a. 用 0.05%～0.2%秋水仙素，室温处理 2～4h，抑制纺锤体活动的效果明显，易于获得较多的中期分裂相，并且染色体收缩较直，有利于对染色体结构的研究。b. 用对二氯苯饱和水溶液，室温处理 3～5h，阻止纺锤体活动和缩短染色体效果较好，对于染色体小而多的植物的计数染色体制片效果最好。c. 用 8-羟基喹啉水溶液（0.002～0.004mol/L），通常处理 3～4h。一般认为此处理将引起细胞黏滞度的改变，进而导致纺锤体活动受阻，可使中期染色体在赤道面上保持其相应的排列位置，使处理后的缢痕区较为清晰，适用于长、中染色体。

（3）处理时间。一般在细胞分裂高峰前进行处理。处理时间依药物浓度而定：浓度高，处理时间短；浓度低，处理时间长。也可依染色体的长度来确定处理时间：染色体长，处理时间长；染色体短，处理时间短。也可依材料的大小来确定处理时间：材料大，处理时间长；材料小，处理时间短。

3. 固定

（1）目的。利用化学药剂把细胞迅速杀死，使蛋白质变性和沉淀，并尽量保持细胞各种结构在生活时期的完整和真实状态，同时使材料易于被染色。

（2）固定的时间。依材料而定：材料小，时间短；材料大，时间长。固定的时间一般为 2～24h。

（3）固定液的量。一般为材料量的 15～20 倍。

固定好的材料若暂时不用，则可经过 90%乙醇（0.5h）→85%乙醇（0.5h）→70%乙醇处理，在 0～4℃70%乙醇中保存。对于经过较长时间保存的材料，在进行观察前可用固定液再处理一次，效果较好。

4. 解离

（1）目的。水解分离的作用是去除细胞未固定下来的蛋白质，同时使胞间层的果胶类物质解体，使细胞分散以便于观察。

（2）解离的方法。①酸解：将固定后或保存后的根尖分装到青霉素小瓶内，用清水洗几次，吸干水，加入 1mol/L HCl 溶液，在 60℃下水解 8～20min（洋葱、大蒜用 8min，蚕豆侧根用 10min）。解离成功的根尖，其分生组织发白，伸长区呈半透明，似烂状。将解离后的根尖用水轻洗 2～3 次，以便于着色。这种方法简便，易于被掌握。②酶解：将根尖置于 0.5%的果胶酶和 0.5%的纤维素酶中，在 25℃下解离 2～3h，在 37℃下解离 0.5～1h。

（3）解离所需要的时间。依材料和解离液的成分不同而不同，时间短则细胞不易分散，时间长则容易压碎细胞，影响染色。

水解是本实验成败的关键步骤之一。①温度应保持在（60±0.5）℃。②水解时间因材料而异，禾本科或树木的水解时间可长一些，洋葱根尖的水解时间以 8～10min 为宜。

如果温度过高，时间过长，则会造成材料水解过度，破坏糖与醛基之间的键，使醛基流失到水解液中，而细胞不能着色。反之，水解不充分会使染色体着色浅，细胞质中可能因有其他醛基存在而显示扩散的红色。只有水解适当时，才能使染色体着色较深而细胞质不显颜色。

5. 染色

吸净材料水分，加入希夫试剂染色 0.5～2h，此时指管应加塞盖紧，应将其置于 10℃的黑暗条件下。染色后用漂洗液将材料漂洗 2～3 次，每次 2～5min。

6. 压片观察

将染好的材料切取根尖分生组织（染成紫红色）一段，置于载玻片上，加 1 滴 0.1%亮绿水溶液对染 0.5～1min，吸去亮绿液，加 1 滴清水或 45%乙酸水溶液，盖上盖玻片进行压片。

7. 镜检

对压好的装片先做低倍镜镜检，观察不同时期的细胞分裂相，选取不同分裂时期的典型细胞，然后换高倍镜观察，注意观察细胞核及细胞质着色的情况。

（二）对照组

对照组操作步骤：蒸馏水→5%三氯乙酸（90℃，15min）→蒸馏水洗 2～3 次→1mol/L HCl（60℃，8～10min）→水洗 2～3 次→染色→漂洗→用亮绿液复染→压片→镜检。

五、注意事项

（1）及时取放希夫试剂，及时清洗盛放希夫试剂的吸管。

（2）在黑暗条件下染色。

（3）临用前配制漂洗液。

（4）压片材料要少，用力要均匀。

（5）如果只是观察福尔根核反应染色结果，则可省去预处理步骤。

实验 42　果蝇唾腺染色体标本制备与观察

一、实验目的

（1）练习剖离果蝇 3 龄幼虫的唾腺，掌握压制果蝇唾腺染色体载玻片标本的方法，同时根据果蝇唾腺染色体横纹的形态和排列，识别不同的染色体。

（2）掌握果蝇多线染色体的特征。

二、实验原理

双翅类昆虫（摇蚊、果蝇）幼虫期的唾腺细胞很大，其中的染色体称为唾腺染色体，这种染色体比普通染色体大几百倍，宽约 5μm，长约 400μm，相当于普通染色体的 100～150 倍。因为它比普通染色体大得多，所以又被称为巨大染色体。一般认为唾腺染色体处于间期或前期状态，唾腺细胞内的染色体连续复制，复制后形成的染色丝并不相互分开，而是纵向密集在一起，有 1 000～4 000 根染色体丝的拷贝，因此唾腺染色体又被称为多线染色体。多线染色体经染色后，出现深浅不同、密疏各异的横纹。这些横纹的相对大小、数目、空间排列等都是恒定的，代表着果蝇等昆虫的特征。横纹之间的区域螺旋化程度较低，有横纹的区域螺旋化程度高一些，但总的来说，比其他体细胞染色体螺旋化程度低得多。

因为同源的唾腺染色体总是紧密地结合在一起，所以两条同源染色体有差别时，很容易看出来。例如，染色体有缺失、重复、倒位、易位等情况时，很容易在染色体上识别出来。唾腺染色体是研究染色体畸变的好材料。

三、实验用品

（1）主要器具：解剖镜、显微镜、解剖针、镊子、载玻片、盖玻片、滤纸、酒精灯、麻醉瓶等。

（2）主要药品：1%乙酸洋红染液或改良石炭酸品红染液、生理盐水。

（3）主要材料：普通果蝇中野生型或任何突变型的 3 龄幼虫活体。

四、实验方法

（一）幼虫的培养

用以观察果蝇唾腺的幼虫，应放在18～19℃的条件下饲养，在低温下培养，长成的幼虫比较肥大。做实验时应选择行动迟缓、虫体肥大、附在瓶壁的3龄幼虫。

（二）唾腺的剖取

选取发育好的3龄幼虫，放在有1滴生理盐水的干净载玻片上，用两手各持一根解剖针，用一根针压在虫体中部的稍后处，用另一根针按在虫体头部黑点处（口器）稍后，轻缓地向前移动，便可将其头部扯开，这时可以看到一对透明而微白的长形小囊，即唾腺。在果蝇唾腺的前端各伸出一条细管，并向前汇合为一，形成1个三叉形的唾腺管伸入口腔。果蝇的唾腺是由单层细胞构成的，在解剖镜下，有时隐约可见其细胞界限。果蝇唾腺的侧面常有少量白色脂肪体，可用解剖针剖离脂肪体后进行染色。如果唾腺被拉断或未被拉出，则可用解剖针在虫体前部1/3处轻轻向前挤压出来。

（三）染色压片

染色前先将果蝇头部、身体等部位其他杂质清理干净，用一张吸水纸在远离唾腺的地方，将生理盐水吸干，然后滴加1%乙酸洋红染液染色10～20min，或用改良石炭酸品红染液染色3～5min，在剖取和染色过程中切勿使唾腺干燥。唾腺染色完成后，盖上干净的盖玻片，并覆一层滤纸。将装片放在实验台上，以大拇指适当用力压片，并横向揉几次。要求将唾腺细胞核压破，以染色体伸展开来而不破碎为宜。

（四）观察

对压好的装片，先进行低倍镜镜检，可以看到4对染色体：第1对染色体组成一个长条；第2对、第3对染色体组成左右两臂的染色体对，它们都以中部着丝粒聚集；第4对染色体很小，分布在着丝粒区，呈点状或盘状。从压好的装片中可看到5条弯曲展开的染色体臂和一个点状的第4对染色体，它们在着丝粒区构成染色中心向四周伸开。选出典型的细胞后，换高倍镜或油镜观察。

五、注意事项

（1）果蝇唾腺为单层细胞，在解剖和制片过程中应对其加生理盐水，否则唾腺易干。

（2）将脂肪组织清除干净。

（3）生理盐水不可太多，否则幼虫会漂浮且活跃。

（4）染色时间不可过长，否则背景也会着色。

（5）压片时要揉，不要使盖片移动，用力和揉是一个方向，不能来回揉，用力要均匀。

（6）用吸水纸吸生理盐水时，动作应放慢，避免唾腺被一起吸走。

实验 43　植物花粉母细胞减数分裂制片与观察

一、实验目的

了解减数分裂各时期细胞染色体的特征，并初步学会植物花粉母细胞染色与观察的方法。

二、实验原理

减数分裂又叫成熟分裂，发生在大、小孢子母细胞产生大、小孢子的过程中。它是一种特殊方式的有丝分裂。减数分裂时，染色体只复制一次，细胞连续分裂两次，形成 4 个子细胞，每个子细胞的染色体数仅为母细胞的一半。

减数分裂的连续两次分裂可根据染色体变化特点分为前期、中期、后期和末期。在两次分裂中，第一次分裂的前期时间较长，染色体变化比较复杂，又分为细线期、偶线期、粗线期、双线期和终变期 5 个时期，减数分裂结束后，由染色体数目减半的 4 个子细胞发育成配子体，进而产生配子。减数第一次分裂为染色体数目的减数分裂，减数第二次分裂为染色体数目的等数分裂。

减数分裂各时期染色体变化的主要特征如下。

（一）第一次分裂

1. 前期 Ⅰ

（1）细线期。细胞核内出现细长染色体，彼此缠绕，核仁、核膜清晰可见。

（2）偶线期。同源染色体相互靠拢配对，称为联会。此期时间很短，一般较难观察到。

（3）粗线期。配对后的染色体逐渐缩短变粗，同源染色体内的非姐妹染色单体间开始发生交换。

（4）双线期。染色体变得更短更粗，同源染色体开始相互排斥，由于同源染色体非姐妹染色单体交换，出现交叉端化现象。

（5）终变期。染色体缩到最短最粗，核仁、核膜仍清晰可见。此期是减数分裂时期进行染色体计数的较好时期。

2. 中期Ⅰ

染色体核膜崩解，核仁消失，以同源染色体为单位排列在赤道板上，出现纺锤丝，形成纺锤体。

3. 后期Ⅰ

每对同源染色体在纺锤丝的牵引下，分别向两极移动，完成染色体数目的减数过程。在此期同源染色体的两个成员必然分离，非同源染色体间的各成员以同等的机会结合，分别移向两极。

4. 末期Ⅰ

染色体到达两极后，核仁、核膜重新出现，然后细胞质分裂形成两个子细胞，也叫二分体。

（二）第二次分裂

1. 前期Ⅱ

染色体又开始明显缩短，每条染色体由同一着丝粒连接的两条染色单体组成，它们的臂已经分开，只在着丝点处相连。

2. 中期Ⅱ

染色体整齐地排列在赤道板上，出现纺锤丝，形成纺锤体。

3. 后期Ⅱ

每条染色体的着丝粒一分为二，使 2 个姐妹染色单体分别被纺锤丝拉向两极。

4. 末期Ⅱ

染色体移向两极后，重新出现核仁、核膜，在赤道面出现新的细胞板。此时原来的 1 个母细胞，经过两次细胞分裂形成了 4 个染色体减半的子细胞，也称四分体或四分孢子。

三、实验用品

（1）主要器具：显微镜、载玻片、盖玻片、镊子、解剖针、培养皿、酒精灯、吸水纸等。

（2）主要药品：45%乙酸、改良石炭酸品红（乙酸洋红）染液、无水乙醇。

（3）主要材料：植物（玉米、蚕豆等）花粉母细胞减数分裂各时期典型的永久封片、预先固定好的供观察花粉母细胞减数分裂的幼嫩花序或花蕾（大葱花序）。

四、实验方法

（一）植物花粉母细胞减数分裂永久封片的观察

每个学生用显微镜观察花粉母细胞减数分裂各期的永久封片，注意观察分裂过程中染色体的形态变化。

（二）植物花粉母细胞压片标本的制作与观察

将已固定好的实验材料置于小培养皿中，加少许 80%乙醇，以防干燥。用解剖针挑取 2～3 枚花药，置于另一个培养皿中，加 45%乙酸软化几分钟。用镊子取出 1 枚花药放在清洁的载玻片上，再用镊子前端捣碎花药，取出药壁，加 1 滴改良石炭酸品红（乙酸洋红）染液。然后加盖玻片，并用吸水纸吸去多余的染液，用拇指按压盖玻片，注意不要使盖玻片移动。制成的临时装片可放在显微镜下观察。

先在低倍镜下寻找具分裂相的植物花粉母细胞，然后依次转换到高倍镜观察减数分裂各时期染色体的活动和形态特征。

为使染色加深，可延长染色时间，并将载玻片在酒精灯上间断重复加温 4～6 次（拿载玻片在酒精灯上方来回晃动 4～6 次，切勿使载玻片达到烫手的程度），这样可使染色体着色鲜明，使材料紧贴载玻片。如果细胞质染色过深，则可用 45%的乙酸滴于盖玻片一边，再用吸水纸从另一边吸去，并在酒精灯上稍加温，即可使细胞质褪色。

注意辨别以下几点。

（1）进行减数分裂的花粉母细胞与花药组织的细胞不同。

（2）减数分裂前期Ⅰ：同源染色体联会、二分体的数目与花粉母细胞染色体的数目的关系。

（3）减数分裂中期Ⅰ：细胞核与细胞质之间是否还有明显的界限，纺锤体的形成，二分体排列在赤道面上。

（4）减数分裂后期Ⅰ：同源染色体的分离。

（5）减数分裂中期Ⅱ和后期Ⅱ：此期染色体的特征与中期Ⅰ和后期Ⅰ的区别。

（6）减数分裂末期Ⅱ：形成 4 个子细胞，观察每个子细胞中染色体数目与花粉母细胞染色体数目的比例。

五、注意事项

（1）在制片过程中，要选择合适时期的花粉母细胞，不宜多用染液，染色要适当。压片时要尽量压平且盖玻片与载玻片之间不能相对滑动，以防细胞错位变形。压片不得用力过猛，以免将细胞压碎。

（2）烤片不要至沸。

（3）观察时，先在低倍镜下找到目标细胞，再换至高倍镜下仔细观察。

（4）注意区分中期Ⅰ和中期Ⅱ，前者处于第一次分裂，是在圆球状细胞中进行的，后者是在两个半月形细胞（二分体）中进行的。

实验 44　植物多倍体的诱发及其细胞学鉴定

一、实验目的

（1）学习人工诱发多倍体的原理和方法。

（2）了解化学诱变方法及细胞学鉴定方法，并进一步掌握植物细胞的制片方法。

二、实验原理

自然界各种生物的染色体数目是相对恒定的，这是物种的重要特性。在遗传学上，二倍体生物一个配子中的染色体数称为染色体组（基因组），用 n 表示。每个生物都有一个基本的染色体组（基数），如水稻 n=12，玉米 n=10，兔 n=22，黑腹果蝇 n=4。细胞核中含有一套完整染色体组的生物叫单倍体，用 n 表示。细胞核中含有 2 套完整染色体组的生物叫二倍体，用 $2n$ 表示。细胞中含有 3 个以上染色体组的生物称为多倍体，用 $3n$、$4n$ 等表示，这类生物细胞内染色体数的变化是以染色体组为单位进行增减的，因此被称作整倍体。在整倍体中，按染色体组的来源可分为同源多倍体和异源多倍体。

增加的染色体组来自同一物种或者是由原来的染色体组加倍而形成的生物，称为同源多倍体。增加的染色体组来自不同物种的生物，称为异源多倍体。多倍体普遍存在于植物界。随着染色体组倍数的增加，生物性状发生改变，除了自然界中存在的多倍体物种，还可以通过人工诱导产生多倍体。人工诱导多倍体的方法很多，有物理方法和化学方法。物理方法有温度剧变（高温、低温）、各种射线处理（X 射线照射）、机械损伤（嫁接、切断等）、超声波等。化学方法有采用各种植物碱、麻醉剂、植物生长激素等化学试剂，如秋水仙素、萘嵌戊烷、异生长素、萘乙烷等，其中以秋水仙素效果最好，使用最广泛。

秋水仙素是从百合科秋水仙属秋水仙的种子和鳞茎中提取出来的一种生物碱，其化学分子式为 $C_{22}H_{25}NO_6+1.5H_2O$。秋水仙素诱发植物产生多倍体的作用极其显著。关于秋水仙素对细胞分裂作用的机制，一种说法认为秋水仙素对纺锤丝有麻醉或毒害作用，另一种说法认为秋水仙素抑制了腺嘌呤核苷三磷酸（adenosine triphosphate，ATP）的作用机制，从而阻止和破坏纺锤体的形成和活动。多倍体的诱发作用就是通过药物抑制纺锤丝的形成，使每个染色体纵裂为 2 个后，不能向两极移动，被阻止在分裂中期，同时细胞也不能分裂成 2 个细胞，这样每个细胞染色体增加了 1 倍，便形成了多倍体细胞。若染色体加倍的细胞继续分裂，则形成多倍性的组织。由多倍性组织分化产生的性细胞产生多倍性的配子，可通过有性繁殖方法把多倍体繁殖下去，发育成多倍体植物。如果用秋水仙素浸渍种子，则可诱发多倍体植株的产生。

三、实验用品

（1）主要器具：显微镜、烧杯或广口瓶、瓷盘、量筒、酒精灯、恒温水浴锅、培养皿或沙盘、镊子、剪刀、解剖针、刀片、棉花、载玻片、盖玻片、指管、恒温培养箱等。

（2）主要药品：0.2%～0.4%秋水仙素溶液、0.1%～0.2%升汞、45%乙酸、改良石炭酸品红（乙酸洋红）染液。

（3）主要材料：洋葱、大蒜、水稻、大麦、黑麦种子，烟草幼苗、植株等。

四、实验方法

（一）洋葱材料的处理

将洋葱鳞茎剪去老根，置于盛满水的烧杯或广口瓶中，使其生根部位刚好和液面接触。待新根长到 1～2cm 的时候，将洋葱放在盛有 0.2%～0.4%秋水仙素溶液的培养皿中，避光处理 24h，直到根尖膨大，再把洋葱进行水培 24h。

染色体数目镜检观察：将洋葱根尖固定，经水洗、解离、染色、压片后，镜检观察染色体数目（加倍情况）。

（二）大蒜材料的处理

先剪去大蒜的老根，然后将其置于盛满水的瓷盘中，等新长出的不定根长 1.5～2cm 时，将其移到盛有 0.2%秋水仙素溶液的培养皿中，直到根尖膨大为止，最后把大蒜水培 24h。切下根尖，进行固定、保存、制片，镜检观察染色体的数目。

（三）种子的处理

先将种子（大麦、水稻、黑麦的种子）用 0.1%～0.2%升汞消毒 8～10min，再用清水洗净，置于培养皿或沙盘中发芽。这种方法适用于发芽快、能在数天内发芽的种子。当根长 1cm 时，取出洗净吸干，用 0.2%秋水仙素溶液浸根处理 24～36h，在根尖明显膨大时，用固定液固定、制片、观察。

（四）幼苗或植株的处理

秋水仙素可对正在分裂的细胞发生作用。对于发芽迟缓的种子，在其出苗后处理幼苗效果更好。处理部位是茎尖、秆顶端的生长点、新发育的侧芽。充分冲洗幼苗或植株后，继续培养，待进一步生长后，进行观察、鉴定。在形态观察的基础上，进一步镜检观察其染色体数目的变化。

五、注意事项

（1）秋水仙素的处理时间应根据供试材料的细胞周期而定，当处理时间介于材料细胞周期的 1～2 倍时，可观察到细胞由二倍体变为四倍体，当处理时间多于材料细胞周期的 2 倍以上时，材料的细胞可从四倍体变为八倍体。因此，在培养多倍体细胞时，应注意秋水仙素的处理时间，同时注意掌握秋水仙素的处理浓度。

（2）多倍体细胞中染色体的形态有两种：一种为 1 条染色体含有 1 条染色单体，另一种为 1 条染色体含有 2 条染色单体。注意观察并思考其形成原因。

（3）秋水仙素为剧毒药品，在实验中应注意不要将药品沾到皮肤或眼睛上。如果不小心沾到皮肤上，则应用大量自来水冲洗。

实验 45 细胞显微注射

一、实验目的

（1）了解显微操作仪的结构、原理及使用方法。

（2）了解细胞显微注射的基本原理。

（3）掌握细胞显微注射的基本技术。

二、实验原理

显微注射技术是在倒置显微镜下，借助显微操作系统将外源的目的基因、特定的分子探针中的单个精子或细胞核直接注入活体靶细胞中的技术，是试管动物、试管婴儿、转基因动物等研究中极为重要的技术方法，同时为研究动、植物细胞的发育和细胞功能的调控机制提供了新手段。

三、实验用品

（1）主要器具：倒置显微镜、显微操作仪、显微注射仪、电热式拉针仪、熔针仪、磨针仪、毛细管、玻璃针、细胞融合仪、细胞培养箱、超净工作台、培养皿、盖玻片、烧杯、陶瓷架或金属架、金刚石笔等。

（2）主要药品：生理盐水、磷酸盐缓冲液、乙醇、盐酸、缓冲培养基（含 25mmol/L HEPES，pH 为 7.2）、注射缓冲液［10mmol/L $H_2PO_4^-$ 和 $H_2PO_4^-$（pH 为 7.2）、84mmol/L K^+、17mmol/L Na^+、1mmol/L EDTA］等。

（3）主要材料：培养的细胞、斑马鱼卵或青蛙卵。

四、实验方法

（一）材料准备

1. 微注射针头的拉制

在电热式拉针仪上装上 1 根毛细管，拧紧两侧的夹子，设定好电流、拉力和时间后，按开始键将毛细管拉成 2 个所需的微注射针头。

2. 盖玻片的处理

（1）将盖玻片放在陶瓷架或金属架上，使二者不要相互接触。

（2）在装有自来水的烧杯中，快速浸泡和冲洗盖玻片和架子。
（3）在纸巾上把架子控干，再放入盛有 0.1mol/L HCl 的烧杯中，温浴过夜。
（4）用自来水冲洗盖玻片 5 次，每次 10min。
（5）把架子浸入 70%的乙醇中，温浴 60min。
（6）用去离子水短暂冲洗盖玻片和架子，放在纸巾上控干。
（7）在室温下自然干燥 30min。
（8）在 220～250℃下烤 6h。

3. 受体细胞的准备

（1）在注射的前一天，将细胞铺到直径为 10～15mm 的盖玻片上，在每个盖玻片上铺 250～1 000 个细胞。

（2）在注射前，把带有受体细胞的盖玻片转移至新的培养皿中，迅速用已经灭菌的金刚石笔在盖玻片上画一个十字或一个圆圈标记，然后加入 3mL 有缓冲液的培养基。

（二）显微注射的操作过程

1. 注射微细管针头定位

（1）将载有受体细胞的盖玻片转移到有缓冲液培养基的培养皿中，将其放在中央。

（2）将培养皿放在显微镜的载物台上，尽量将盖玻片上所画圆圈的标记对准光照的中心区。

（3）用低倍镜对准细胞调焦。
（4）将针头推入视野中心，使针头在视野中呈阴影状。
（5）轻轻落下针头，直到进入培养基中后停下。

（6）通过显微镜观察，移动针头，直到针头阴影在视野的上方，然后确定针头的位置，使其处在视野的中心。

（7）轻轻下调针头，直到针头变得清晰一些。
（8）将显微镜调至工作放大倍数，调准焦距，找到针尖。
（9）小心下调针尖，直到其完全聚焦清晰。

2. 显微注射操作的步骤

（1）用注射微细管吸取注射样品。
（2）用握持微细管吸附并固定受体细胞。
（3）调整注射微细管针尖位置，使针尖对准受体细胞。
（4）移动注射微细管针尖，使其进入受体细胞。
（5）使用显微注射仪施加注射压，将注射样品注入受体细胞。
（6）轻轻上提注射微细管，直到离开受体细胞。
（7）移动显微镜载物台，找到下一个细胞，重复步骤（1）～（6）。

五、注意事项

（1）显微操作仪属于高级精密仪器，在使用时一定要严格按照操作流程进行，以免损坏仪器。

（2）注射速度过快将扰乱细胞质成分，造成细胞破裂后细胞移位。

实验46 显微摄影

一、实验目的

掌握显微摄影装置及其操作技术，独立完成显微摄影全过程。

二、实验原理

显微摄影是一种通过摄影装置拍摄显微镜视场中标本的光学影像的技术。它的基本原理是将标本的图像通过显微镜投射到感光材料（胶卷）或数码相机的存储卡上，成为永久性的记录材料。鉴于目前使用感光材料（胶卷）摄影已不多见，本实验主要介绍使用数码相机进行显微摄影的技术。

三、实验用品

（1）主要器具：复式光学显微镜及其摄影装置、滤色镜、数码相机、存储卡、计算机、打印相纸、打印机等。

（2）主要材料：生物样品。

四、实验方法

（一）拍摄前的准备工作

1. 显微镜的光路合轴

可以通过显微镜调中聚光器实现光路合轴，把光源灯的灯丝位置调中，并成像在孔径光阑处，使照明光束与显微镜光学系统的光轴合一。

2. 选用优质物镜

物镜以标有PL APO（复消色差物镜）为佳。在拍摄前，擦拭物镜的前透镜，使其清晰成像，视需要选定物镜的倍数，应尽量选用高数值孔径的物镜，以提高分辨率，并兼顾焦点深度和视场直径。

3. 配用适宜的摄影目镜

选用专用的、与物镜匹配的摄影目镜。各摄影装置都有配套产品，选用的目镜倍率

依摄影装置总放大率和所用物镜的倍率而定，以选用低倍率为佳。

4. 合理调节光阑的开度

依所用物镜的数值孔径调节孔径光阑的开度，以提高视场内的影像反差。应让视场光阑的边缘外切孔径光阑，使两者密接。

5. 加用滤色镜

拍摄黑白影像时，必须加用滤色镜，通过选择性的滤光，提高影像的反差或分辨率。若要提高影像反差，则在光路上加用与样品颜色互补的滤色镜；若要提高分辨率，则加用与样品同色的滤色镜。可以通过镜检观察判断滤色镜的选用是否得当。如果加用滤色镜后样品在视场中呈现黑色，则效果更好，否则应更换滤色镜。

（二）安装并启动数码相机

取下数码相机镜头，把数码相机机身固定在复式光学显微镜及其摄影装置目镜处。开启数码相机开关，启动数码相机。

（三）取景和聚焦

1. 取景

取景决定拍摄的对象、范围和大小。取景时，让被摄的物体影像中心位于长方形取景屏的中心，需要 90° 调整时，转动载物台或摄影装置，让影像的长轴和取景屏横轴平行。通过调换物镜和摄影目镜控制影像的大小，也可以通过数码相机自身的光学放大系统来调节影像的大小。

2. 聚焦

聚焦是通过显微镜的粗、细调焦螺旋和数码相机的调焦按键来完成的。纵横移动载物台上的样品，寻找目的图像。转动显微镜的粗、细调焦螺旋和数码相机的调焦按键改变物镜前透镜和样品距离，使视场中物体影像在取景屏上聚集清晰，辨清样品的细微结构。

（四）曝光

采用不同的曝光组合，如光圈为 $f2.8$，快门速度为 1/1 000s；光圈为 $f4$，快门速度为 1/500s；光圈为 $f5.6$，快门速度为 1/250s；光圈为 $f8$，快门速度为 1/125s。不同的参数组合，可以得到不同的曝光量，可获得不同的景深，对观察过程产生不同的效果。取景、聚焦完毕后，立即按下快门按钮，任何有关的操作都要在聚焦前完成。聚焦后的微小颤动会引起焦点的改变，造成影像模糊不清。

（五）图像的输出

将相机中的存储卡取出，将图像转存到计算机中，开启打印机，装入打印相纸，打印图像。

实验 47 扫描电子显微镜的结构、使用及常规样品制备

一、实验目的

（1）了解扫描电子显微镜的结构及原理。

（2）了解扫描电子显微镜的使用方法。

（3）了解扫描电子显微镜样品制备的基本过程。

二、实验原理

扫描电子显微镜在一定程度上是基于入射电子束与固体样品之间所产生的相互作用而设计的，从这些相互作用中获得有关样品性质的信息。入射电子作用于样品所产生的各种信号，包括背散射电子、二次电子、吸收电子、透射电子、特征 X 射线、连续 X 射线、俄歇电子、阴极荧光等。

高能扫描电子束作用于样品后，能激发出多种物理信号。根据不同信息的特点，配合适当的检测器接收成像即可取得样品的某些特征资料。扫描电子显微镜最基本的用途是研究、观察样品的表面形貌，使用二次电子信号成像。电子束与样品相互作用时，由于样品表面微观特征的差异，各处被激发的二次电子数量不一样，不同强度的二次电子信息由检测器接收、转换、放大。通过调节显像管，在荧光屏对应的位置以相应的亮暗反映二次电子信息，获得反映样品表面形貌的二次电子图像。二次电子信息主要来自样品表层 5～50nm，对微区表面形貌变化十分敏感，二次电子图像的分辨率比较高，所以特别适用于观察样品表面形貌。

三、实验用品

（1）主要器具：扫描电子显微镜。

（2）主要材料：制备好的生物样品，用导电胶粘在样品托上。

四、实验方法

（一）扫描电子显微镜的结构

1. 电子光学系统

电子光学系统由电子枪、电磁对中线圈、2～3 级聚光镜、物镜、物镜光阑、消像散器、样品室和样品台组成。

2. 扫描系统

扫描线圈位于物镜上极靴孔内，由两组小的电磁线圈构成，其作用是使入射电子束在样品表面沿着 X、Y 两个方向同时进行大的偏转扫描，以及为阴极射线管电子束在荧光屏上的同步扫描提供信号。从左到右、从上到下依次对图像像素进行扫描，把每个像素转换成相应强度的电信号。在电子扫描中，把电子束从左到右的扫描叫作行扫描；把电子束从上到下的扫描叫作帧扫描。行扫描速度快于帧扫描速度，行间距越小，呈现出的细节越多。扫描电子显微镜图像分辨力越高，则扫描线越多，相应的电子束越细。当行间距小于 0.1mm 时，人眼分不出电子束线条。

3. 信号检测放大系统

在扫描电子显微镜中，最常用的电子检测器是闪烁体-光电倍增管系统，用于检测二次电子、背散射电子、透射电子等信号。

4. 图像显示与记录系统

扫描电子显微镜上有两支显像管：一支是长余辉的，供观察用；另一支是短余辉的，专门用于照相。

5. 真空系统

扫描电子显微镜的真空系统由机械泵、扩散泵、检测器、管道及阀门等组成，其作用是建立确保电子光学系统的正常工作、防止样品污染所必需的真空度，一般情况下真空度保持在 1.33Pa。

真空系统由单个标准件组成，真空控制装在主机架上。真空系统直接与镜筒连接，从低真空到高真空为自动控制。操作者只要按下工作按钮，真空系统就会从初始状态达到需要的真空状态。真空系统是由热规管和继电器电路控制的。真空度由真空表指示。维修真空系统时，可用手动方式操作。全自动真空系统在断水、断电及真空漏气情况下，将使仪器进入安全状态。

（二）扫描电子显微镜的使用

按照所使用的扫描电子显微镜（有多种型号）的使用说明书进行操作。

（三）扫描电子显微镜样品的制备

扫描电子显微镜样品的制备较简单，通常对金属材料及其他一些非生物材料，只需稍作处理即可进行观察；对于生物材料，制备较复杂。主要由碳、氢、氧、氮等原子序数元素组成的生物材料，其主要特点是含有大量的水分，质地柔软，表面电阻高，导电性很差，在电子束的作用下，不易被激发出较多的二次电子。具体制备方法如下。

1. 取材

扫描样品取样大小，应依扫描电子显微镜各类型号要求而定，一般在 $10mm^2$ 左右，高度在 3mm 以内，尽量取小一些、薄一些、具有代表性的部位。取材时应根据材料的性质，选取相应的方法。基本要求如下。

（1）动作要迅速。

（2）选取部位要具有代表性。

（3）样品尺寸要小，观察面要充分暴露。

（4）用力要轻，以免引起样品变形。

（5）对于某些样品，可以经过清洗、固定、干燥后再观察。

2. 清洗

用于扫描电子显微镜观察的样品，必须是经过清洗和充分裸露的，必须在不损伤样品的情况下清洗干净其表面附着物，去伪存真，避免样品的真实形貌被掩盖和歪曲。

3. 固定

用化学或物理方法迅速杀死细胞的过程叫作固定。对样品进行固定的目的有以下几个方面。

（1）杜绝细胞发生死后变化，尽量使细胞、组织及各部位的细节保持在活体状态。

（2）使组织中的半流体内含物凝固，使其物质成分不会在以后的水洗、脱水等处理中溶解和流失，并使组织硬化，减少样品损伤和变形。

（3）提高样品适应环境及耐电子束轰击的能力。

4. 脱水

在保持样品不变形的前提下，以溶剂置换水分的过程叫作脱水。脱水的目的是用水溶性、低表面张力的有机溶液逐步取代样品中的水分。例如，使用乙酸或丙酮进行浓度梯度脱水，以便对样品进行干燥处理。

5. 干燥

去除样品中的水分或其他液体的过程叫作干燥。干燥的目的是使样品中不含水分或液态物质，处于真正的“干”状态。如何使其干燥是含水样品最严重、最明显、较难解决的问题。因此，在干燥时应设法使样品不受或少受表面张力的影响，抑制其变形，尽量使样品维持原有的形貌与状态。

6. 装台

使样品在旋转时不至于脱落和移动的操作叫作装台。应使样品与样品台之间导电，使样品上聚集的电子能顺利地通过样品台传走，从而减少聚集和放电。

7. 镀膜

镀膜的作用是经过导电化处理，使样品导电，为电子提供入地通道；提供二次电子发射率；为样品提供耐电子束轰击能力，减少样品损伤。

五、注意事项

严格遵守仪器的操作流程和实验室的规章制度。

实验 48　透射电子显微镜在生物学研究中的应用——样品的制备和观察

一、实验目的

（1）了解超薄切片技术的基本原理和制备流程。

（2）了解透射电子显微镜的操作技术。

二、实验原理

透射电子显微镜应用广泛，分辨率高，其工作原理是在真空条件下，电子束经高压加速之后，穿透样品时形成散射电子和透过电子，并在电磁透镜的作用下在荧光屏上成像。

透射电子显微镜主要包括电子光学系统（电子枪、聚光镜、样品室、物镜、中间镜、投影镜、荧光屏、照相室等）、真空系统（扩散泵和机械泵）、电气系统（低电压、高电压和电源三大部分）。因为目前趋向综合分析，所以常给透射电子显微镜装上不同的附件，以扩大其应用范围，如 X 射线微区分析仪、能量损失谱仪、扫描分析仪、电子衍射谱仪、电子计算机分析统计系统等。透射电子显微镜的型号很多，操作各异，但主要步骤如下：①开机，开冷却水；②加高压；③调节照明系统；④加样品（须关灯丝电流）；⑤使样品成像并观察；⑥拍照；⑦换底版；⑧关机，30min 后关冷却水。

用透射电子显微镜观察样品时，需要将样品制成超薄切片，因为在透射电子显微镜 50～60kV 的加速电压下，50nm 左右的超薄切片可获得 1.5～2.5nm 分辨率。因此，超薄切片技术是最基本的样品制备技术。

利用透射电子显微镜观察超薄切片，可以观察细胞的超微结构。为了获得清晰的透射电子显微镜图像，超薄切片应达到以下基本要求：①细胞的精细结构保存良好，没有产生明显的物质凝聚、丢失或添加等人工效应；②切片的厚度应为 50nm 左右；③切片应能耐受电子束的强烈照射，包埋介质不变形或升华；④切片应有良好的反差效果；⑤切片均匀，没有皱褶、刀痕、震颤及染色剂沉淀等缺陷。

超薄切片技术包括取材、固定、包埋、切片、染色等一系列程序。

取材是制备样品过程的第一步，它的好坏关系整个实验的成败。一般要求快速取材，在 0.5min 内将组织块或细胞团浸入固定液，以保持细胞的生活状态。为了抑制酶解活性，防止机械损伤，应用锋利器械在 0～4℃下取材。

透射电子显微镜制样常用的固定剂是戊二醛和四氧化锇。戊二醛能固定蛋白质、DNA、糖原及某些易变的细胞结构，如微管、纺锤丝、光面内质网、胞饮小泡等，但不能固定脂肪。戊二醛穿透力较强，不容易使酶失活。四氧化锇能固定蛋白质、脂肪、变性 DNA 及核蛋白。四氧化锇的渗透力较弱，是酶的钝化剂。但不能固定天然 DNA、RNA 及糖原。戊二醛能与四氧化锇相互作用生成细微沉淀，因此在双重固定中，要用缓冲液洗净多余的戊二醛，再将样品放入四氧化锇固定液。此外，四氧化锇能与乙醇相互作用生成沉淀，因此在脱水之前，应洗净多余的四氧化锇。

在切片之前要对样品进行包埋，即用包埋剂取代细胞中的水分及整个支持结构，以便于切片。目前所使用的包埋剂大多数不溶于水，因此在包埋之前要先对样品进行脱水，然后用包埋剂浸透样品，以取代脱水剂。最后把浸透好的样品放在胶囊中，灌上包埋剂，经过加温，制成包埋块。理想的包埋剂应具备以下性质：①能溶于脱水剂，单体的黏度低，容易浸透；②聚合均一，不产生体积收缩；③容易切片，对电子束轰击有稳定性，不变形；④透明度好，不产生背景反应；⑤对细胞成分提取少，细胞精细结构保存良好。目前，常用的包埋剂是环氧树脂 618 和环氧树脂 Epon812。通常在环氧树脂中加入加速剂（如起横桥式连接作用的交联剂）和增塑剂（使包埋块具有适当的韧性）。

利用超薄切片机，制作厚度为 50nm 左右，没划痕、均匀、平整无皱褶的切片，是超薄切片技术的中心环节。

在切片之前，要用刀片修整包埋块。应尽量削去组织块周围空白的包埋介质，但不要过多地削及组织。根据切片的干涉颜色（切片顶面反射的光波和切片与水的界面反射的光波之间的干涉所产生的颜色），挑选银白色的切片（厚度为 50～70nm）。

用于捞取超薄切片的铜网上附有一层很薄的支持膜，以支持切片样品。因为电子不能穿透玻璃，所以不能用玻璃作为超薄切片的支持物。支持膜厚约 20nm，容易被电子穿透，有足够的机械强度，耐电子束的轰击，无可见的结构，对样品不起化学反应。

超薄切片通常只有经过染色才能在电子显微镜下显示出清晰的结构。这是因为细胞主要由碳、氢、氧、氮等轻元素组成，其散射电子的能量较弱，未经染色时，反差效果很弱，在电子显微镜下几乎看不清细胞的精细结构。超薄切片经过铀、铅、锇、钨等重金属盐类浸染后，细胞的不同结构成分吸附不同数量的重金属原子。吸附重金属原子较多的区域，具有较强的电子散射能力，在透射电子显微镜下呈现电子致密的黑色；吸附重金属原子较少的区域，电子散射能力较弱，在透射电子显微镜下呈现的颜色较浅；没有吸附重金属原子的区域，是电子透明的区域。因此，染色处理可以提高样品的反差效果，增加图像的清晰度。

超薄切片技术被广泛用于动、植物及其他材料的样品超微结构研究。另外，它与电子显微镜细胞化学、免疫电子显微镜、电子显微镜放射自显影和 X 射线微区分析等技术密切相关，是进行细胞结构与功能研究的得力工具。

三、实验用品

1. 主要器具

透射电子显微镜、超薄切片机、制刀机、解剖镜、恒温培养箱、标本夹持器、铜网、镊子、双面刀片、5～6mm 优质玻璃、铝箔胶带、2 号医用胶囊、载玻片、滤纸、培养皿、干燥器、睫毛针、医用石蜡、离心机、离心管、钻石刀（砂轮）、牙签、橡皮刮刀、烧杯、安瓿瓶、冰箱、容量瓶、烘箱、滴管、注射器、电扇等。

2. 主要药品

（1）0.2mol/L 磷酸盐缓冲液的配制。原液 A：称取 3.121g $NaH_2PO_4·2H_2O$（2.760g $NaH_2PO_4·H_2O$）加蒸馏水定容至 100mL。原液 B：称取 7.164g $Na_2HPO_4·12H_2O$（3.561g $Na_2HPO_4·2H_2O$）用蒸馏水定容至 100mL。

将原液 A 和原液 B 按比例混匀（表 48-1），即得所需 pH 的 0.2mol/L 磷酸盐缓冲液。若在原液 A、B 混合后，再稀释到 100mL，则成 0.1mo1/L 磷酸盐缓冲液。

表 48-1　磷酸盐缓冲液配比表

原液/mL	pH						
	6.4	6.6	6.8	7.0	7.2	7.4	7.6
A	36.7	31.2	25.5	19.5	14.0	9.5	6.5
B	13.3	18.8	24.5	30.5	36.0	40.5	43.5

（2）3.5%戊二醇固定液的配制。取 0.2mol/L 磷酸盐缓冲液（pH 为 7.2）100mL，加入 1% $CaCl_2$1.5mL、25%戊二醛水溶液 28mL，再加蒸馏水定容至 200mL，混匀后在 4℃条件下保存。

（3）1%四氧化锇固定液的配制。①2%四氧化锇母液的配制：先用钻石刀（砂轮）在四氧化锇安瓿瓶刻一圈痕迹，然后用清水浸泡，洗去标签，再放入洗液浸泡，用清水冲洗，用双蒸水漂洗，最后放入洗净的盛有所需量的双蒸水的棕色磨口试剂瓶中，盖严盖子，猛力振碎安瓿瓶，放入 4℃冰箱中，让四氧化锇缓慢溶解并至少经 24h 的熟化。②1%四氧化锇固定液的配制：将 2%四氧化锇母液与等量 0.1mol/L 磷酸盐缓冲液（pH 为 7.2）混匀后，置于 4℃冰箱内贮存备用。

（4）2%琼脂。

（5）50%、70%、95%、100%乙醇（丙酮）。

（6）Epon812 包埋剂的配制。

A 液：Epon812 6.2mL、DDSA（十二烷基琥珀酸酐）10mL。

B 液：Epon812 10mL、MNA（甲基内次甲基四氢苯二甲酸酐）8.9mL。

配法：将 A 液与 B 液按 1∶4（冬天）或 1∶9（夏天）混合后，用 0.25mL 注射器逐滴加入 1%～2%含量的 DMP-30［2,4,6-三（二甲氨基甲基）苯酚］，一边加一边搅约 1h。

（7）0.3% Formvar 溶液的配制。称取 0.15g Formvar（聚乙烯醇缩甲醛树脂）溶于 50mL 二氯乙烷（或氯仿）中，置于干燥器中保存备用（放置 1～2d）。

（8）2%乙酸铀染液的配制。取乙酸铀 lg 放入盛有 50mL 的 50%乙醇的棕色瓶中，充分摇动 10min，然后避光于 4℃冰箱内静置 1～2d，使未溶解部分自然沉淀，取上清液使用。

（9）柠檬酸铅染液的配制。将 $Pb(No_3)_2$ 1.33 g、$Na_3(C_6H_5O_7)\cdot 2H_2O$ 1.76g、蒸馏水（预先煮沸，除去水中的 CO_2）30mL 放在 50mL 容量瓶内，用力摇荡 1min，然后间歇摇 30min，这时溶液呈乳白混浊，加入 1mol/L NaOH 8mL，使溶液变透明，最后加蒸馏水至 50mL。配好后塞紧瓶口，置冰箱内保存。

（10）环氧丙烷。

（11）1mol/L NaOH。

（12）浓硫酸。

（13）牙科蜡。

3. 主要材料

培养细胞。

四、实验方法

（一）培养细胞的取材

倒去培养单层细胞的培养液，加入 3.5%戊二醇固定液，在冰浴上放置 3～5min。用橡皮刮刀轻轻刮下瓶壁上的细胞，将含有细胞的固定液转移到离心管中，离心（2 000r/min，15min），使细胞成团块，弃去上清液。

（二）固定

（1）按 1 份细胞 5 份固定液的比例，沿管壁缓慢加入新鲜的 3.5%戊二醛固定液（注意不要打散细胞团），于 4℃条件下固定 15～30min。

（2）轻轻吸去固定液，用预冷的 0.1mol/L 磷酸盐缓冲液（pH 为 7.2）洗材料 2～4 次，时间在 30min 以上，再用 1%四氧化锇固定液于 4℃条件下固定 30～60min。

（3）如果细胞经离心后不成团且容易散开，则可将细胞悬浮固定并用缓冲液洗涤（离心弃去上清液）后，将细胞团在水浴中加热至 50℃，然后用热吸管吸一滴融化（50℃）的 2%琼脂加到细胞团里，将细胞团悬浮起来，在保温的离心管中立即离心（3 000～5 000r/min，1min），使细胞聚集管底。把离心管置于冰浴上凝固琼脂，再加入 70%乙醇，再冰浴 1h。取出琼脂预包埋块，将其用刀片修整成小块再进行脱水、包埋。

（三）脱水

（1）吸去 1%四氧化锇固定液，用预冷磷酸盐缓冲液浸洗材料 2～3 次，然后用 50%、70%、95%乙醇（丙酮）于 0～4℃条件下各脱水 10～15min。

（2）用 100%乙醇（丙酮）在室温下对材料脱水 2 次，每次 15min，并换瓶一次。

（四）渗透包埋

（1）把脱水后的材料放入环氧丙烷∶包埋剂 1∶1 的混合液中 4h，置于环氧丙烷∶包埋剂 1∶3 的混合液中过夜，置于纯包埋剂中 4h。或者直接放入纯包埋剂内浸透（37℃，2h）。

（2）将 2 号医用胶囊打开，放入 60℃烘箱中烘干 30min，然后插在包埋座上，用滴管向胶囊内注入混合好的 Epon812 包埋液 1 滴，再用牙签将浸透好的细胞团块放在胶囊底部中央，最后向胶囊内注满包埋剂，放上标签，盖上盖子。

（3）把胶囊放在 60℃恒温培养箱内聚合 48h，制成包埋块，也可在 35℃、45℃、60℃条件下依次各聚合 12h。

（五）Formvar 膜的制备

（1）铜网清洗。将新的铜网用丙酮清洗几遍后，用 100%乙醇再洗几次，使其干燥后备用。用过的铜网先用乙酸戊酯浸泡 1～3d，溶去支持膜，再用乙醇清洗。也可把用过的铜网放入浓硫酸中摇动洗涤 3～5min。倒去浓硫酸，加入 1mo1/L NaOH 中和硫酸，洗几分钟后倒出，再用蒸馏水洗 3～4 遍，最后用 100%乙醇洗几遍，使其干燥后备用。

（2）将光洁干净的载玻片的一端浸入 0.3% Formvar 溶液中，慢慢提出并静待片刻使溶液挥发。用刀片沿载玻片边缘处划痕，然后手持载玻片一端与水面呈 45° 角，将其徐徐压入蒸馏水中，使整个薄膜脱离载玻片浮在水面上。为了使薄膜易于脱离载玻片，可在入水前对膜哈一口气。

（3）将铜网的光滑面向下，以适当的间距（5mm）摆在薄膜上，用镊子夹住一张大小合适的滤纸放在膜上面，待滤纸全部润湿后，翻转滤纸捞起带膜的铜网，放在培养皿内，于 37℃恒温培养箱中干燥备用。

（六）包埋块的修整

（1）将包埋块放入盛有 40～50℃温水的烧杯中溶去胶囊，用自来水冲洗包埋片几次后晾干，用标本夹持器夹紧包埋块。

（2）在解剖镜下，先用双面刀片在包埋块表面平行削切，使细胞团块刚好露出，然后从 4 个侧面将包埋块修成金字塔形，最后把切面细修成梯形。切片的面积以 $1mm^2$ 为宜。

（七）制刀

（1）先用制刀机按使用说明的操作程序制作玻璃刀，然后将刀装在切片机的刀台上，在显微镜下挑选合格的刀口。合格的刀口刀刃是一条平直的亮线，而有缺陷的刀口则闪烁反光，并有许多锯齿。

（2）在合格刀口斜面上，用铝箔胶带（橡皮膏）围绕刀口制作半圆形的小水槽，并用熔化的热石蜡封固接口，防止漏水。

（八）超薄切片

（1）把样品和刀片分别安装在切片机上，并夹紧。刀的高度要与刀座上的参考规格相等。将透射电子显微镜前移，以能看到样品块面为宜。旋转样品定向头，使样品块面的两个水平边与刀刃平行，让长边在下方，使块面中心线与刀刃处于同一水平线上。抬高样品臂，使样品离开刀刃，用注射器向刀槽中滴加蒸馏水，直至液面浸没刀刃。调节灯光位置及液面高度，使刀刃下方的水槽液面上出现一个较大亮斑，以便看清切片的干涉颜色。

（2）移动刀台，选择较好的刀刃对准样品，一手转动样品臂升降钮，使样品在刀刃上下运动，一手调中或微调刀刃，同时在透射电子显微镜下观察，直至刀刃刚刚切到组织为止。

（3）将样品臂的运动从手动转至自动，进行自动切片。切片时，选用 50～60nm 的加热进尺和 2～5mm/s 的切片速度。一般切片 10min 即可停机捞片，并开动冷却电扇。

（4）用睫毛针把切片集中成几个小堆，每堆切片数量以布满铜网的中央区域为宜。如果切片褶皱，则可将一块浸有氯仿或二甲苯的滤纸放在切片上方 3～4s，使其展平。然后用镊子夹住带膜铜网的一角，使膜面朝下对准切片，轻轻一沾，即把切片沾上，放在铺有滤纸的培养皿中。

（九）超薄切片的染色

（1）把乙酸铀染液逐滴滴在熔有一层牙科蜡的培养皿上，将铜网有切片的一面放在染液表面上，染色 20～30min。

（2）用镊子夹住铜网边沿，在 3 个盛有蒸馏水的小烧杯中依次清洗掉多余染液，并把铜网放在滤纸上，将多余的染液吸干。

（3）在另一个熔有牙科蜡的培养皿中，放几颗固体 NaOH 或数滴 1mol/L NaOH，然后逐滴滴加柠檬酸铅染液，将经过乙酸铀染色的铜网有切片一面放在染液表面，染色 20～30min，最后用蒸馏水清洗铜网并晾干。

（十）超薄切片的观察

（1）把超薄切片放入透射电子显微镜的样品室中，在 50kV 工作电压下观察培养细胞的超微结构。先在 100～200 倍下观察样品的全貌，然后把要观察的区域迅速移到荧光屏中心，在最低的成像倍数下尽快找到合适的视场，最后在适当的成像倍数下，观察细胞超微结构的细节。

（2）选择所需的视场和放大倍数，聚焦后进行拍照，存储图像。

五、注意事项

严格遵守仪器的操作流程和实验室的规章制度。

第 4 部分
生化样品的制备与分析

实验 49　还原糖和总糖含量测定

一、实验目的

（1）掌握还原糖和总糖含量测定的基本原理。

（2）学习比色定糖法的基本操作方法。

（3）掌握分光光度计的原理及使用方法。

二、实验原理

植物体内的还原糖主要是葡萄糖、果糖和麦芽糖。它们不仅反映植物体内碳水化合物的运转情况，还是植物呼吸作用的基质。还原糖还能形成其他物质（如有机酸）。此外，水果、蔬菜中含糖量的多少是鉴定其品质的重要指标。还原糖在有机体的代谢中起着重要的作用，其他碳水化合物（如淀粉、蔗糖）经水解也生成还原糖。各种单糖和麦芽糖是还原糖，蔗糖和淀粉是非还原糖。利用溶解度不同，可将植物样品中的单糖、双糖和多糖分别提取出来，再用酸水解法使没有还原性的双糖和多糖彻底水解成有还原性的单糖。

在碱性条件下，还原糖与3,5-二硝基水杨酸共热，3,5-二硝基水杨酸还原为3-氨基-5-硝基水杨酸（棕红色物质），还原糖则被氧化成糖酸及其他产物。在一定范围（400～1 600μg）内，还原糖的量与3-氨基-5-硝基水杨酸颜色深浅的程度呈一定的比例关系。在540nm波长下测定3-氨基-5-硝基水杨酸的吸光值，查对标准曲线并计算，分别求出样品中还原糖和总糖的含量。

三、实验用品

1. 主要器具

25mL刻度试管11支，离心管或玻璃漏斗2个，100mL烧杯，100mL三角瓶，100mL容量瓶，1mL、2mL、10mL刻度吸管，恒温水浴锅，沸水浴锅，离心机，电子天平，分光光度计、滤纸、白瓷板等。

2. 主要药品

（1）1mg/mL葡萄糖标准液。准确称取100mg分析纯葡萄糖（预先在80℃条件下烘至恒重），置于小烧杯中，用少量蒸馏水溶解后，定量转移到100mL容量瓶中，以蒸馏水定容至刻度，摇匀，置于冰箱中保存备用。

（2）3,5-二硝基水杨酸试剂。将6.3g 3,5-二硝基水杨酸和262mL 2mol/L NaOH溶液，加入500mL含有185g酒石酸钾钠的热水溶液中，再加5g结晶酚和5g亚硫酸钠，搅拌溶解。冷却后加蒸馏水定容至1 000mL，贮于棕色瓶中备用。

（3）碘-碘化钾溶液。称取 5g 碘和 10g 碘化钾，溶于 100mL 蒸馏水中。

（4）酚酞指示剂。称取 0.1g 酚酞，溶于 150mL 70%乙醇中。

（5）6mol/L HCl 溶液。

（6）6mol/L NaOH 溶液。

3. 主要材料

食用面粉。

四、实验方法

（一）制作葡萄糖标准曲线

取 7 支 25mL 刻度试管，编号，按表 49-1 所示的量操作。

表 49-1　葡萄糖标准曲线制作数据

药品	试管号						
	0	1	2	3	4	5	6
葡萄糖标准液/mL	0	0.2	0.4	0.6	0．8	1.0	1.2
蔗糖水/mL	2.0	1.8	1.6	1.4	1.2	1.0	0.8
3,5-二硝基水杨酸/mL	1.5	1.5	1.5	1.5	1.5	1.5	1.5

将各管摇匀，在沸水浴中加热 5min，取出后立即冷却至室温，再以蒸馏水定容至 25mL，混匀，在 540nm 波长下比色。用 0 号试管调零，分别读取 1～6 号试管的吸光度。以吸光度为纵坐标，以葡萄糖毫克数为横坐标，绘制葡萄糖标准曲线。

（二）样品中还原糖和总糖含量的测定

（1）样品中还原糖的提取。准确称取 3g 食用面粉，放在 100mL 三角瓶中，先以少量蒸馏水调成糊状，然后加 50mL 蒸馏水，搅匀，置于 50℃恒温水浴中保温 20min，使还原糖浸出。离心或过滤样品，用 20mL 蒸馏水清洗残渣，再次离心或过滤，将两次离心或过滤的上清液或滤液全部收集在 100mL 容量瓶中，用蒸馏水定容至相应刻度，混匀，作为还原糖待测液。

（2）样品中总糖的水解和提取。准确称取 1g 食用面粉，放在 100mL 三角瓶中，加入 10mL 6mol/L HCI 溶液及 15mL 蒸馏水，置于沸水浴中加热水解 30min。取 1～2 滴水解液于白瓷板上，加 1 滴碘-碘化钾溶液，检查水解是否完全。如果样品已水解完全，则不显蓝色。待三角瓶中的水解液冷却后，加入 1 滴酚酞指示剂，以 6mol/L NaOH 中和至微红色，过滤，再用少量蒸馏水冲洗三角瓶及滤纸，将滤液全部收集在 100mL 的容量瓶中，用蒸馏水定容至刻度，混匀。精确吸取 10mL 定容过的水解液，移入另一个 100mL 容量瓶中，以水稀释定容，混匀，作为总糖待测液。

（3）显色和比色。取 4 支 25mL 刻度试管，编号，按表 49-2 所示的量操作。

其余操作均与制作葡萄糖标准曲线时相同。

表 49-2　比色表

项目	还原糖测定试管号		总糖测定试管号	
	①	②	Ⅰ	Ⅱ
还原糖待测液/mL	2	2	0	0
总糖待测液/mL	0	0	1	1
蒸馏水/mL	0	0	1	1
3,5-二硝基水杨酸/mL	1.5	1.5	1.5	1.5

（三）实验结果处理

按刻度试管①、②的吸光度平均值和刻度试管Ⅰ、Ⅱ的吸光度平均值，分别在标准曲线上查出相应的还原糖毫克数。按下列公式计算出样品中还原糖和总糖的含量百分比。

$$\text{还原糖含量百分比}=\frac{\text{查曲线得还原糖质量（mg）}\times\dfrac{\text{提取液总体积}}{\text{测定时取用体积}}}{\text{样品质量（mg）}}\times 100$$

$$\text{总糖含量百分比}=\frac{\text{查曲线所得水解后还原糖质量（mg）}\times\text{稀释倍数}}{\text{样品质量（mg）}}\times 100$$

五、注意事项

测定样品含糖量时，使用标准曲线制作中的 0 号试管调零。

实验 50　血清蛋白的醋酸纤维薄膜电泳

一、实验目的

（1）掌握醋酸纤维薄膜电泳技术。

（2）了解醋酸纤维薄膜电泳技术的一般原理。

二、实验原理

醋酸纤维薄膜电泳是用醋酸纤维薄膜作为支持物的电泳方法。

醋酸纤维薄膜由二乙酸纤维素制成，具有均一的泡沫样结构，其厚度仅 120μm，有强渗透性，对分子移动无阻力，它作为区带电泳的支持物，有简便、快速、样品用量少、应用范围广、分离清晰、没有吸附现象等优点，已广泛用于血清蛋白、脂蛋白、血红蛋白，糖蛋白和同工酶的分离及免疫电泳。

三、实验用品

1. 主要器具

醋酸纤维薄膜（2cm×8cm）、常压电泳仪、点样器（市售或自制）、培养皿（染色及漂洗用）、粗滤纸、玻璃板、镊子、白瓷反应板等。

2. 主要药品

（1）巴比妥缓冲液（pH 为 8.6，离子强度为 0.07）：巴比妥 2.76g、巴比妥钠 15.45g，加水至 1 000mL。

（2）染液：含氨基黑 10B 0.25g、甲醇 50mL、乙酸 10mL、水 40mL。

（3）漂洗液：含甲醇或乙醇 45mL、乙酸 5mL、水 50mL。

（4）透明液：含无水乙醇 7 份、乙酸 3 份。

3. 主要材料

鸡或兔的血清。

四、实验方法

（一）浸泡

用镊子取醋酸纤维薄膜 1 张（识别出光泽面与无光泽面，并在角上用笔做记号）放在缓冲液中浸泡 20min。

（二）点样

把醋酸纤维薄膜从缓冲液中取出，剪取膜条，夹在两层粗滤纸内吸干多余的液体，然后平铺在玻璃板上（无光泽面朝上）。将点样器先在白瓷反应板上的血清中沾一下，再在膜条一端 2～3cm 处轻轻地水平落下并随即提起，在膜条上点上细条状的血清样品。

（三）电泳

在电泳槽内加入缓冲液，使两个电极槽内的液面等高，将膜条平悬于电泳槽支架的滤纸桥上（剪裁尺寸合适的滤纸条，取双层滤纸条附着在电泳槽的支架上，使它的一端与支架的前沿对齐，另一端浸入电极槽的缓冲液内。用缓冲液将滤纸全部润湿并驱除气泡，使粗滤纸紧贴在支架上，即滤纸桥，它是联系醋酸纤维薄膜和两极缓冲液的“桥梁”）。使膜条上点样的一端靠近负极，盖严电泳室，通电，调节电压至 160V，调节电流强度为 0.4～0.7mA/cm，设置电泳时间为 40min。

（四）染色

电泳完毕后将膜条取下并放在染液中浸泡 10min。

（五）漂洗

将膜条从染液中取出后移到漂洗液中漂洗数次，至无蛋白区底色脱净为止，可得色带清晰的电泳图谱。

定量测定时可将膜条用粗滤纸压平吸干，按区带分段剪开，分别浸在 0.4mol/L NaOH 溶液中 30min，并剪取相同大小的无色带膜条做空白对照，在 650nm 下进行比色。或者将干燥的电泳图谱膜条放入透明液中浸泡 2～3min，取出贴于洁净玻璃板上，待其干后即为透明的薄膜图谱，可用光密度计直接测定。

五、注意事项

（1）搭滤纸桥时，滤纸与支架之间不能有气泡。
（2）滤纸与醋酸纤维薄膜接触要严密。
（3）掌握好点样量。

实验 51　氨基酸分离鉴定——纸层析法

一、实验目的

学习纸层析法的基本原理及操作方法。

二、实验原理

纸层析法是用滤纸作为惰性支持物的分配层析法。层析溶剂由有机溶剂和水组成。物质被分离后在纸层析图谱上的位置用 R_f 值来表示，公式为

$$R_f = \frac{\text{原点到层析点中心的距离}}{\text{原点到溶剂前沿的距离}}$$

在一定条件下某种物质的 R_f 值是常数。R_f 值的大小与物质的结构、性质、溶剂系统、层析滤纸的质量和层析温度等因素有关。本实验利用纸层析法分离氨基酸。

三、实验用品

1. 主要器具

层析缸、毛细管、喷雾器、烧杯、培养皿、层析滤纸（新华一号）、铅笔、吹风机、烘箱等。

2. 主要药品

（1）扩展剂：4 份水饱和的正丁醇和 1 份乙酸的混合物。将 20mL 正丁醇和 5mL 乙酸放入分液漏斗中，与 15mL 水混合，充分振荡，静置后分层，放出下层水层。取漏斗

内的扩展剂约 5mL 置于小烧杯中做扩展剂，其余的倒入培养皿中备用。

（2）氨基酸溶液：0.5%的赖氨酸、脯氨酸、缬氨酸、苯丙氨酸、亮氨酸溶液及它们的混合液（各组分浓度均为 0.5%）各 5mL。

（3）显色剂：0.1%水合茚三酮正丁醇溶液。

四、实验方法

（1）将盛有扩展剂的小烧杯置于密闭的层析缸中。

（2）取一张层析滤纸（长 22cm，宽 14cm），在纸的一端距边缘 2～3cm 处用铅笔画一条直线，在此直线上每间隔 2cm 做一个记号。

（3）点样。用毛细管将氨基酸样品点在记号处，干后再点一次。每点在纸上扩散的直径最大不超过 3mm。

（4）扩展。用线将滤纸缝成筒状，使纸的两边不能接触。将盛有约 20mL 扩展剂的培养皿迅速置于密闭的层析缸中，并将滤纸直立于培养皿中（点样的一端在下，扩展剂的液面须低于点样线 1cm）。待溶剂上升 15～20cm 时取出滤纸，用铅笔描出溶剂前沿界线，待其自然干燥或用吹风机热风吹干。

（5）显色。用喷雾器均匀喷上 0.1%水合茚三酮正丁醇溶液，然后置于烘箱中烘烤（100℃，5min）或用热风吹干，即可显出各层析斑点。

（6）计算各种氨基酸的 R_f 值。

五、注意事项

（1）掌握好点样量。

（2）层析缸中扩展剂的液面须低于点样点。

实验 52　蛋白质含量测定——考马斯亮蓝 G-250 法

一、实验目的

（1）学习考马斯亮蓝 G-250 法测定蛋白质含量的原理。

（2）了解分光光度计的结构、原理。

（3）学习分光光度计在比色法中的应用方法。

二、实验原理

蛋白质是细胞中最重要的含氮生物大分子之一，承担着各种生物功能。蛋白质的定量分析是蛋白质构造分析的基础，也是农牧产品品质分析、食品营养价值比较、生化育种、临床诊断等的重要手段。根据蛋白质的理化性质，学者提出多种蛋白质定量方法。考马斯亮蓝 G-250 法是比色法与色素法相结合的复合方法，简便快捷，灵敏度高，稳定性好，是一种较好的常用蛋白质定量方法。考马斯亮蓝 G-250 是一种染料，在游离状态下呈红色，与蛋白质结合后变为青色。当蛋白质含量在 0～1 000μg 时，蛋白质的色素结合物在 595nm 下的吸光度与蛋白质含量成正比，因此可用比色法测定蛋白质含量。

三、实验用品

1. 主要器具

电子天平，10mL 具塞刻度试管 8 支，0.1mL、1mL、5mL 吸管各 1 个，研钵，漏斗，10mL 离心管，10mL 容量瓶，离心机，722 型分光光度计等。

2. 主要药品

（1）标准蛋白质溶液。称取 10mg 牛血清白蛋白，溶于蒸馏水并定容至 100mL，制成 100μg/mL 的原液。

（2）考马斯亮蓝 G-250 蛋白试剂。称取 100mg 考马斯亮蓝 G-250，溶于 50mL 90%乙醇中，加入 85%的磷酸 100mL，用蒸馏水定容到 1 000mL。此溶液在常温下可放置 1 个月。

3. 主要材料

绿豆芽。

四、实验方法

（一）标准曲线的制作

取 6 支具塞刻度试管，编号，按表 52-1 所示的用量加入试剂。

表 52-1　制作标准曲线的试剂用量

项目	试管号					
	1	2	3	4	5	6
蛋白质标准液/mL	0	0.2	0.4	0.6	0.8	1.0
蒸馏水/mL	1.0	0.8	0.6	0.4	0.2	0
考马斯亮蓝 G-250 试剂/mL	5	5	5	5	5	5
蛋白质含量/μg	0	20	40	60	80	100

盖上试管塞子，摇匀，放置 2min 后在 595nm 波长下比色测定（比色应在 1h 内完成）。以牛血清白蛋白含量（μg）为横坐标，以吸光度为纵坐标，绘出标准曲线。

（二）样品中蛋白质含量的测定

（1）准确称取 200mg 绿豆芽下胚轴，放入研钵中，加入 5mL 蒸馏水在冰浴中研成匀浆，离心（4 000r/min，10min），将上清液倒入 10mL 容量瓶，再向残渣中加入 2mL 蒸馏水，悬浮后再离心 10min，合并上清液，定容至刻度。

（2）另取 1 支具塞刻度试管，准确加入 0.1mL 样品提取液，再加入 0.9mL 蒸馏水、5mL 考马斯亮蓝 G-250 试剂，充分混合，放置 2min 后，以标准曲线 1 号试管做参照，在 595nm 波长下比色，记录吸光度。

（三）实验结果处理

根据所测样品提取液的吸光度，在标准曲线上查得相应的蛋白质含量（μg），按下列公式计算。

$$\text{样品蛋白质含量（μg/g鲜重）}=\frac{\text{查得的蛋白质含量（μg）}\times\text{提取液总体积（mL）}}{\text{样品鲜重（g）}\times\text{测定时取用提取液体积（mL）}}$$

五、注意事项

（1）比色应在反应出现蓝色 2min 至 1h 内完成。

（2）注意清洗比色杯，避免结果误差过大。

实验 53 透析实验——蛋白质透析

一、实验目的

学习透析的基本原理和操作方法。

二、实验原理

蛋白质是大分子物质，不能透过透析膜，而小分子物质可以自由透过透析膜。在分离提纯蛋白质的过程中，可利用透析的方法使蛋白质与其中夹杂的小分子物质分开。

三、实验用品

1. 主要器具

透析袋、玻璃纸或火胶棉、烧杯、玻璃棒、电磁搅拌器、试管、试管架等。

2. 主要药品

（1）蛋白质的 NaCl 溶液。将 3 个除去卵黄的鸡蛋蛋清与 700mL 水及 300mL 饱和 NaCl 溶液混合后，用数层干纱布过滤即成。

（2）10%硝酸溶液。

（3）1%硝酸银溶液。

（4）10%NaOH 溶液。

（5）1%$CuSO_4$ 溶液。

3. 材料

鸡蛋。

四、实验方法

（1）用蛋白质溶液做双缩脲反应。

（2）向玻璃纸或火胶棉制成的透析袋中装入 10～15mL 蛋白质溶液并放在盛有蒸馏水的烧杯中。

（3）约 1h 后，自烧杯中取水 1～2mL，加 10%硝酸溶液数滴，使其呈酸性，再加入 1%硝酸银溶液 1～2 滴，检查氯离子的存在。

（4）从烧杯中另取 1～2mL 水，做双缩脲反应，检查是否有蛋白质存在。

（5）不断更换烧杯中的蒸馏水（并用电磁搅拌器不断搅动蒸馏水）以加速透析过程。数小时后在烧杯的水中不再能检出氯离子。此时停止透析并检查透析袋内容物是否有蛋白质或氯离子存在（此时应能观察到透析袋中球蛋白沉淀的出现，这是因为球蛋白不溶于纯水的缘故）。

五、注意事项

（1）用玻璃纸自制透析袋时，应扎紧透析袋两端。

（2）定时更换透析液（蒸馏水）。

实验 54　聚丙烯酰胺凝胶垂直板电泳分离同工酶

一、实验目的

（1）学习聚丙烯酰胺凝胶电泳的原理。

（2）掌握聚丙烯酰胺凝胶垂直板电泳的操作技术。

（3）学习有关同工酶的知识。

二、实验原理

聚丙烯酰胺凝胶电泳（polyacrylamide gel electrophoresis，PAGE）因垂直板型具有板薄、易冷却、分辨率高、操作简单、便于比较与扫描等优点，而为大多数实验室所采用。本实验着重介绍聚丙烯酰胺凝胶电泳垂直板型的有关操作，其灌胶方式适用于 Disc-PAGE

（聚丙烯酰胺凝胶圆盘电泳），可进行连续与不连续电泳。不连续电泳系统由两种以上的缓冲液、不同 pH 及浓度的浓缩胶与分离胶组成，因此制备凝胶时，须分别制备分离胶及浓缩胶。连续电泳系统只有均一孔径的、同一浓度的凝胶，因此只须制备分离胶。连续电泳系统虽然无浓缩效应，但省时，更易操作，具有较好的分离效果，因此被广泛采用。1959 年，马克尔特（Markert）等用电泳方法将牛心肌提纯的乳酸脱氢酶（lactate dehydrogenase，LDH）结晶分离出 5 条区带，靠近阳极一端的称为 LDH_1，靠近阴极一端的称为 LDH_5；其余 3 种由阳极到阴极依次命名为 LDH_2、LDH_3 及 LDH_4。它们均具有 LDH 催化活性。马克尔特等首先提出了同工酶（isoenzyme）的概念。目前已知的 LDH 同工酶是由 H 亚基及 M 亚基按不同比例组成的四聚体，它们是 H_4（LDH_1）、H_3M（LDH_2）、H_2M_2（LDH_3）、HM_3（LDH_4）及 M_4（LDH_5），这些 LDH 同工酶广泛分布于动物的各种组织及微生物和植物中。心肌中以 LDH_1 含量最高，骨骼肌及肝中以 LDH_5 含量最高。

PMS 为甲硫吩嗪（phenazine methosulfate）的缩写，NBT 为氯化硝基四氮唑蓝（nitro blue tetrazolium chloride）的缩写，它们都是接受电子的染料。LDH 与底物染液在 37℃温浴中脱下的氢最后传递给 NBT，生成蓝紫色的 $NBTH_2$。此物不溶于水，有利于保存显色后的区带，但可溶于氯仿及 95%乙醇（9∶1）的混合液。因此，电泳后的显色区带可通过浸泡法浸出，于 560nm 波长下比色，也可用光吸收扫描仪扫描得出 LDH 同工酶的相对百分含量。

目前，LDH 及其同工酶检测已广泛用于临床，作为鉴别诊断某些疾病的依据。我们常用醋酸纤维素薄膜电泳、琼脂糖电泳及聚丙烯酰胺凝胶电泳分离 LDH 及其同工酶，这 3 种不同支持物电泳的染色原理完全相同，但灵敏度不同。因此，三者的正常值不完全相同。本实验用连续聚丙烯酰胺凝胶电泳法分离 LDH 及其同工酶。

三、实验用品

1. 主要器具

夹心式垂直板电泳槽、凝胶模（135mm×100mm×1.5mm）（北京六一仪器厂）、直流稳压电源（电压 300～600V，电流 50～100mA）、吸量管（1.5mL、10mL）、烧杯（25mL、50mL、100mL）、细长头的滴管、1mL 注射器及 6 号长针头、微量注射器（10μL 或 50μL）、水泵或油泵、真空干燥器、培养皿（直径为 120mm）、玻璃板（13cm×13cm）、玻璃纸 2 张（18cm×18cm）、滤纸等。

2. 主要药品

（1）制备分离胶、浓缩胶有关试剂。①凝胶缓冲液。称取 1mol/L HCl 48mL、Tris 36.6g、TEMED（*N*, *N′*, *N′*, *N′*-四甲基乙二胺）0.23mL，加重蒸馏水至 80mL 使其溶解，调 pH 为 8.9，然后加重蒸馏水定容至 100mL，置于棕色瓶中，在 4℃条件下贮存。②分离胶贮液。28%Acr-0.735%Bis 贮液：丙烯酰胺（Acr）28.0g，甲叉双丙烯酰胺（Bis）0.735g，加重蒸馏水使其溶解后定容至 100mL。过滤后置于棕色试剂瓶中，在 4℃条件下贮存，一

般可放置 1 个月左右。③分析纯过硫酸铵。称取过硫酸铵 0.14g 加重蒸馏水至 100mL，置于棕色试剂瓶中，在 4℃条件下贮存仅能用 1 周，应在使用当天配制。

上述 3 种试剂用于制备分离胶。

（2）Tris-甘氨酸电极缓冲液（pH 为 8.3）。称取 Tris 6.0g、甘氨酸 28.8g，加重蒸馏水至 900mL，调 pH 为 8.3 后，用重蒸馏水定容至 1 000mL，置于试剂瓶中，在 4℃条件下贮存，临用前稀释 10 倍。

（3）0.1%溴酚蓝指示剂。

（4）染液。配制 LDH 同工酶染色贮存液。①5mg/mL 氧化型辅酶 I 溶液：称取 50mg 辅酶 I，加蒸馏水 10mL，置于棕色试剂瓶中，在 4℃条件下可稳定贮存两周。②1mol/L 乳酸钠溶液：取 60%乳酸钠 9.25mL，加蒸馏水定容至 50mL，置于棕色试剂瓶中，在 4℃条件下贮存。③0.1mol/L NaCl 溶液：称 0.584g NaCl，加蒸馏水溶解并定容至 100mL。④1mg/mL PMS 溶液：称取 5mg PMS，加蒸馏水 5mL 使其溶解。⑤1mg/mL NBT 溶液：称取 20mg NBT，加蒸馏水 20mL 使其溶解。PMS 及 NBT 溶液遇光不稳定，因此应置于棕色试剂瓶中，在 4℃条件下贮存，若黄色溶液变绿，则不能应用，须重新配制。⑥0.5mol/L pH7.5 磷酸盐缓冲液或 Tris-HCl 缓冲液。

（5）脱色液。7%乙酸溶液。

（6）保存液。甘油 10mL，冰乙酸 7mL，加蒸馏水至 100mL。

（7）1%琼脂（糖）溶液。琼脂（糖）1g，加已稀释 10 倍的电极缓冲液，加热溶解，在 4℃条件下贮存，备用。

（8）组织匀浆缓冲液。0.01mol/L pH 为 6.5 的磷酸钾盐缓冲液。

3. 主要材料

鸡或兔 1 只。

四、实验方法

（一）安装夹心式垂直板电泳槽

夹心式垂直板电泳槽操作简单，不易渗漏。这种电泳槽两侧为有机玻璃制成的电极槽，2 个电极槽中间夹有 1 个凝胶模。该模由 1 个 U 形硅胶框、长与短玻璃板及样品槽模板（梳子）组成。电泳槽由上贮槽（白金电极在上或面对短玻璃板），下贮槽（白金电极在下或面对长玻璃板）和回纹状冷凝管组成。两个电极槽与凝胶模间靠贮槽螺钉固定。依下列顺序组装各部件。

（1）装上贮槽和固定螺丝销钉，仰放在桌面上。

（2）将长、短玻璃板分别插到 U 形硅胶框的凹形槽中。注意勿用手接触灌胶面的玻璃。

（3）将已插好玻璃板的凝胶模平放在上贮槽上，使短玻璃板面对上贮槽。

（4）将下贮槽的销孔对准已装好螺丝销钉的上贮槽，用双手以对角线的方式旋紧螺丝帽。

（5）竖直电泳槽，在长玻璃板下端与硅胶模框交界的缝隙内加入已熔化的 1%琼脂（糖），其目的是封住空隙，应避免凝固后的琼脂（糖）中有气泡。

（二）配胶

目前，聚丙烯酰胺凝胶电泳凝胶贮液有 30%Acr-0.8%Bis 及 28%Acr-0.735%Bis 两种，以它们为母液可配制不同浓度的分离胶（表 54-1）。

表 54-1　不同浓度分离胶及浓缩胶配制表

试剂名称		20mL PAA[①]终浓度/%			20mL PAA 终浓度/%		
		5.5	7.0	10.0	5.0	7.5	10.0
分离胶	（1）分离胶缓冲液 pH 为 8.9 的 Tris-HCl（TBMED）	2.50	2.50	2.50	2.50	2.50	2.50
	（2）凝胶贮液 A.28%Acr-0.735%Bis	3.93	5.00	7.14	—	—	—
	B.30%Acr-0.8%Bis	—	—	—	3.33	5.00	7.14
	重蒸馏水	3.57	2.50	0.36	4.17	2.50	0.83
	充分混匀后，置于真空干燥器中，抽气 10min						
	（3）0.14%过硫酸铵	10	10	10	10	10	10
浓缩胶	（4）浓缩胶缓冲液 pH 为 6.7 的 Tris-HCl（TEMED）	2.5%PAA 1			3.75%PAA 1		
	（5）浓缩胶贮液 10%Acr-2.5%Bis	2			3		
	（6）40%蔗糖	4			3		
	充分混匀后，置于真空干燥器中，抽气 10min						
	（7）0.14%过硫酸铵	1			1		

如果制备的凝胶浓度大于 10%，则提高过硫酸铵的浓度，以减少用量并相应增加凝胶贮液体积，最后以蒸馏水补足至 20mL。

（三）制备凝胶板

聚丙烯酰胺凝胶电泳有连续系统与不连续系统两种，其灌胶方式不完全相同，本实验以连续系统为例进行介绍。

本实验采用 28%Acr-0.735%Bis 凝胶贮液。从冰箱取出各种贮液，调节至室温后，按凝胶缓冲液∶凝胶贮存液∶水∶过硫酸铵=1∶2∶1∶4 配制 20mL 7.0%凝胶。前 3 种溶液混合在一个小烧杯内，将过硫酸铵单独置于另一个小烧杯。二者抽气后轻轻混匀，用细长头的滴管将分离胶溶液加到凝胶模长、短玻璃板间的狭缝内，当加至距短玻璃板上缘约 0.5cm 时，停止加胶，轻轻将样品槽模板插入。凝胶液在混合 15min 后开始聚合，0.5～1h 完成聚合作用。凝脉液聚合后，在样品槽模板梳齿下缘与凝胶界面间有折射率不同的透明带。看到透明带后继续放置 30min，再用双手取出样品槽模板，取时动作要轻，用力均匀，以防弄破加样凹槽。可用窄滤纸条轻轻吸去凹槽中残留液体，应保持加

① PAA（polyacrylic acid，聚丙烯酸）。

样槽凹面边缘平整。放掉上、下贮槽中的蒸馏水。在上、下两个电极槽倒入电极缓冲液，液面应没过短玻璃板上缘约 0.5cm。也可以先加电极缓冲液，然后拔出样品槽模板。

分离胶预电泳。虽然凝胶 90%以上聚合，但仍有一些残留物存在，特别是过硫酸铵可引起某些样品（如酶）钝化或人为效应，因此在正式电泳前，先用电泳方法除去凝胶残留物，这称为预电泳。是否进行预电泳取决于样品的性质。一般预电泳电流为 10mA，保持 60min 即可。

（四）加样

取 10～15μL 血清或组织匀浆，加等体积 40%蔗糖（内含少许 1%溴酚蓝）混匀后，用微量注射器吸取 20～30μL 样品，小心加到凹形样品槽内。

（五）电泳

加样后，打开电源，将电流调至 10mA，待样品进入分离胶后，改为 20～25mA，当溴酚蓝前沿距离硅胶框下缘 1～2cm 时，将电流调回“0”，关闭电源。

（六）染色、脱色与制干板

按表 54-2 的顺序，在临用前将有关试剂混合配制 25mL LDH 活性染液。

表 54-2　LDH 活性染液配制表

贮存液	辅酶 I	乳酸钠	NaCl	NBT	PMS	磷酸盐缓冲液
用量/mL	4.0	2.5	2.5	10.0	1.0	5.0

电泳结束后，取下凝胶模，剥下硅胶框，撬开玻璃板，在凝胶右下角切除一小角作为标记，小心取出凝胶板，将其放在盛有染液的培养皿中，置于 37℃水浴中保温 20～30min，待 LDH 同工酶呈现蓝紫色区带，即可用蒸馏水洗去染液，加入脱色液终止酶反应并使底色脱净，将凝胶板放在保存液中浸泡 2～3h。

按聚丙烯酰胺凝胶电泳法将凝胶板放置在两层玻璃纸中间，自然干燥制成干板。

扫描干板可得知 LDH 同工酶相对百分含量。各实验室聚丙烯酰胺凝胶电泳条件及扫描仪器灵敏度不同，因此正常人血清电泳后，LDH 同工酶相对百分含量的分布略有差异。有关数据如表 54-3 所示。

表 54-3　50 岁以上老人与健康成年人血清 LDH 同工酶相对百分含量分布表

数据来源	年龄范围	测定人数	LDH 同工酶相对百分含量分布/%				
			LDH_1	LDH_2	LDH_3	LDH_4	LDH_5
本实验室	50 岁以上老人	61	27.06±9.64	43.46±7.81	27.94±9.45	1.10±2.43	0
方丁等人	健康成年人	20	38.4±5.1	43.0±3.4	14.5±4.3	4.1±1.6	0

此外，人的精液经聚丙烯酰胺凝胶电泳酶活性染色，在 LDH_3 和 LDH_4 之间有另一条区带，称为 LDH*x*。

五、注意事项

聚丙烯酰胺有神经毒性，操作时应注意安全。

实验55 酶的特性

Ⅰ. 温度对酶活性的影响

一、实验目的

掌握温度对酶活性的影响规律。

二、实验原理

酶的催化作用受温度的影响。在最适温度下，酶的反应速度最大。大多数动物酶的最适温度为37～40℃，植物酶的最适温度为50～60℃。

酶在不同温度下的稳定性与其存在形式有关。有些酶的干燥制剂被加热到100℃，其活性并无明显改变，但在100℃的溶液中很快完全失去活性。

低温能降低或抑制酶的活性，但不能使酶失活。

三、实验用品

1. 主要器具

试管及试管架、恒温水浴锅、冰浴锅、沸水浴锅等。

2. 主要药品

（1）含0.2%淀粉的0.3% NaCl溶液（须新鲜配制）。

（2）碘-碘化钾溶液。将碘化钾20g及碘10g溶于100mL水中。在使用前将其稀释10倍。

3. 主要材料

稀释200倍的唾液。用蒸馏水漱口，以清除食物残渣，再含一口蒸馏水，30s后使其流入量筒并稀释200倍（稀释倍数可根据个人唾液淀粉酶活性进行调整），混匀备用。

四、实验方法

淀粉和可溶性淀粉遇碘呈蓝色。糊精按其分子的大小，遇碘可呈蓝色、紫色、暗褐色或红色。最简单的糊精遇碘不呈色，麦芽糖遇碘也不呈色。在不同温度下，可根据水

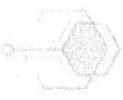

解混合物遇碘呈现的颜色来判断淀粉被唾液淀粉酶水解的程度。

取 3 支试管，编号，按表 55-1 所示的量加入试剂。

表 55-1　温度对酶活力的影响

材料	试管号		
	1	2	3
淀粉溶液/mL	1.5	1.5	1.5
稀释唾液/mL	1	1	—
煮沸过的稀释唾液/mL	—	—	1

摇匀后，将 1 号、3 号试管放入 37℃恒温水浴中，将 2 号试管放入冰水中，10min 后取出（将 2 号试管内溶液分为两半），用碘-碘化钾溶液检验 1 号、2 号、3 号试管内淀粉被唾液淀粉酶水解的程度，记录并解释结果。将 2 号试管剩下的一半溶液放入 37℃水浴中继续保温 10min，再用碘液实验，观察并记录实验结果。

Ⅱ．pH 对酶活性的影响

一、实验目的

掌握 pH 对酶活性的影响规律。

二、实验原理

酶的活性受环境 pH 的影响极为显著。不同酶的最适 pH 不同。本实验观察 pH 对唾液淀粉酶活性的影响，唾液淀粉酶的最适 pH 约为 6.8。

三、实验用品

1. 主要器具

试管及试管架、白瓷板、吸管、滴管、50mL 锥形瓶、恒温水浴锅等。

2. 主要药品

（1）新配制的溶于 0.3%NaCl 的 0.5%淀粉溶液。
（2）0.2mol/L Na_2HPO_4 溶液。
（3）0.1mol/L 柠檬酸溶液。
（4）碘-碘化钾溶液 50mL。
（5）pH 试纸（pH 为 5.0、pH 为 5.8、pH 为 6.8、pH 为 8.0 4 种）。

3. 主要材料

稀释 200 倍的新鲜唾液。

四、实验方法

取 4 个标有号码的 50mL 锥形瓶。用吸管按表 55-2 所示的用量添加 0.2mol/L Na_2HPO_4 溶液和 0.1mol/L 檬酸溶液，以制备 pH 为 5.0～8.0 的 4 种缓冲液。

表 55-2 特定 pH 缓冲液的配制

锥形瓶号码	0.2mol/L Na_2HPO_4/mL	0.1mol/L 柠檬酸/mL	pH
1	5.15	4.85	5.0
2	6.05	3.95	5.8
3	7.72	2.28	6.8
4	9.72	0.28	8.0

从 4 个锥形瓶中各取缓冲液 3mL，分别注入 4 支带有号码的试管中，在每支试管中添加 0.5%淀粉溶液 2mL 和稀释 200 倍的唾液 2mL。向各试管中加入稀释唾液的时间间隔为 1min。将各试管中物质混匀，并依次置于 37℃恒温水浴中保温。

待向 4 号管加入唾液 2min 后，每隔 1min 由 3 号管取出一滴混合液，置于白瓷板上，加 1 小滴碘-碘化钾溶液，检验淀粉的水解程度。待混合液变为棕黄色时，向所有试管依次添加 1～2 滴碘-碘化钾溶液。添加碘-碘化钾溶液的时间间隔从 1 号管起，均为 1min。

观察各试管中物质呈现的颜色，分析 pH 对唾液淀粉酶活性的影响。

Ⅲ. 唾液淀粉酶的活化和抑制

一、实验目的

掌握活化剂和抑制剂对酶活性的影响。

二、实验原理

酶的活性受活化剂或抑制剂的影响。氯离子为唾液淀粉酶的活化剂，铜离子为其抑制剂。

三、实验用品

1. 主要器具

恒温水浴锅、试管、试管架等。

2. 主要药品

（1）0.1%淀粉溶液。

（2）1% NaCl 溶液。

（3）1%$CuSO_4$溶液。

（4）1%Na_2SO_4溶液。

（5）碘-碘化钾溶液。

3. 材料

稀释 200 倍的新鲜唾液。

四、实验方法

取 4 支试管，编号，按表 55-3 所示的用量加入试剂。

表 55-3 酶的活化与抑制

试剂	试管号			
	1	2	3	4
0.1%淀粉溶液/mL	1.5	1.5	1.5	1.5
稀释唾液/mL	0.5	0.5	0.5	0.5
1%$CuSO_4$溶液/mL	0.5	—	—	—
1%NaCl 溶液/mL	—	0.5	—	—
1%Na_2SO_4溶液/mL	—	—	0.5	—
蒸馏水/mL	—	—	—	0.5
37℃恒温水浴，保温 10min* 碘-碘化钾溶液/滴	2～3	2～3	2～3	2～3
现象				

*可根据个人唾液淀粉酶活力调整保温时间。

解释结果，说明本实验 3 号试管的意义。

Ⅳ. 酶的专一性

一、实验目的

通过唾液淀粉酶和蔗糖酶的催化实验，掌握酶专一性的催化特点。

二、实验原理

酶具有高度的专一性。本实验以唾液淀粉酶对淀粉、蔗糖酶对蔗糖的作用为例，说明酶的专一性。

淀粉和蔗糖无还原性。唾液淀粉酶水解淀粉生成有还原性的麦芽糖，但不能催化蔗糖的水解。蔗糖酶水解蔗糖生成有还原性的葡萄糖和果糖，但不能催化淀粉的水解。用 Benedict 试剂检查糖的还原性。

三、实验用品

1. 主要器具

恒温水浴锅、沸水浴锅、试管、滤纸、试管架、乳钵、冰箱等。

2. 主要药品

（1）2%蔗糖溶液。

（2）溶于 0.3%NaCl 溶液的 1%淀粉溶液（须新鲜配制）。

（3）Benedict 试剂。取无水硫酸铜 17.4g 溶于 100mL 热水中，冷却后稀释至 150mL。取枸橼酸钠 173g、无水碳酸钠 100g 和 600mL 水共热，溶解后冷却并加水至 850mL，再加入冷却的 150mL $CuSO_4$ 溶液。本试剂可长久保存。

3. 主要材料

（1）稀释 200 倍的新鲜唾液。

（2）蔗糖酶溶液。将啤酒厂的鲜酵母用水洗涤 2～3 次（离心法），然后放在滤纸上自然干燥。取干酵母 100g，置于乳钵内，添加适量蒸馏水及少量细沙，用力研磨提取约 1h，再加蒸馏水使总体积变为原体积的 10 倍。离心，将上清液保存于冰箱中备用。

四、实验方法

（一）淀粉酶的专一性

取 6 支试管，编号，按表 55-4 所示的量加入试剂。

表 55-4　酶的专一性（一）

试剂	试管号					
	1	2	3	4	5	6
1%淀粉溶液/滴	4	—	4	—	4	—
2%蔗糖溶液/滴	—	4	—	4	—	4
稀释唾液/mL	—	—	1	1	—	—
煮沸过的稀释唾液/mL	—	—	—	—	1	1
蒸馏水/mL 37℃恒温水浴 15min	1	1	—	—	—	—
Benedict 试剂/mL 沸水浴 2～3min	1	1	1	1	1	1
现象						

解释实验结果。注意：唾液除含淀粉酶外，还含有少量麦芽糖酶。

（二）蔗糖酶的专一性

取 6 支试管，编号，按表 55-5 所示的量加入试剂。

表 55-5　酶的专一性（二）

试剂	试管号					
	1	2	3	4	5	6
1%淀粉溶液/滴	4	—	4	—	4	—
2%蔗糖溶液/滴	—	4	—	4	—	4
蔗糖酶溶液/mL	—	—	1	1	—	—
煮沸过的蔗糖酶溶液/mL	—	—	—	—	1	1
蒸馏水/mL 37℃恒温水浴 5min	1	1	—	—	—	—
Benedict 试剂/mL 沸水浴 2～3min	1	1	1	1	1	1
现象						

观察实验现象并解释实验结果。

五、注意事项

（1）掌握酶的灭活时间。
（2）掌握酶促反应时间。

实验 56　酵母 RNA 分离及组织成分鉴定

一、实验目的

学习 RNA 的提取方法，并掌握鉴定 RNA 组织成分的方法。

二、实验原理

酵母中 RNA 含量较多，RNA 可溶于碱性溶液。在碱提取液中加入酸性乙醇溶液，可以使解聚的 RNA 沉淀，得到 RNA 的粗制品。

RNA 含有核糖、嘌呤碱、嘧啶碱和磷酸等组织成分。加硫酸煮沸可使 RNA 水解，从水解液中可以测出上述组织成分的存在。

三、实验用品

1. 主要器具

乳钵、150mL 锥形瓶、恒温水浴锅、沸水浴锅、量筒、布氏漏斗、抽滤瓶、吸管、滴管、试管、试管架、烧杯、离心机、漏斗等。

2. 主要药品

（1）0.04mol/L NaOH 溶液。

（2）酸性乙醇溶液 500mL。将 0.3mL 浓 HCl 加入 30mL 乙醇中。

（3）95%乙醇。

（4）乙醚。

（5）1.5mol/L 硫酸溶液。

（6）浓氨水。

（7）0.1mol/L 硝酸银溶液。

（8）三氯化铁浓盐酸溶液 80mL。将 2mL 10%三氯化铁溶液（用 $FeCl_3 \cdot 6H_2O$ 配制）加到 400mL 浓 HCl 中。

（9）苔黑酚乙醇溶液 10mL。溶解 6g 苔黑酚于 100mL 95%乙醇中（可在冰箱中保存一个月）。

（10）定磷试剂。①17%硫酸溶液。将 17mL 浓硫酸（比重 1.84）缓缓加到 83mL 水中。②2.5%钼酸铵溶液。将 2.5g 钼酸铵溶于 100mL 水中。③10%抗坏血酸溶液。将 10g 抗坏血酸溶于 100mL 水中，贮于棕色试剂瓶中保存。抗坏血酸溶液呈淡黄色时可用，如果该溶液呈深黄或棕色，则说明溶液已失效，须纯化抗坏血酸溶液。

临用时将上述 3 种溶液与水按如下比例混合成定磷试剂。

17%硫酸溶液∶2.5%钼酸铵溶液∶10%抗坏血酸溶液∶水=1∶1∶1∶2（*V*/*V*，体积比）。

3. 主要材料

酵母粉。

四、实验方法

将 15g 酵母粉悬浮于 90mL 0.04mol/L NaOH 溶液中，并在乳钵中研磨均匀。将悬液转移至 150mL 锥形瓶中。在沸水浴上加热 30min 后，冷却。离心（3 000r/min）15min，将上清液缓缓倒入 30mL 酸性乙醇溶液中。注意一边搅拌一边缓缓倒入。待 RNA 沉淀完全后，离心（3 000r/min，3min）。弃去清液。用 95%乙醇洗涤沉淀两次，用乙醚洗涤沉淀一次后，再用乙醚将沉淀转移至布氏漏斗中抽滤。可在空气中干燥沉淀。

取 200mg 提取的核酸，加入 1.5mol/L 硫酸溶液 10mL，在沸水浴中加热 10min 制成水解液并进行组织成分的鉴定。

（1）嘌呤碱。取水解液 1mL 加入过量浓氨水，然后加入约 1mL 0.1mol/L 硝酸银溶液，观察有无嘌呤碱的银化合物絮状沉淀。

（2）核糖。取 1 支试管加入水解液 1mL、三氯化铁浓盐酸溶液 2mL 和苔黑酚乙醇溶液 0.2mL。放在沸水浴中 10min。注意观察溶液是否变成绿色，如果变成绿色，则说明溶液中存在核糖。

（3）磷酸。取 1 支试管，加入水解液 1mL 和定磷试剂 1mL，在水浴中加热，观察溶液是否变成蓝色，如果变成蓝色，则说明溶液中存在磷酸。

五、注意事项

（1）在乳钵中充分研磨酵母。

（2）向提取液中加入酸性乙醇溶液时，要一边搅拌一边缓缓倒入。

实验 57　维生素 C 定量测定

一、实验目的

（1）学习维生素 C 定量测定法的原理和方法。

（2）进一步熟悉、掌握微量滴定法的基本操作技术。

二、实验原理

测定维生素 C（抗坏血酸）的化学方法，一般根据维生素 C 的还原性进行测定。本实验利用维生素 C 的这一性质，使其与 2,6-二氯酚靛酚作用，其反应式如图 57-1 所示。

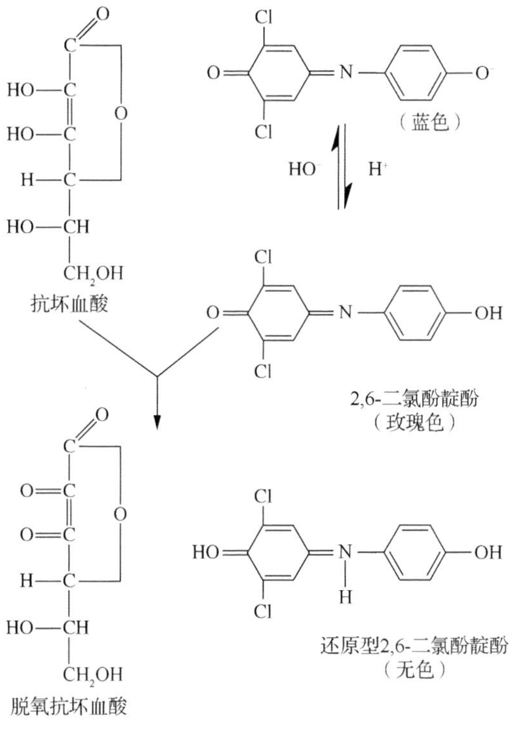

抗坏血酸

（蓝色）

2,6-二氯酚靛酚
（玫瑰色）

脱氧抗坏血酸

还原型2,6-二氯酚靛酚
（无色）

图 57-1　维生素 C 对 2,6-二氯酚靛酚的还原

2,6-二氯酚靛酚的水溶液呈蓝色，在酸性环境中呈玫瑰色，当其被还原时，则脱色。

根据上述反应，利用2,6-二氯酚靛酚在酸性环境中滴定含有维生素C的样品提取液。开始时，样品提取液中的维生素C立即将滴入的2,6-二氯酚靛酚还原脱色，当样品提取液中维生素C全部被氧化时，继续滴入的2,6-二氯酚靛酚不再被还原脱色，而呈玫瑰色。因此，当样品提取液用2,6-二氯酚靛酚标准液滴定，出现浅玫瑰色时，表明样品提取液中的维生素C全部被氧化，达到了滴定终点。此时，记录滴定所消耗的2,6-二氯酚靛酚标准液量，按下述公式计算出样品提取液中还原型维生素C的含量。

$$\text{维生素C含量（毫克数/100g 样品）}=\frac{(V_A-V_B)\times S\times 100}{W}$$

式中，V_A为滴定样品提取液所用的2,6-二氯酚靛酚的平均毫升数；V_B为滴空白对照所用的2,6-二氯酚靛酚的平均毫升数；S为1mL 2,6-二氯酚靛酚溶液相当于维生素C的毫克数；W为10mL样品提取液中含样品的克数。

三、实验用品

1. 主要器具

研钵、10mL吸量管、50mL容量瓶、50mL锥形瓶、5mL微量滴定管、漏斗、纱布、滤纸、电子天平、棕色瓶、冰箱等。

2. 主要药品

（1）10%盐酸溶液。

（2）2,6-二氯酚靛酚溶液。称取0.21g $NaHCO_3$、0.26g 2,6-二氯酚靛酚溶于250mL蒸馏水中，稀释至1 000mL。过滤，装入棕色瓶内，置于冰箱内保存，不得超过3d。使用前用新配制的标准维生素C溶液标定。取5mL标准维生素C溶液加入5mL偏磷酸-乙酸溶液。然后用2,6-二氯酚靛酚溶液滴定，以呈微玫瑰红色且持续15s不褪色为终点。计算2,6-二氯酚靛酚溶液的浓度，以每毫升2,6-二氯酚靛酚溶液相当于维生素C的毫克数来表示。

（3）标准维生素C溶液。准确称取纯维生素C结晶50mg溶于偏磷酸-乙酸溶液，定容到250mL。装入棕色瓶，贮于冰箱内。

（4）偏磷酸-乙酸溶液。称取偏磷酸15g，溶于40mL乙酸和450mL蒸馏水所配成的混合液中，过滤，贮于冰箱内，保存不得超过10d。

3. 主要材料

绿豆芽。

四、实验方法

制备含维生素C的样品提取液。

称取30g绿豆芽（37℃下发芽3～7d）置于研钵中研磨，放置片刻（约10min），用

两层纱布过滤，将滤液（如混浊可离心）滤入 50mL 容量瓶中。反复抽提 2～3 次，将滤液并入同一 50mL 容量瓶中。用酸化的蒸馏水定容，混匀，备用。

量取样品提取液 10mL 置于锥形瓶中。用 5mL 微量滴定管以 2,6-二氯酚靛酚溶液滴定样品提取液，以呈微弱的玫瑰色且持续 5s 不褪色为终点，记录所用 2,6-二氯酚靛酚的毫升数。整个滴定过程不要超过 2min。

另取 10mL 用 10% HCl 酸化的蒸馏水做空白对照滴定。样品提取液和空白对照各做 3 份，计算结果。

五、注意事项

（1）在滴定时样品提取液颜色变化后，须持续 5s，且整个滴定过程不要持续太长时间。

（2）维生素 C 具有很强的还原性，因此实验过程中应避免其氧化。

实验 58　吸附层析法分离叶子色素

一、实验目的

学习用吸附层析法分离叶子色素的基本原理和操作技术。

二、实验原理

吸附层析法利用吸附剂表面对溶液中的不同物质所具有的不同程度的吸附作用进行分离。

用适当的溶剂（如石油醚、甲醇、丙酮、苯等）可将绿叶中的色素（叶绿素 A、叶绿素 B、胡萝卜素、叶黄素）提取出来。提取液通过吸附柱能将其中的各种色素分开。常用蔗糖、碳酸钙、氧化铝等吸附剂制成吸附柱。

三、实验用品

（1）主要器具：抽滤瓶、乳钵、研杵、带托的玻璃棒、层析柱（玻璃管）20cm×1cm、漏斗、吸附柱、层析管等。

（2）主要药品：石油醚、甲醇、苯、无水硫酸钠、细粉状蔗糖、无水碳酸钙、氧化铝、海砂等。

（3）主要材料：40℃烘干的菠菜叶。

四、实验方法

（1）取烘干的菠菜叶 1g 置于乳钵中，加少许海砂研碎。

（2）将材料浸入含有 22.5mL 石油醚、2.5mL 苯和 7.5mL 甲醇的混合溶剂中，放置约 1h。

（3）过滤，将滤液置于分液漏斗中，加 5mL 水轻轻上下颠倒数次，然后弃去水层（其中溶有甲醇）。应避免激烈振荡，否则易形成乳浊液。

（4）将剩余的液体通过装有无水硫酸钠 5g 的漏斗过滤，以除去水分，即得到色素提取液。

（5）取层析柱 1 支（若用玻璃管，则可在其下端塞上 1 块棉花），将细粉状氧化铝装入柱中，每装入少许就用带托的玻璃棒压紧，装到 3cm 高为止，约用氧化铝 2g。用同样的方法再装入细粉状碳酸钙，高度为 5cm，约用 2.5g。然后用同样方法装入 7cm 高的细蔗糖粉末，约用 3.5g。最后在蔗糖上面放 1 块棉花。

（6）将做好的吸附柱装在抽滤瓶上。

（7）将石油醚和苯的混合液（4∶1）倒在管的上部，使其通过吸附柱缓慢抽滤。

（8）不等混合液渗干（在吸附柱上还保留一些混合液），将色素提取液倒在层析柱上端。

（9）使溶液通过吸附柱，并继续加入石油醚和苯的混合液（4∶1）洗脱，至能区分开柱上清晰的色带为止。

五、注意事项

装柱时要压紧并拌匀吸附剂。

实验 59　叶绿体色素性质和叶绿素含量测定

一、实验目的

（1）掌握叶绿体色素的性质。

（2）掌握叶绿素 A、叶绿素 B 含量测定的基本方法。

二、实验原理

叶绿体中含有绿色素（包括叶绿素 A 和叶绿素 B）和黄色素（包括胡萝卜素和叶黄素）两大类。它们与类囊体膜上的蛋白质相结合，成为色素蛋白复合体。这两类色素都不溶于水，而溶于有机溶剂，因此可用乙醇或丙酮等有机溶剂提取它们。

叶绿素是一种双羧酸-叶绿酸与甲醇、叶绿醇形成的复杂酯，因此可与碱起皂化反应而生成醇（甲醇和叶绿醇）和叶绿酸的盐。产生的盐能溶于水，可用此法将叶绿素与类胡萝卜素分开。叶绿素与类胡萝卜素都具有光学活性，表现出一定的吸收光谱，叶绿素吸收光量子而转变成激发态。激发态的叶绿素分子很不稳定，当它变回基态时可发射出红光量子，产生荧光。叶绿素的化学性质很不稳定，容易受强光的破坏，特别是叶绿素与蛋白质分离后，被破坏得更快，而类胡萝卜素则较稳定。叶绿素中的镁可以被 H^+ 取代而形成褐色的去镁叶绿素，后者遇铜则成为绿色的铜代叶绿素。铜代叶绿素很稳定，

在光下不易被破坏，因此常用此法制作绿色多汁植物的浸渍标本。

根据叶绿体色素提取液对可见光谱的吸收情况，可以利用分光光度计在某一特定波长测定其吸光度，用公式计算出叶绿体色素提取液中各色素的含量。根据朗伯-比尔定律，某有色溶液的吸光度 A 与其中溶质浓度 C 和液层厚度 L 成正比，即

$$A = \alpha CL$$

式中，α 为比例常数。

当溶液浓度以百分浓度为单位，液层厚度为 1cm 时，α 为该物质的吸光系数。各种有色物质溶液在不同波长下的吸光系数可通过测定已知浓度的纯物质在不同波长下的吸光度而求得。如果溶液中有数种吸光物质，则此混合液在某一波长下的总吸光度等于各组织成分在相应波长下吸光度的总和。这就是吸光度的加和性。如果要测定叶绿体色素混合提取液中叶绿素 A、叶绿素 B 和类胡萝卜素的含量，则只须测定该提取液在 3 个特定波长下的吸光度 A，并根据叶绿素 A、叶绿素 B 及类胡萝卜素在该波长下的吸光系数即可求出其浓度。在测定叶绿素 A、叶绿素 B 时，为了排除类胡萝卜素的干扰，所用单色光的波长应选择叶绿素在红光区的最大吸收峰。

三、实验用品

（1）主要器具：分光光度计、分析天平、电子天平、剪刀、研钵、三角漏斗、三角瓶、滴管、玻璃棒、分液漏斗、量筒、烧杯、试管、试管架、滤纸、酒精灯、容量瓶等。

（2）主要药品：乙醇或丙酮、碳酸钙粉、石英砂、浓 HCl、乙酸铜粉末、乙醚、KOH、甲醇。

（3）主要材料：菠菜或其他植物新鲜叶片。

四、实验方法

（一）叶绿体色素的提取

（1）取菠菜或其他植物新鲜叶片 4～5 片（2g 左右），洗净，擦干，去掉其中脉剪碎，放入研钵中。

（2）在研钵中加入少量石英砂及碳酸钙粉，加入 2～3mL 95%乙醇（纯丙酮），研磨至糊状，再加 10～15mL 95%乙醇（80%丙酮），提取 3～5min，将上清液过滤于三角瓶中，用 10mL 95%乙醇（80%丙酮）冲洗残渣，过滤于三角瓶中。

如果无新鲜叶片，则可用事先制好的叶干粉提取。取新鲜叶片（以菠菜叶为好），先用 105℃高温杀青，再在 80℃下烘干，研成粉末，密闭贮存。用时称取叶干粉 1g 放入小烧杯中，加入 95%乙醇 20～30mL 浸提，并随时搅动。待乙醇呈深绿色时，滤出浸提液备用。

（二）荧光现象的观察

取 1 支试管加入 5mL 叶绿体色素乙醇提取液，在直射光下观察溶液的透射光与反射光颜色的不同并解释原因。

（三）皂化作用

取色素丙酮提取液 10mL，加到盛有 20mL 乙醚的分液漏斗中，摇动分液漏斗，再沿试管壁慢慢加入 30mL 蒸馏水，轻轻混匀（勿激烈摇荡），于试管架上静置分层。待色素转到醚层时，弃去下层丙酮和水，静置片刻，用蒸馏水冲洗醚液 1～2 次，然后加入 5mL30% KOH-甲醇溶液（根据色素含量适当增减），用力摇动分液漏斗，静置 10min，再加蒸馏水 10mL，摇动静置。若溶液不分层，则用滴管吸取蒸馏水，沿管壁滴加，一边滴加一边摇动，直到溶液开始分层，静置。可以看到溶液逐渐分为两层：下层是稀的甲醇溶液，其中溶有皂化的叶绿素 A 和叶绿素 B；上层是乙醚溶液，其中溶有黄色的胡萝卜素和叶黄素。

（四）H^+和 Cu^{2+}对叶绿素分子中 Mg^{2+}的取代作用

（1）取两支试管，在第 1 支试管中加入叶绿体色素提取液 2mL，作为对照。在第 2 支试管中加入叶绿体色素提取液 2mL，再逐滴加入 5%HCl，摇匀，并观察溶液颜色变化。

（2）当溶液变褐色后，再加入少量乙酸铜粉末，微微加热，观察溶液颜色变化，并与对照试管相比较，解释其颜色变化原因。

（五）叶绿体色素 A 和叶绿素 B 含量的测定

（1）取新鲜植物叶片或其他绿色组织或干材料，擦净组织表面污物，剪碎（去掉叶片中脉），混匀。

（2）称取剪碎的新鲜样品 0.2g 放入研钵中，加入少量石英砂和碳酸钙粉及 5mL 纯丙酮，研成匀浆，再加入 80%丙酮 10mL，继续研磨至组织变白，静置 3～5min。

（3）取滤纸 1 张，置于漏斗中，用 80%丙酮湿润，沿玻璃棒把样品提取液倒入漏斗中，过滤到 25mL 棕色容量瓶中，用少量 80%丙酮冲洗研钵、研棒及残渣数次，将样品提取液连同残渣一起倒入漏斗中。

（4）用滴管吸取 80%丙酮，将滤纸上的叶绿体色素全部洗入容量瓶中，直至滤纸和残渣中无绿色为止，用 80%丙酮定容至 25mL，混匀。

（5）把叶绿体色素样品提取液倒入光径 1cm 的比色杯内。以 80%丙酮为空白，在波长 663nm、645nm 下测定吸光度。

（6）计算实验结果。将测定得到的吸光值代入下面的式子：$\mathrm{Ca}=12.7A_{663}-2.69A_{645}$；$\mathrm{Cb}=22.9A_{645}-4.68A_{663}$。可得到叶绿素 A 和叶绿素 B 的浓度（Ca、Cb：mg/L），二者之和为总叶绿素的浓度。根据下列公式可进一步求出植物组织中叶绿素的含量。

$$\text{叶绿素的含量（mg / g）}=\frac{\text{叶绿素的浓度}\times\text{样品提取液体积}\times\text{稀释倍数}}{\text{样品鲜重或干重}}$$

五、注意事项

（1）在色素提取过程中避免破坏色素。

（2）正确使用分光光度计。

第 5 部分
分子生物学与基因工程

实验 60　大肠杆菌质粒 DNA 提取

一、实验目的

（1）掌握采用碱裂解法提取大肠杆菌质粒 DNA 的原理和技术。

（2）掌握冷冻离心机和微量移液器的使用方法。

二、实验原理

碱裂解法是基于染色体 DNA 与质粒 DNA 的变性与复性的差异而使其分离的方法。在 pH 大于 12 的碱性条件下，染色体 DNA 因氢键断裂双螺旋结构解开而变性，质粒 DNA 的氢键也断裂，但其超螺旋共价闭合环状结构的两条互补链不会完全分离。当以 pH 为 5.2 的乙酸钾高盐缓冲液调节其 pH 至中性时，变性的质粒 DNA 恢复到原来的构型并被保存在溶液中，染色体 DNA 因不能复性而形成缠连的网状结构。经过离心，染色体 DNA 与不稳定的大分子 RNA 及蛋白质-SDS（sodium dodecyl sulfate，十二烷基硫酸钠）复合物等沉淀下来而被除去。

采用碱变性法抽提质粒 DNA 的方法主要用于载体构建、基因分离、目的片段亚克隆、重组体鉴定等分子操作。

三、实验用品

1. 主要器具

低温高速冷冻离心机、控温摇床、微量移液器、高压灭菌锅、电子天平、1.5mL 离心管、吸头等。

2. 主要药品

（1）溶液Ⅰ。取 50mmol/L 葡萄糖溶液、25mmol/L Tris-HCl 溶液（pH 为 8.0）、10mmol/L EDTA 溶液（pH 为 8.0），混合后高压灭菌，于 4℃条件下贮存。

（2）溶液Ⅱ。0.2mol/L NaOH 溶液、1%SDS 溶液，现用现配。

（3）溶液Ⅲ。5mol/L 乙酸钾溶液 60mL、冰乙酸 11.5mL、双蒸水 28.5mL。配制好的溶液Ⅲ中钾盐浓度为 3mol/L，乙酸根浓度为 5mol/L。

（4）50mg/mL 条件下氨苄西林。取 50mg 氨苄西林，溶于 1mL 灭菌蒸馏水中，过滤除菌，在−20℃条件下保存。

（5）10mg/mL RNA 酶（无 DNA 酶）。称取 100mg RNA 酶粉剂溶于 10mL 10mmol/L Tris-HCl（pH 为 7.5）、15mmol/L NaCl 缓冲液中，水浴煮沸 15min，缓慢冷却至室温，

分装后在-20℃条件下贮存备用。

（6）氯仿-异戊醇（24∶1）。

（7）Tris-EDTA 缓冲液（pH 为 8.0）：Tris-HCl 10mmol/L（pH 为 8.0），EDTA 1mmol/L（pH 为 8.0）。

（8）LB（Luria-Bertani）液体培养基。取蛋白胨 10g、酵母粉 5g、NaCl 10g，用 950mL 蒸馏水溶解，用 10mol/L NaOH 调 pH 至 7.0，定容至 1 000mL 后分装，高压灭菌。

3. 主要材料

含质粒 pUC19 的大肠杆菌菌种。

四、实验方法

（1）从 LB 平板上挑取单菌落，接种于 2mL 含 50μg/mL 氨苄西林的 LB 液体培养基中，在 37℃条件下以 220r/min 振荡培养过夜（至对数生长后期）。

（2）取 1.5mL 菌液移至 1.5mL 无菌离心管中，在 4℃条件下离心（10 000r/min，30s），弃去上清液，去残液。

（3）向离心管内加入 100μL 预冷的溶液Ⅰ，旋涡振荡，悬浮菌体，在室温条件下放置 5min。

（4）加入 200μL 新配制的溶液Ⅱ，迅速盖严离心管盖，轻轻颠倒（千万不要振荡）离心管 5 次，将离心管置于冰上 3～5min。

（5）加入 150μL 溶液Ⅲ，盖紧管口，颠倒离心管数次，置于冰上 3～5min。

（6）在 4℃条件下离心（12 000r/min，5min），将上清液转入 1.5mL 无菌离心管。

（7）加入等体积的氯仿-异戊醇（24∶1），颠倒离心管混匀，在 4℃条件下离心（12 000r/min，2min），将上清液转到另一支离心管中。

（8）加入等体积的氯仿-异戊醇（24∶1）抽提 1 次，在 4℃条件下离心（12 000r/min，2min），将上清液转到另一支离心管中。

（9）加入 2 倍体积无水乙醇，颠倒离心管混匀，于室温下放置 5～10min。

（10）离心（4℃，12 000r/min，2min），去上清液。

（11）用 50μL Tris-EDTA 缓冲液溶解质粒 DNA，加入 1μL 10mg/mL 无 DNA 酶的 RNA 酶，在 37℃条件下放置 30min，在-20℃条件下保存备用，或用去离子水直接溶解质粒 DNA 后，在-20℃条件下保存备用。

五、注意事项

（1）加入溶液Ⅱ后不要剧烈振荡。

（2）SDS 能抑制 RNA 酶的作用，因此在提取过程中必须把它去除干净，防止在下一步操作中受到其干扰。

实验 61　植物基因组 DNA 提取

一、实验目的

掌握 CTAB（cetyltrimethylammonium Bromide，十六烷基三甲基溴化铵）法提取植物总 DNA 的方法和基本原理。

二、实验原理

本实验在液氮冷冻条件下研磨植物叶片，破碎植物组织和细胞，利用离子型表面活性剂 CTAB 溶解细胞膜和核膜蛋白，使核蛋白解聚，从而使 DNA 游离出来。再加入氯仿使蛋白质变性，并使抽提液分相。因为核酸（DNA、RNA）水溶性很强，所以经离心后可从抽提缓冲液中除去细胞碎片和大部分蛋白质。在上清液中加入无水乙醇使 DNA 沉淀，既得植物总 DNA。

三、实验用品

1. 主要器具

恒温水浴锅、台式高速冷冻离心机、高压灭菌锅、恒温培养箱、研钵、电子天平、微量移液器、无菌 1.5mL 离心管、无菌吸头等。

2. 主要药品

（1）2×CTAB 抽提缓冲液。取 CTAB 4g、NaCl 16.364g、1mol/L Tris-HCl 缓冲液 20mL（pH 为 8.0）、0.5mol/L EDTA 缓冲液 8mL，先用 70mL 双蒸水溶解，再定容至 200mL 灭菌，冷却后加入 2%（*V*/*V*）β-巯基乙醇。

（2）氯仿-异戊醇（24∶1）。先加入 96mL 氯仿，再加入 4mL 异戊醇，摇匀即可。

（3）无水乙醇、乙酸钠、液氮。

（4）Tris-EDTA（含 RNase）缓冲液。1mol/L Tris-HCl 缓冲液（pH8.0）5mL，0.5mol/L EDTA（pH8.0）1mL，加约 400mL 双蒸水均匀混合。

3. 主要材料

小麦幼叶。

四、实验方法

（一）DNA 的提取

（1）取 1.5mL 离心管，加入 700μL 2×CTAB 抽提缓冲液，在 65℃水浴中预热。

（2）取少量叶片（约 1g）置于研钵中，用液氮迅速研磨至粉状。

（3）将研磨的粉末分装入预热后的 2×CTAB 抽提缓冲液中，剧烈振荡，混合均匀；置于 65℃水浴槽中，保温 30min，其间缓慢颠倒离心管数次。

（4）保温 30min 后取出离心管冷却至室温，加入等体积氯仿-异戊醇（24∶1），上下颠倒使两者混合均匀，离心（12 000r/min，10min），吸取上清液，转入另一支新的灭菌离心管中。

（5）在上清液中加入等量的氯仿-异戊醇（24∶1），上下颠倒使其混合均匀，离心（12 000r/min，5min）后，小心吸取上清液，转入另一支新的灭菌离心管中。

（6）加入两倍体积的无水乙醇和 1/10 体积的 5mol/L 乙酸钠，轻轻摇动使其混合均匀（可观察到 DNA 絮状物出现），置于−20℃条件下 1h 或−70℃条件下 20min。

（7）离心（12 000r/min，5min）后，立即倒掉液体，注意勿将白色 DNA 沉淀倒出，将离心管倒立于铺开的纸巾上；60s 后，加入 70%乙醇轻洗离心管，倒掉液体，于 37℃条件下干燥。

（8）加入 50μL Tris-EDTA（含 RNase）缓冲液，使 DNA 溶解，置于 37℃恒温培养箱中约 1.5h，使 RNA 消化；或加入 50μL 去离子水溶解 DNA，置于−20℃条件下保存备用。

（二）DNA 质量检测

采用琼脂糖凝胶电泳检测，其原理和方法见实验 62。

五、注意事项

（1）植物细胞匀浆含有多种酶类（尤其是氧化酶类），会对 DNA 的抽提产生不利的影响，因此在抽提缓冲液中须加入抗氧化剂或强还原剂（如 β-巯基乙醇），降低这些酶类的活性。在液氮中研磨材料易破碎，并会减弱研磨过程中各种酶类的作用。

（2）叶片磨得越细越好。此步骤直接关系到 DNA 的产率。

（3）要正确使用移液器，以免试剂用量的误差对实验结果产生较大影响。

（4）植物细胞中含有大量的 DNA 酶，因此，除在抽提液中加入 EDTA 缓冲液抑制酶的活性外，在第一步操作时应迅速，以免组织解冻，造成细胞裂解，释放出 DNA 酶，使 DNA 降解。

（5）尽量使用幼嫩的植物材料。

实验 62　琼脂糖凝胶电泳检测 DNA

一、实验目的

掌握琼脂糖凝胶电泳检测 DNA 的原理和方法。

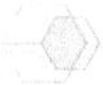

二、实验原理

琼脂糖凝胶电泳是一种以琼脂糖凝胶为介质，利用分子筛效应对 DNA 分子进行快速分离，纯化和鉴定 DNA 的手段，广泛应用于核酸研究中。DNA 在琼脂糖凝胶中的迁移率与凝胶浓度、DNA 分子大小、DNA 分子的构象及电泳电压密切相关。对 DNA 染色采用 GoldView 染料，该染料能同 DNA 结合，在紫外线照射下发出绿色荧光，荧光的强度同 DNA 的含量成正比。将已知分子量和浓度的标准样品做电泳对照，可估算出待测样品的分子量和浓度。

三、实验用品

1. 主要器具

电泳仪、微波炉、紫外检测仪、电泳槽、电子天平、量筒、烧杯、微量移液器、灭菌吸头、一次性手套、磁力搅拌器等。

2. 主要药品

（1）电泳缓冲液。50×TAE（tris acetate edta，乙酸三酯）：称取 242g Tris 溶于 600mL 的蒸馏水中，加入 57.1mL 冰乙酸；100mL 0.5mol/L EDTA 缓冲液（pH 为 8.0），加蒸馏水定容至 1L，电泳时使用 1×TAE。

（2）0.5mol/L EDTA（pH 为 8.0）溶液。称取 186.1g EDTA-$Na_2 \cdot 2H_2O$，加入 800mL 蒸馏水于磁力搅拌器上搅拌，加入 NaOH 调 pH 至 8.0 后，加蒸馏水定容至 1L。

（3）溴酚蓝指示剂。称取溴酚蓝 250mg，加入蒸馏水 80mL，溶解后，称取蔗糖 40g，加入溴酚蓝溶液中，加入蒸馏水定容至 100mL，贮存于 4℃条件下。

（4）GoldView 染料。

（5）琼脂糖。

3. 主要材料

质粒 DNA、小麦基因组 DNA。

四、实验方法

（1）制备 1%琼脂糖凝胶。称取琼脂糖 0.25g，溶解在 25mL 电泳缓冲液（1×TAE）中，置于微波炉中至琼脂糖融化均匀。

（2）灌胶。将电泳槽置于胶槽中，在琼脂糖凝胶中加入 GoldView 染料 1μL 摇匀。插好点样梳，将冷却到 60℃的融化好的琼脂糖凝胶轻轻倒入凝胶板中。

（3）待琼脂糖凝胶凝固后，轻轻取出点样梳，将凝胶板去掉。

（4）在电泳槽中加入电泳缓冲液，将凝胶板轻轻放入电泳槽中，使电泳缓冲液没过胶面 1cm。

（5）点样。取质粒 DNA、小麦基因组 DNA 各 8μL，加入 2μL 溴酚蓝指示剂混匀点样。记下点样次序和点样量。

（6）电泳。接上电极线，将点样侧接电泳仪的负极，采用 5V/cm 电泳使溴酚蓝到达胶面的 2/3。

（7）取出电泳槽凝胶板，将琼脂糖凝胶置于紫外检测仪下观察，记录结果。

五、注意事项

（1）DNA 在琼脂糖凝胶电泳中的电泳速率与琼脂糖凝胶的浓度、DNA 分子大小、DNA 分子构象及电泳电压有关。①琼脂糖凝胶浓度。根据待分离 DNA 的大小，选择凝胶中琼脂糖的含量（凝胶浓度）。②DNA 分子大小。线状双链 DNA 分子在一定浓度琼脂糖凝胶上电泳的迁移率与其分子量对数成反比。③DNA 分子的构象。当 DNA 分子呈不同的构象（如质粒）时，它在电场中移动的速率不仅与分子量有关，还与它本身的构象有关。相同分子量的线状、开环状和超螺旋在琼脂糖凝胶中移动的速率是不一样的。随着超螺旋程度降低，相应 DNA 的移动速率依次变慢，高度超螺旋的 DNA 移动速度最快，线状次之，最慢者为开环状双链 DNA。④电泳电压。在低压条件下，线状 DNA 在琼脂糖凝胶上电泳速率和电压成正比。随着电压升高，高分子量的 DNA 片段电泳速率和电压不再呈正比关系，其分辨率下降，因此为了得到良好的分离效果，电压不要超过 5V/cm。

（2）DNA 琼脂糖凝胶电泳图谱分析离不开紫外检测仪，但是紫外光对 DNA 有切割作用。从琼脂糖凝胶上回收 DNA 供重组用时，应避免紫外光切割 DNA，尽量缩短光照时间并采用长波长的紫外检测仪（300～360nm）。

（3）GoldView 染料有一定毒性，使用过程中一定要戴手套。

实验 63　核酸浓度及纯度测定

一、实验目的

掌握核酸浓度及纯度的测定方法。

二、实验原理

在分子生物学操作过程中，常常需要检测 DNA 及 RNA 的纯度及浓度，为分子操作及基因转化提供依据。例如，对 DNA 进行酶切、PCR（polymerase chain reaction，聚合酶链式反应）、测序等操作时，都需要对 DNA 进行定量。本实验主要介绍紫外光谱分析法，其原理是 DNA（RNA）分子在 260nm 处有特异的紫外吸收峰且吸收强度与样品中 DNA 或 RNA 的浓度成正比。

三、实验用品

（1）主要器具：分光光度计、比色杯、微量移液器、吸头等。

（2）主要药品：双蒸水等。

（3）主要材料：DNA（RNA）提取物。

四、实验方法

（1）紫外分光光度计开机自检 10～15min。

（2）取两个 4mL 的比色杯，在一个比色杯中装入 2mL 双蒸水作为空白溶液，用来校正分光光度计基线和零点。

（3）取 10μL DNA（RNA）待测样品加入另一个比色杯中，加入双蒸水至 2 000μL，用微量移液器混匀。

（4）将两个比色杯置于分光光度计中，测定待测样品液在 260nm、280nm、230nm 的 OD（optical density，光密度）值。

（5）计算核酸浓度。

双链 DNA OD260=1.0 时，溶液浓度为 50μg/mL，则

双链 DNA 样品浓度（μg/mL）=50×OD260×N（样品稀释倍数）

单链 DNA OD260=1.0 时，溶液浓度为 33μg/mL，则

单链 DNA 样品浓度（μg/mL）=33×OD260×N（样品稀释倍数）

单链 RNA OD260=1.0 时，溶液浓度为 40μg/mL，则

单链 RNA 样品浓度（μg/mL）=40×OD260×N（样品稀释倍数）

五、注意事项

（1）纯的 DNA 溶液，其 OD260/OD280 应为 1.8，OD260/OD230 应大于 2.0。如果 DNA 溶液的 OD260/OD280 大于 1.9，则表明溶液中有 RNA 污染；如果 DNA 溶液的 OD260/OD280 小于 1.6，则表明溶液中有蛋白质或酚污染；如果 DNA 溶液的 OD260/OD230 小于 2.0，则表明溶液中有残存的盐和小分子杂质，如核苷酸、氨基酸、酚等。

（2）纯的 RNA 溶液，其 OD260/OD280 应为 1.7～2.0，OD260/OD230 应大于 2.0。如果 RNA 溶液的 OD260/OD280 小于 1.7，则说明溶液中有蛋白或苯酚污染；如果 RNA 溶液的 OD260/OD280 大于 2.0，则说明溶液被异硫氰酸胍等污染；如果 RNA 溶液的 OD260/OD230 小于 2.0，则表明溶液有小分子及盐存在。

实验 64　大肠杆菌感受态细胞制备

一、实验目的

掌握 $CaCl_2$ 法制备大肠杆菌感受态细胞的原理和方法。

二、实验原理

（1）Ca^{2+}诱导的完整细胞转化适用于革兰氏阴性细菌（如大肠杆菌等），其原理是Ca^{2+}与细菌外膜磷脂在低温下形成液晶结构，后者经热脉冲发生收缩作用，使细胞膜出现空隙，从而易于吸收外源 DNA。细菌细胞此时的状态叫作感受态。

（2）刺激细菌使之成为感受态的方法很多，如 $CaCl_2$ 处理、电激法等。

三、实验用品

（1）主要器具：恒温培养箱、恒温振荡器、离心机、高压灭菌锅、超净工作台、培养皿、分光光度计、微量移液器、灭菌吸头、离心管等。

（2）主要药品：LB 液体培养基、灭菌的 0.1mol/L $CaCl_2$ 溶液、甘油、液氮等。

（3）主要材料：菌种（大肠杆菌 *E.coli* DH5α）。

四、实验方法

（1）从新活化的平板上挑取单一菌落，接种于 3～5mL LB 液体培养基中，在 37℃条件下振荡培养至对数生长期（12h 左右）。

（2）将该菌悬液以 1∶100～1∶50 转接于 100mL LB 液体培养基中，在 37℃条件下振荡扩大培养，当培养液开始出现混浊后，每隔 20～30min 测一次 OD600，至 OD600 为 0.3～0.5 时停止培养。

（3）将培养物转入冰预冷的 1.5mL 离心管中。

（4）在 4℃条件下，离心（2 000r/min，30s），弃去上清液，加入 1mL 冰冷的 0.1mol/L $CaCl_2$ 溶液，小心悬浮细胞，冰浴 30min。

（5）在 4℃条件下，离心（12 000r/min，30s），弃去上清液，加入 100μL 冰冷的 0.1mol/L $CaCl_2$ 溶液，小心悬浮细胞，在冰上放置片刻后，制成感受态细胞悬液。

（6）制备好的感受态细胞悬液可直接用于转化实验，如果在 4℃条件下放置 12～24h，其转化效率可以提高 4～6 倍。也可加入占总体积 15%左右的高压灭菌过的甘油，用液氮速冻后置于−70℃条件下，可保存半年至 1 年。

五、注意事项

（1）除离心操作外，整个过程均须无菌操作。

（2）$CaCl_2$ 药品的质量要高。

（3）菌液浓度要适当。

实验 65　DNA 重组

一、实验目的

掌握 DNA 重组的方法及重组载体转化大肠杆菌的操作技术。

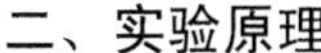

二、实验原理

将目的基因 DNA 和载体 DNA 用同一种限制性内切酶或能产生相同末端的同裂酶酶切，产生相同的黏性末端。在退火条件下，DNA 末端单链间碱基配对。利用 DNA 连接酶催化 DNA 中相邻的 3'-OH 和 5'磷酸基末端之间形成磷酸二酯键，共价连接成新的环状 DNA 分子，将重组质粒 DNA 转入受体细胞。

1. DNA 的连接方法

（1）黏性末端连接法（见上述实验原理）。

（2）同聚物末端接尾连接法。借助 DNA 末端转移酶的催化作用，在目的基因 DNA 的 3'-OH 末端加入同聚物尾 Poly（dC），在载体的 3'末端加入互补的同聚物尾 Poly（dG），利用碱基配对，将两片段用连接酶连接起来。

（3）平齐末端连接法。在高浓度 DNA（0.2μmol/L 以上），大酶量 T4 DNA 连接酶（5U/mL）条件下，可将两种平齐末端 DNA 直接在体外进行重组连接。这种方法的缺点是效率低，只有黏性末端连接法效率的 1%。

（4）人工接头连接法。利用平齐末端连接法，将人工合成的接头（含一种以上特异的限制性酶切位点的八核苷酸或十核苷酸顺序）加在外源 DNA 片段的两端，经特定的限制酶切割，再用黏性末端连接法将其插入载体 DNA 中。

2. DNA 连接酶

在大肠杆菌和动植物细胞中都发现了 DNA 连接酶。DNA 连接酶能使 DNA 中相邻的 3'-OH 和 5'磷酸基末端之间形成磷酸二酯键。大肠杆菌连接酶和 T4 噬菌体的连接酶（T4 连接酶）催化反应相似，但辅助因子不同，前者为辅酶 I，后者为 ATP。DNA 连接酶能封闭 DNA 双链中的缺口、RNA/DNA 杂种双链中的单链缺口，不能封闭 RNA 中的单链缺口。限制性内切酶造成的黏性末端区在结合时出现的缺口也可用 DNA 连接酶封闭。

3. 连接酶反应的温度和时间跨度

连接酶反应的最适温度是 37℃，但对于基因操作时的连接酶反应，不宜采用 37℃，因为在此温度下 DNA 黏性末端之间的氢键结合很不稳定。连接酶反应常用的温度及反应时间如下：12～15℃，16h（过夜）；7～9℃，36h 以上；4～5℃，1 周。

4. DNA 转化的过程

以 Ca^{2+}处理受体菌，使其在低温中与外来 DNA 分子相混合。DNA 分子转化的过程包括 4 步。

（1）吸附。完整的双链 DNA 分子吸附在受体菌的表面。
（2）转化。双链 DNA 分子解链，一条链入受体菌，另一条链降解。
（3）自稳。外源质粒 DNA 分子在细胞内复制成双链环状 DNA。
（4）表达。供体基因随同复制子同时被复制并被转录、翻译。

5. 重组子筛选方法

载体质粒 DNA 和转化受体菌有许多种，以载体质粒 DNA 为 pUC19、转化受体菌为 *E.coli* DH5α 菌株为例。载体上带有氨苄青霉素抗性基因（ampr）和 β-半乳糖苷酶基因（*lacZ*）片段，因此对重组子的筛选采用 AMP（adenosine monophosphate，酸腺苷）抗性筛选与 α-互补现象筛选相结合的方法。

载体 pUC19 上带有 *AMP* 基因而外源片段上不带该基因，因此转化受体菌后只有带有 pUC19 DNA 的转化子才能在含有 AMP 的 LB 平板上存活下来，而只带有自身环化的外源片段的转化子则不能存活。此为初步的抗性筛选。

pUC19 上带有 *lacZ* 基因的调控序列和 β-半乳糖苷酶 N 端 146 个氨基酸的编码序列。这个编码区中被插入了一个多克隆位点，但并没有破坏 *lacZ* 的阅读框架，不影响其正常功能。*E.coli* DH5α 菌株带有 β-半乳糖苷酶 C 端部分序列的编码信息。在各自独立的情况下，pUC19 和 *E.coli* DH5α 编码的 β-半乳糖苷酶的片段都没有酶活性。但在 pUC19 和 *E.coli* DH5α 融为一体时，可形成具有酶活性的蛋白质。这种 *lacZ* 基因缺失近操纵基因区段的突变体与带有完整的近操纵基因区段的 β-半乳糖苷酶阴性突变体之间实现互补的现象称为 α-互补。由 α-互补产生的 Lac^+细菌较易被识别，它在生色底物 X-gal（5-溴-4 氯-3-吲哚-β-D-半乳糖苷）存在下被 IPTG（Isopropyl-beta-D-thiogalactopyranoside，异丙基硫代-β-D-半乳糖苷）诱导形成蓝色菌落。当外源 DNA 片段插入 pUC19 质粒的多克隆位点后，会改变读码框架，使表达蛋白失活，使产生的氨基酸片段失去 α-互补能力。因此在同样条件下，含重组质粒的转化子在生色诱导培养基上形成白色菌落，这种现象称为 α-互补现象筛选或蓝白斑筛选。

三、实验用品

1. 主要器具

恒温培养箱、恒温振荡器、微量移液器，无菌吸头、高压灭菌锅、离心管、培养皿、三角头玻璃棒等。

2. 主要药品

（1）限制酶及相应的缓冲液、T4 DNA 连接酶及缓冲液。
（2）20mg/mL X-gal，溶于二甲基甲酰胺分装避光保存。

（3）200mg/mL IPTG，溶于水，经 0.22μm 滤膜过滤除菌分装，在−20℃条件下贮存。
（4）LB 液体培养基和固体培养基。

3. 主要材料

pUC19 载体 DNA、小麦基因组 DNA、感受态细胞 DH5α。

四、实验方法

（一）小麦基因组 DNA 及质粒载体的酶切

（1）在 A、B 两个 0.2mL 离心管中分别依次加入以下试剂（表 65-1）。

表 65-1　小麦基因组 DNA 及质粒载体的酶切

A 管		B 管	
试剂名称	试剂用量/μL	试剂名称	试剂用量/μL
双蒸水	12	双蒸水	10
10×buffer	2	10×buffer	2
小麦基因组 DNA（1μg/μL）	4	载体 DNA（1μg/μL）	6
Hind Ⅲ	1	Hind Ⅲ	1
EcoR Ⅰ	1	EcoR Ⅰ	1
总用量	20	总用量	20

（2）混匀瞬时离心。
（3）37℃保温 3h。
（4）65℃保温 10min，灭活限制酶。

（二）连接

（1）在 0.2mL 离心管中加入以下试剂：小麦基因组 DNA 的酶切片段（0.5μg/μL），4μL；载体 DNA（0.1μg/μL），4μL；10×连接酶缓冲液，1μL；T4 DNA 连接酶（1U/μL），1μL。合计 10μL。
（2）将试剂混匀瞬时离心。
（3）在 16℃条件下连接 2～3h。
（4）在−20℃条件下保存，也可直接用于转化。

（三）转化

（1）用无菌吸头取 100μL 感受态细胞置于预冷的 0.5mL 离心管中，取小麦基因组 DNA 与 pUC19 连接的产物 10μL 加到感受态细胞中，轻轻混匀（用手弹管壁几下），立即将其置于冰上 30min。
（2）将离心管放置于 42℃恒温水浴中，热激 90s。

（3）立即放回冰上 2min。

（4）加入 300μL 无附加抗生素的 LB 液体培养基，混匀，在 37℃条件下培养 45～60min。

（四）重组质粒的抗生素筛选及 α-互补筛选

（1）制备含 100μg/mL 氨苄西林的 LB 固体平板。

（2）取 200μL 菌液与 4μL IPTG 及 40μL X-gal（20mg/mL）混匀。

（3）用无菌吸头将混合液移至 LB 平板上，再用无菌三角头玻璃棒将菌液均匀涂满整个平板表面。

（4）将平板于 37℃正向放置至液体被吸收，然后倒置培养皿于 37℃条件下培养 12～16h，挑选白色菌落（含重组质粒）并进一步进行重组子鉴定。

五、注意事项

（1）本实验采用的连接方法是根据载体与目的片段的碱基顺序，用两种限制酶同时消化载体及切割目的基因。这两种限制酶不产生互补的黏性末端。这种方法可防止载体及目的片段的自连。避免因用同种限制酶切割载体及目的片段，而产生相同的黏性末端（称为相容），其连接效率高并具有方向性。这种不对称相容末端的连接为克隆目的基因的首选。

（2）酶活性通常用酶单位表示。酶单位的定义是：在最适反应条件下，以 1h 完全降解 1μg λDNA 的酶量为一个单位。但是许多实验室制备的 DNA 不像 λDNA 那样易于降解，需要适当增加酶的用量。

（3）市售内切酶一般浓度很大，为节约起见，可事先用酶反应缓冲液（1×）进行稀释。酶通常被保存在 50%的甘油中。实验时，应将反应液中的甘油控制在 1/10 之下，否则会影响酶的活性。

（4）限制性内切酶的星活性。一般来说，限制性内切酶存在严格的识别序列特异性要求，但某些条件改变会使其对识别序列特异性的要求放宽，在 DNA 内产生附加切割。限制性内切酶表现的这种活性称为星活性或第二活性。可以在限制性内切酶名称右上角加一个*，表示其星活性。

产生星活性的条件如下：①甘油浓度（75%）；②离子强度高；③pH 为 7.5～8.5；④有机溶剂 DMSO 1%～2%（*V/V*）；⑤二价阳离子 Mn^{2+}代替 Mg^{2+}；⑥酶与 DNA 的比例为 50U/μg。

为了防止星活性的出现，应在标准条件下进行限制性内切酶反应。

（5）影响限制性内切酶反应的因素。限制性内切酶能否有效、特异地切割 DNA，最关键的因素是底物 DNA 的纯度与物理特性。①DNA 纯度。内切酶产物直接受 DNA 底物纯度的影响。在 DNA 提取过程中，酚、氯仿、乙醇、EDTA、SDS、NaCl 均能干扰反应，有些甚至能改变反应的识别序列特异性，其处理办法是在内切酶反应前透析或用乙醇沉淀底物 DNA。②DNA 浓度。如果 DNA 浓度太稀，加样体积大，则其含有的 EDTA 会影响反应结果。③识别序列位点及与其邻接的特异性。限制性内切酶对 DNA 序列显示出高度特异性，因此，识别序列内核苷酸的甲基化或糖苷化都会影响内切酶反应，识别位点接近末端的程度也会影响内切酶反应，如 *E.coli* 要求识别序列末端至少有一个碱基存在才能被切割。

（6）转化时要设两个对照组：一个是只有感受态细胞而无外源 DNA 的负对照组，其在筛选培养基上不能生长，如果有菌落，则表明其被污染或抗生素失效；另一个是在感受态细胞中加入未进行连接的质粒 DNA 的正对照组，正对照培养皿中应有大量的蓝色菌落，如果无蓝色菌落出现，则表明感受态细胞不好。转化样品培养皿中的蓝色菌落是未发生重组的质粒空载体或载体自连体的转化菌，白色菌落是重组子转化菌。

（7）在转化 DNA 连接液与细胞混合后，一定要在冰浴条件下对其进行操作。

（8）DNA 连接液的盐浓度较高，因此在将其与细胞混合时要加以稀释，高盐浓度会影响转化率。可用 Tris-EDTA 缓冲液将连接产物稀释 4 倍后按 1∶20 比例与感受态细胞混合进行转化。

（9）外源 DNA 的大小和结构对转化效率有很大影响。一般来说，DNA 分子越小，转化效率越高；环形分子的转化效率比线形分子的转化效率高；共价闭环的超螺旋的质粒 DNA 分子比同种线形 DNA 分子的转化效率高上千倍。因此，在转化前要尽量保证重组 DNA 为完整的环形分子。

（10）转化的细菌细胞在对数生长期的转化能力最高，在对数生长期以后，其转化能力逐渐丧失。

实验 66　植物外植体制备

一、实验目的

（1）掌握将叶片作为外植体进行无性繁殖的方法。

（2）利用试验建立烟草组培快繁体系，为利用农杆菌的遗传转化来改良烟草品种和利用烟草细胞培养物进行烟碱等次生物质的生产奠定基础。

二、实验原理

以植物体中分离出来的器官组织为外植体，在人工培养基和激素诱导下，保证离体组织延续生长，产生愈伤组织。在一定的培养条件下，愈伤组织通过分化可以形成苗或根的分生组织甚至是胚状体，继而发育成完整的小植株。

三、实验用品

（1）主要器具：超净工作台、镊子、酒精灯、棉球、三角瓶、培养皿、解剖刀等。

（2）主要药品：MS 培养基各种母液、6-BA、NAA、IAA（吲哚乙酸）、蔗糖、琼脂、乙醇、升汞等。

（3）主要材料：烟草幼嫩叶片。

四、实验方法

（一）培养基的配制

（1）愈伤组织诱导培养基：MS+2,4-D1.0mg/L（单位下同）+NAA 2.0+KT0.5。

（2）愈伤组织分化培养基：MS+KT2.0+IAA0.5。

（3）幼芽增殖培养基：MS+6-BA1.0+NAA 0.2。

（4）生根培养基：MS+NAA0.2。

上述培养基均附加 3%蔗糖、0.6%琼脂，pH 为 5.8。

（二）接种

取烟草幼嫩叶片，用自来水充分洗净后，经 75%乙醇消毒 30s，用 0.1%升汞溶液浸泡 8min，用无菌水冲洗 5～6 次后，去掉叶片主叶脉和大的侧叶脉，将叶片切成 1.0～1.5cm^2 的小方块，接入愈伤组织诱导培养基中培养，接种时下表皮与培养基接触。培养温度为（25±2）℃，光照为 14h/d，光照强度为 2 000lx。每个三角瓶接种 3～5 个外植体。

（三）愈伤组织诱导

2～3d 后，叶片外植体卷曲、增厚、膨胀，15d 后外植体脱分化形成疏松絮状浅黄绿色的愈伤组织。

（四）愈伤组织的分化

将愈伤组织转接到愈伤组织分化培养基中。15d 后，叶片疏松愈伤组织上分化出许多浅黄绿色芽点。40d 后，叶片愈伤组织上分化出越来越多的幼芽。

（五）幼芽的增殖

将幼芽切下，转接至不加 2,4-D 的幼芽增殖培养基中，使其不断增殖，发育成绿色健壮的小苗。

（六）诱导生根及移栽

取 3～4cm 长的无根小苗接种于生根培养基中。7～8d 后，外植体基部产生白色幼根。

当小苗长至 5～6cm 高时，打开瓶口，在散射光下放置 2d 后取出，洗去根部残留培养基，种植于经过消毒的珍珠岩、泥炭土和菜园土等量混合的基质中，成活率可达 95%以上。

五、注意事项

（1）注意无菌操作。

（2）实验器具消毒后，要待其凉透再使用，以免烫伤外植体。

实验 67　工程菌制备

一、实验目的

掌握通过冻融法将中间载体质粒直接导入农杆菌的方法。

二、实验原理（参见实验 64）

三、实验用品

（1）主要器具：恒温培养箱、恒温振荡器、离心机、超净工作台、-70℃冰箱、移液器、离心管等。

（2）主要药品：20mmol/L $CaCl_2$ 100μg/mL 利福霉素、LB 液体培养基、甘油、液氮等。

（3）主要材料：根癌农杆菌（LBA4404）、中间表达载体质粒 DNA。

四、实验方法

（一）根癌农杆菌感受态细胞的制备

（1）挑取单菌落接种于 5mL 含 100μg/mL 利福霉素的 LB 液体培养基中，在 28℃、160～250r/min 条件下振荡培养过夜。

（2）取 2mL 菌液转入 50mL LB 液体培养基中，继续培养至 OD600 为 0.3～0.4。

（3）转入无菌离心管，冰浴 30min。

（4）离心（5 000r/min，5min），去上清液。

（5）加入 2mL 20mmol/L $CaCl_2$ 重悬菌体。

（6）可以马上使用制备好的感受态细胞，也可以按每管 200μL 将其分装于无菌试管中，于 4℃保存 48h 内使用；也可以每管加入 60μL 50%的无菌甘油混匀，在液氮中速冻后置于-70℃冰箱中保存，使用时从-70℃冰箱中取出，置于冰中融化后使用。

（二）转化

（1）取 1μg 纯化的质粒 DNA，加入 100μL 感受态细胞中混匀。

（2）冰浴 30min，转入液氮冷冻 5min，迅速置于 37℃水浴中温浴 5min。

（3）加入 800μL LB 液体培养基，在 28℃、250r/min 条件下预表达 4～5h。

（4）用移液器吸取 200μL 菌液均匀涂布于 LB 固体选择培养基（含有卡那霉素）表面。

（5）在 28℃条件下培养 1～2d，取单菌落用碱裂解法提取质粒，进行限制性酶切检测或 PCR 检测。

五、注意事项

要在低温下进行转化过程。

实验 68　农杆菌介导的植物遗传转化

一、实验目的

（1）了解几种植物转基因的方法。

（2）掌握利用农杆菌介导法进行植物遗传转化的基本原理和操作技术。

二、实验原理

农杆菌（包括根癌农杆菌和发根农杆菌）是普遍存在于土壤中的一种革兰氏阴性细菌，它能在自然条件下趋化性地感染大多数双子叶植物的受伤部位，并诱导其产生冠瘿瘤或发状根。农杆菌的细胞中有一段转移 DNA（Transter DNA，T-DNA）；农杆菌通过侵染植物伤口进入细胞后，可将 T-DNA 插入植物基因中。因此，农杆菌是一种天然的植物遗传转化体系。人们将目的基因插入经过改造的 T-DNA 区，借助农杆菌的感染实现外源基因向植物细胞的转移和整合，然后通过细胞和组织培养技术，再生出转基因植株。

三、实验用品

（1）主要器具：摇床、超净工作台、冰箱、移液枪、镊子、手术刀、酒精灯、棉球、打孔器、剪刀、培养皿、三角瓶、滤纸、牛皮纸、牙签等。

（2）主要药品：MS 培养基母液、LB 液体培养基、NaCl、酵母粉、蛋白胨、琼脂、蔗糖、卡那霉素、羧苄西林、6-BA、IAA 等。

（3）主要材料：烟草组培苗、含有目的基因的农杆菌 LBA4404。

四、实验方法

（一）受体材料预培养

将无菌烟草叶片剪成 0.5cm×0.5cm 的小块或用消毒后的 5mm 的打孔器从无菌苗叶

片上切除叶盘，将无菌胚轴、茎切成 0.8～1cm 长的切段，接种到 MS+6-BA1.0+NAA1.0+蔗糖 3%+琼脂 0.7%的培养基上预培养 2～3d，在材料切口刚刚开始膨大时即可进行侵染。

（二）农杆菌培养

（1）用灭菌的牙签从平板上挑取单菌落，接种到附加相应抗生素的 LB 液体培养基中，然后置于 28℃摇床上摇菌 16～17h（180r/min），培养至 OD600 为 0.6～0.8。

（2）取 OD600 为 0.6～0.8 的菌液，按 1%～2%的比例，转入不加激素的 MS 液体培养基中，可在与上一步相同的条件下培养 6h，OD600 为 0.2～0.5 时，即可用于转化。

（三）侵染

在超净工作台上，将菌液倒入无菌培养皿中。从三角瓶中取出预培养过的外植体，放入菌液中，浸泡 5min，取出外植体置于无菌滤纸上吸去附着的菌液。

（四）共培养

（1）将侵染过的外植体接种在愈伤组织诱导培养基（MS+IAA0.5+6−BA2.0+蔗糖 3%+琼脂 0.7%）中，在 28℃暗培养条件下共培养 2～4d。

（2）将经过共培养的外植体转移到加有 100mg/L 和 500mg/L 羧苄西林的愈伤组织诱导培养基（同上）中，在光照为 2 000lx、25℃条件下进行选择培养。

（五）继代选择培养

选择培养 2～3 周后，外植体将产生抗性愈伤组织。将这些抗性材料转入相应的选择培养基中进行继代扩繁培养。

（六）将愈伤组织转移到含有选择压的诱导培养基中

在诱导培养基（MS+KT2.0+IAA0.5+蔗糖 3%+琼脂 0.7%）中诱导生芽。

（七）生根培养

待外植体两周后分化出芽，从基部将芽切下，转至含有选择压的生根培养基（MS+IAA0.1+蔗糖 3%+琼脂 0.7%）中，诱导生根，将生根后的植株移入温室内栽培。

五、注意事项

（1）预培养时间不能太长。
（2）侵染时保证菌液的 OD 值在 0.5 左右。
（3）注意卡那霉素的选择压。

实验 69　转基因植物的 PCR 检测

一、实验目的

（1）了解转基因植株的常用检测方法。

（2）掌握 PCR 技术原理和操作技术。

二、实验原理

PCR 的原理与植物体内 DNA 复制的过程相似，是由 3 个基本反应组成的循环性过程。

（1）变性。将要扩增的双链 DNA 加热，使其解链成单链 DNA。

（2）退火。使温度下降，将寡聚核苷酸引物与要扩增的基因两侧 DNA 按碱基配对原则结合。

（3）延伸。在适当的缓冲液中，在 Mg^{2+}及 4 种 dNTP（deoxy-ribonucleoside triphosphate，脱氧核糖核苷三磷酸）存在下，DNA 聚合酶能忠实地按模板的碱基顺序合成互补链，即从寡聚核苷酸引物的 3'-OH 延伸，方向为 3'→5'，可合成二分子与模板顺序完全相同的 DNA。

变性、退火、延伸 3 步反应反复循环，每循环一次所生产的 DNA 都能成为下一次循环的模板。因此，在若干次循环后理论上将产生指数性扩增的 PCR 产物。

三、实验用品

（1）主要器具：PCR 扩增仪、电泳仪。

（2）主要药品：10×buffer、10×dNTP（各 2.5mmol/L）、Taq 酶。

（3）主要材料：①转基因烟草基因组 DNA；②FP（forward primer，正向引物）：5‘－AgCATCTAgAATCAACCATggCTCTCAAC－3’；③RP（reverse primer，反向引物）：5‘－CgACgAgCTCATATAAATTAgCAAgAgAgg－3’。

四、实验方法

（1）转基因烟草基因组 DNA 提取，具体方法参见实验 61。

（2）在 0.2mL PCR 管中建立 50μL（体积）的反应体系如下：双蒸水，37.5μL；10×buffer，5μL；10×dNTP（各 2.5mmol/L），4μL；引物 1（10pmol/μL，1mol=10^{12}pmol），1.0μL；引物 2（10pmol/μL），1.0μL；模板 DNA，1.0μL；Taq 酶 1U（2.5U/μL），0.5μL。合计，50.0μL。

上述反应体系依次进行如下操作。①轻轻混匀，瞬时离心，置于 PCR 扩增仪中，

盖上加热帽。②反应程序：在 95℃条件下预变性 1min 后，在 94℃条件下变性 30s，在 60℃条件下退火 30s，在 72℃条件下延伸 1min，30 个循环后于 72℃延伸 5min。③扩增产物的检测：取 10μL 的反应混合液，进行 1.0%的琼脂糖凝胶电泳，在胶上要有分子质量标准 DNA 样品（如 DL2 000）做参照。

五、注意事项

要盖紧 PCR 管盖，以免造成反应过程中反应液的挥发。

第 6 部分
生命活动指标的测定及其他

实验 70 神经–肌肉实验

一、实验目的

（1）学习并掌握坐骨神经-腓肠肌标本的制备方法、神经-肌肉实验的电刺激方法及肌肉收缩的记录方法。

（2）观察并了解刺激强度与肌肉收缩反应的关系及肌肉收缩的特征和复合收缩的条件。

（3）熟悉生物信号采集与分析系统的使用方法。

二、实验原理

（1）两栖类动物的离体或在体、毁大脑和脊髓组织器官可以在室温下，于一段时间内保持机能，因此常被用作生理学研究中的实验材料。坐骨神经-腓肠肌标本就是由从两栖类动物后肢取下的坐骨神经及其支配的腓肠肌制成的，可用于研究神经冲动和运动终板的传导与传递特性及肌肉收缩的机能，是研究神经-肌肉生理的最基本的实验材料之一。

（2）坐骨神经干由许多条神经纤维组成，这些神经纤维的兴奋性各不相同。使兴奋性最高的神经纤维发生兴奋所需要的刺激强度叫作阈刺激强度。处于阈刺激强度下的神经干支配的肌肉会出现阈收缩。随着刺激强度的增加，发生兴奋的神经纤维数目越来越多，使神经干中所有的神经纤维都发生兴奋的最低刺激强度叫作顶刺激强度。这时所有神经纤维所支配的肌肉出现最大收缩。此后即使再增加刺激强度，肌肉也不会出现更大的收缩。

（3）肌肉组织因一个阈上强度的刺激而发生一次迅速的收缩反应叫单收缩。将单收缩的过程记录下来，可得到一次单收缩的曲线。单收缩的过程可分为 3 个时期：潜伏期、收缩期和舒张期。

（4）给肌肉两个以上同等强度的阈上刺激时，若刺激间隔小于单收缩的过程，则收缩曲线将发生总和现象，称为复合收缩。当同等强度的连续阈上强度的刺激作用于肌肉时，会出现多个收缩反应的融合，称为强直收缩。如果后一个收缩发生在前一个收缩的舒张期，则称为不完全强直收缩，会出现持续的锯齿状收缩曲线。如果后一个收缩发生在前一个收缩的收缩期，则各自的收缩完全融合，使肌肉处于持续的收缩状态，称为完全强直收缩。

三、实验用品

（1）主要器具：常用手术器械（手术剪、手术镊、手术刀、金冠剪、眼科剪、眼科镊、探针、玻璃分针）、蛙板、蛙钉、大头钉、锌铜弓、滴瓶、滴管、脏物盘、BL-420N

生物信号采集与分析系统、张力换能器、刺激输出保护电极、万能支架、双凹夹、脱脂棉、粗棉线、打印机、打印纸等。

（2）主要药品：任氏液（6.5g NaCl、0.14g KCl、0.12g $CaCl_2$、0.20g $NaHCO_3$、0.01g NaH_2PO_4、2.0g 葡萄糖、加蒸馏水至 1 000mL。注意：$CaCl_2$ 须单独溶解）等。

（3）材料：蟾蜍（林蛙或牛蛙）。

四、实验方法

（一）制备坐骨神经-腓肠肌标本

（1）双毁髓材料。

（2）游离坐骨神经（股骨部分，穿线备用）。

（3）游离腓肠肌（在腓肠肌跟腱下穿线结扎，剪断肌腱，游离腓肠肌至腘窝处，用锌铜弓检验标本）。

（二）仪器的连接与标本放置

（1）将张力换能器输入导线连于信号输入面板 1 通道，并将换能器固定在万能支架上。

（2）在标本的股骨（接近腘窝）处用蛙钉将标本固定，将跟腱引线垂直系于（或通过鱼钩样大头钉垂直挂在）换能器悬梁臂的着力点上，调整肌肉，使其处于自然拉长状态（松紧适合）。

（3）将坐骨神经放在刺激输出保护电极的一端上，将电极的另一端插入刺激输出孔。

（三）计算机操作与实验观察项目

启动计算机，双击图标进入生物安全实验室（biosafety laboratory，BL）系统。

1. 刺激强度与肌肉收缩反应的关系

选择“实验模块”→“神经-肌肉”→“刺激强度与反应的关系”选项进行实验。

（1）刺激参数设置（参考）。起始刺激强度，5mV；刺激强度增量，10mV；刺激时间间隔（0.1s），30；刺激次数，100。

（2）实验方式：选择“程控”选项。

（3）量程或增益：100g。

（4）单击“开始”按钮进入开始实验状态。注意观察屏幕和肌肉的变化，可见波形从无到有、从小到大等不再增高的收缩幅度出现 3～4 个时，单击“停止”按钮结束实验，规范文件名后单击“保存”按钮保存。

2. 刺激频率与收缩反应之间的关系

选择“实验模块”→“肌肉神经实验”→“刺激频率与收缩反应的关系”选项。

（1）刺激参数设置。①单收缩：刺激频率，1；个数，3；延时，3。②不完全强直收缩：刺激频率，8；个数，15；延时，3。③完全强直收缩：刺激频率，25；个数，50；延时，3；刺激强度，1V；频率阶梯，2Hz。选择“经典实验”选项开始实验。

（2）实验方式：选择“程控”选项。

（3）量程或增益：100g。

（4）单击“开始”按钮进入开始实验状态。等单收缩、不完全强直收缩、完全强直收缩描记完时，单击“停止”按钮结束实验，规范文件名后单击“保存”按钮保存。

3. 骨骼肌单收缩的分析

选择“信号选择”→“确认 1 通道是张力”→“修改扫描速度：0.1s”选项，设置采样模式为“连续采样”，单击“开始”按钮开始实验。

（1）刺激参数设置：模式，细电压；方式，单刺激；延时，0.05ms；波宽，2.00ms；强度，1.00V；选择“非程控”选项。

（2）量程或增益：20g。

（3）启动刺激开关，等单收缩出现后，单击“停止”结束实验，规范文件名后单击“保存”按钮保存。

（四）结果处理与打印

（1）选择“打开”→“观察项目 1.”→“实验区”选项，用滚轮调节扫描速度（可根据当时的波形来处理）；选择“左侧单位数据区”选项，用滚轮调节波形高度，将波形向下拖拽，将波形与刺激标记拉近；合理框取所需图形，粘贴到 Word 文档，保存并退出；进行下一个文件的处理。

（2）依次处理“观察项目 2.”“观察项目 3.”。

（3）将 Word 文档里的图形整理编排后保存并打印。

五、注意事项

（1）破坏材料脑和脊髓要完全。

（2）制备标本或实验过程中，要不断滴加任氏液，以防干燥，切不可用自来水冲洗标本。

（3）操作过程中应避免牵拉、捏夹标本神经，不要让手或分泌物等接触神经和肌肉。

（4）刺激要间隔几秒。

（5）保存时起名要规范，如 192411+实验名称+日期，以便查找。

实验 71 神经干动作电位传导速度及不应期测定

一、实验目的

（1）学习神经干动作电位的记录方法。

（2）学习测定神经干兴奋传导速度的基本方法。

（3）学习测定不应期的方法并了解神经干兴奋后兴奋性的改变。

（4）探讨不同因素对神经干不应期、传导速度的影响。

二、实验原理

神经干在受到有效刺激后，可以产生动作电位，这标志着神经发生兴奋。如果在神经干一端引导传来兴奋冲动，则可以引导出动作电位。

神经在一次兴奋的过程中，其兴奋性依次经历绝对不应期、相对不应期、超常期和低常期 4 个时期后恢复正常。为了测定坐骨神经在一次兴奋后兴奋性的周期变化，我们首先要给神经施加一个条件刺激（S_1）引起神经兴奋，然后用一个测试性刺激（S_2），在前一个兴奋过程的不同时相给以刺激，以检查神经的兴奋阈值及其引起的动作电位的幅值，判定神经兴奋性的变化。当刺激间隔时间长于 25ms 时，S_1 和 S_2 所引起动作电位的幅值基本相同。当 S_2 距离 S_1 接近 20ms 时，S_2 所引起的第二个动作电位幅值开始缩小。若逐渐使 S_2 向 S_1 靠近，则第二个动作电位的幅值继续缩小，最后可因 S_2 落在第一个动作电位的绝对不应期内而完全消失。

测定神经纤维上兴奋的传导速度（v）时，在远离刺激点的不同距离处分别引导其动作电位，若两引导点之间的距离为 m，在两引导点分别引导出的动作电位的时相差为 s，则其传导速度 $v=m/s$。

三、实验用品

（1）主要器具：常用手术器械（手术剪、手术镊、手术刀、金冠剪或骨剪、眼科剪、眼科镊、探针、玻璃分针）、蛙板、蛙钉、滴瓶、滴管、脏物盘、BL 系统、刺激输出线、信号输入线 2 个、神经屏蔽盒、脱脂棉、粗棉线、打印机、打印纸、培养皿等。

（2）主要药品：任氏液、75%乙醇等。

（3）主要材料：蟾蜍（林蛙或牛蛙）。

四、实验方法

（一）制备坐骨神经干标本

（1）双毁髓。

（2）剥制后肢标本（剪除躯干上部及内脏，剥皮）。

（3）分离两后肢。剪掉尾干骨，切开耻骨联合，剪开两后肢相连的肌肉组织，纵向剪开脊柱。

（4）游离坐骨神经。固定标本，将坐骨神经从椎骨分离至腘窝处。如果是牛蛙，则尽量在神经的两端穿线结扎后在结扎外端剪断神经，提两侧 5cm 左右的预留结扎棉线头（防止牵拉神经）将神经放在盛有任氏液的培养皿中稳定 10min 备用；如果是蟾蜍或林蛙，则要进一步分离神经，在腓肠肌两侧找到胫神经和腓神经，游离至足踝，穿线结扎，以免神经长度不够用。

（二）连接仪器

将刺激电极接在屏蔽盒的左侧电极上（1、2 电极），将 1 通道的信号输入线黑色接地（3 电极），将其他连接线依次接在 4、5 电极上；将 2 通道的信号输入线黑色接地（3 电极），将其他依次接在 6、7 电极上。

（三）连接标本

将神经标本的中枢端放在刺激电极上，将神经标本的外周端放在记录电极上，盖上屏蔽盒的盖子。神经应与每个电极密切接触，但不可折叠。

（四）实验观察

（1）记录神经干的动作电位。依次选择 BL 系统功能区的实验模块→神经-肌肉实验→神经干动作电位引导选项，观察神经干的动作电位。

（2）传导速度的测定。依次选择 BL 系统功能区的实验模块→神经-肌肉实验→神经干兴奋传导速度测定选项。输入 4 电极与 5 电极之间的距离（一般选择 1cm），在波形显示视图读取传导速度的值。

（3）不应期的测定。依次选择 BL 系统功能区的实验模块→神经-肌肉实验→神经干兴奋不应期测定选项。当第二个动作电位刚消失时，在动作电位图的下方读取的刺激间隔时间即为不应期。

（4）将神经干标本浸泡在设定的一定浓度某药物的溶液中或将药物浸泡的棉球放在神经干标本上若干时间，然后同（2）、（3）方法测定其传导速度和不应期，观察影响程度。

（5）将神经干标本浸泡在新鲜任氏液若干时间（自己设计）后，再测其传导速度和不应期，观察恢复情况。

（6）观察、分析不同浓度的药物或生物制品对神经干传导速度和不应期的影响。

五、注意事项

（1）在制备标本或实验过程中，要不断滴加任氏液，以防标本干燥，切不可用自来水冲洗标本。

（2）在操作过程中，应避免牵拉、捏夹神经，不要让手或分泌物等接触神经。

（3）神经应与每个电极密切接触，保持直线连接，不可折叠。

（4）保存文件时起名要规范，如实验名称+192421+日期，以便查找。

实验72　血液实验

一、实验目的

（1）学习引起红细胞溶解的实验方法，观察红细胞的溶血现象。

（2）学习辨别血型的方法，观察红细胞凝集现象，掌握A、B、O血型鉴定的原理。

二、实验原理

（1）红细胞在高渗NaCl溶液中，会失去水分发生皱缩；在低渗NaCl溶液中，会因过多水分进入红细胞而膨胀甚至破裂，释出血红蛋白，这称为红细胞溶解。血液中的红细胞在低渗溶液中会发生溶血现象，这种性质叫作渗透脆性。红细胞对低渗溶液具有不同的抵抗力，即红细胞具有不同的渗透脆性。若红细胞对低渗溶液抵抗力小，则表示红细胞的渗透脆性大，如衰老的红细胞；若红细胞对低渗溶液抵抗力大，则表示红细胞的渗透脆性小，如刚生成的红细胞。将血液滴入不同浓度的低渗NaCl溶液中（即低渗溶液梯度），开始出现溶血现象的NaCl溶液浓度（刚能使部分红细胞破裂的最大溶液的浓度），为该血液红细胞的最小抵抗力，即最大渗透脆性值（家兔红细胞的最小抵抗力为0.40%～0.44% NaCl溶液）；出现完全溶血时的低渗NaCl溶液的浓度（刚能使全部红细胞破裂的最大溶液的浓度），则为该血液红细胞的最大抵抗力，即最小渗透脆性值（家兔红细胞最大抵抗力为0.32%～0.36% NaCl溶液）。通常以最小渗透脆性值表示家兔红细胞渗透脆性的大小。抵抗幅的计算公式为

抵抗幅=最大脆性值-最小脆性值

（2）人的红细胞中含有两种不同的凝集原，即凝集原A和凝集原B。凝集原是红细胞膜外表面存在的特异性抗原，即镶嵌于红细胞膜上的糖蛋白和糖脂。血清中含有两种不同的凝集素，即抗A（α）凝集素和抗B（β）凝集素。当凝集原A或凝集原B遇到相应的抗A凝集素或抗B凝集素时，会发生凝集作用（红细胞凝集成团）引起溶血。

根据红细胞内是否含凝集原A和凝集原B，可将人类的血型分为O、A、B、AB 4种血型，即以原定型。

临床上输血时必须考虑供血者与受血者的血型是否合适，否则会出现溶血性休克，严重时可危及生命。因此在输血前，须在体外进行配血实验。

根据已知的血清（抗 A、抗 B）来判断未知的血型。血液分别与抗 A、抗 B 血清接触，只有抗 A 处凝集的是 A 型血；只有抗 B 处凝集的是 B 型血；两处都凝集的是 AB 型血；两处都不凝集的是 O 型血。

三、实验用品

（1）主要器具：试管架、小试管 8 支、2mL 吸管 2 支、吸耳球 2 个、1mL 和 20mL 注射器及 6 号和 8 号针头各 1 个、50mL 小烧杯、家兔手术器械、双凹载玻片、采血器、采血针、牙签、酒精棉片（医用棉球）、蜡笔、脏物盘显微镜、彩笔等。

（2）主要药品：A 型及 B 型标准血清（抗 A、抗 B 血清）、生理盐水、75%乙醇、1% NaCl 溶液、蒸馏水等。

（3）主要材料：家兔、人的血液。

四、实验方法

（一）渗透脆性的测定

（1）取小试管 8 支，编号，按表 72-1 所示的量配制 8 种不同浓度的 NaCl 溶液。

表 72-1　0.25%～0.9% NaCl 溶液配制

项目	试管号							
	1	2	3	4	5	6	7	8
1% NaCl/mL	0.9	0.7	0.5	0.45	0.40	0.35	0.30	0.25
蒸馏水/mL	0.1	0.3	0.5	0.55	0.60	0.65	0.70	0.75
NaCl 浓度/%	0.9	0.7	0.5	0.45	0.40	0.35	0.30	0.25

（2）用干燥的注射器自动物体采血 1mL，立即将血液放入盛有适量抗凝剂（3.8%枸橼酸钠，血与抗凝剂的比例为 3∶1）的试管内，轻摇混匀后，在 8 个试管中各滴加 1 滴，并使血液与盐水混匀，在室温条件下放置 0.5～2h 后观察结果。滴血时持针角度应一致，使血滴靠近液面，保持血滴大小一致。动作要轻，将每支试管轻轻颠倒混匀，切勿用力振摇。

（3）观察出现的现象，并记录开始溶血和完全溶血的试管浓度，写出测定结果。①未溶血者，血细胞下沉，上液透明无红色。②部分溶血者，血细胞下沉，上液透明呈红色。③完全溶血者，无血细胞下沉，全管透明呈红色。

（二）血型鉴定

（1）先取 1 片双凹载玻片，在其两边分别滴 1 滴 A 型和 B 型标准血清（抗 A 和抗 B 血清）并用彩笔标明。

（2）用一次性采血针刺破皮肤，用牙签两头分别从出血点刮取少量血液，分别在载玻片的 A 型和 B 型血清中轻轻涂擦，使混合均匀。

（3）1～2min 后观察载玻片上的血液凝集情况。可对着灯光观察，也可在显微镜下观察，判断血型。如果血细胞太浓，则可滴 1 滴生理盐水进行稀释，与红细胞凝聚的物理现象区分开。

五、注意事项

（1）配制不同浓度的 NaCl 溶液时，应力求准确、无误。

（2）抽取静脉血液速度应缓慢。向试管中滴加血液时要靠近液面，使血滴轻轻滴入溶液中，避免人为造成红细胞破裂而出现溶血假象。

（3）为使各管加血量相同，在加血时持针角度应一致。

（4）吸不同标准血清的滴管及刮取血液的牙签，必须严格分开，不得互相污染或混淆使用。

（5）标准血清必须有足够凝集效价。须保持血清及血液新鲜，因为其被污染后可产生假凝集现象。冬季实验时须保持一定室温，避免因室温过低产生冷凝集现象而误认为红细胞凝集。

实验 73　心脏机能活动

一、实验目的

（1）学习暴露蛙类心脏的方法，熟悉心脏的结构。

（2）观察心脏各部分自动节律性活动的时相及频率。

（3）学习体蛙类心脏活动的描记方法。

（4）了解心肌兴奋性的变化及代偿间歇的发生机理。

二、实验原理

（1）两栖类动物的心脏为两心房、一心室，其心脏的起搏点是静脉窦。静脉窦的自动节律最高，心房次之，心室最低。在正常情况下，心脏的活动节律服从静脉窦的节律，其活动顺序为静脉窦、心房、心室。这种有节律的活动可以用机械方法或通过换能器记录下来，称为心搏曲线。

（2）心脏的收缩活动与心肌兴奋的产生、传导和恢复过程中的生物电变化是不同的两个生理过程。心脏的收缩活动可以通过心搏曲线记录下来，而心肌的生物电变化可以通过心电图表现出来。同时，记录心脏的机械活动与电活动，可以清楚地观察到两个生理过程之间的联系。

（3）心肌的机能特征之一是具有较长的有效不应期，包括整个收缩期和舒张早期。在心肌有效不应期给予任何刺激，心室都不发生反应。在心肌有效不应期外给予单个阈上刺激，心室会产生一次正常节律以外的收缩反应，称为期外收缩。当静脉窦传来的节律性兴奋恰好落在期外收缩的有效不应期内时，心室不发生反应，只有待静脉窦传来下一次兴奋，才能发生收缩反应。因此，在期外收缩之后，心脏会出现一个较长的间歇期，称为代偿间歇。

三、实验用品

（1）主要器具：BL-420N 生物信号采集与分析系统、张力换能器、刺激输出线、心电导联线或信号输入线、万能支架、铁棒、双凹夹、滴瓶与滴管、培养皿、常用手术器械（手术剪、手术镊、手术刀、金冠剪、眼科剪、眼科镊、探针、玻璃分针）、蛙板、蛙心夹、大头钉、漆包线或双电极、橡皮泥、脱脂棉、棉线、脏物盘、打印机、打印纸等。

（2）主要药品：任氏液。

（3）主要材料：蟾蜍（林蛙或牛蛙）。

四、实验方法

（一）蛙类心搏过程的观察

（1）暴露心脏。取蛙 1 只，双毁髓后将其背位固定于蛙板上。用左手持手术镊提起蛙胸骨后方（剑突位）的皮肤，用右手持手术剪剪开 1 个小口，然后将剪刀由开口处伸入皮下，向左、右两侧下颌角方向剪开皮肤。将蛙皮肤掀向头端，再用手术镊提起蛙胸骨后方的腹肌，在腹肌上剪 1 个口，将手术剪紧贴胸壁伸入胸腔（勿伤及心脏和血管），沿皮肤切口方向剪开胸壁，剪断左、右乌喙骨和锁骨，使创口呈 1 个倒三角形。用左手持眼科镊，提起蛙心包膜，用右手持眼科剪剪开心包膜，暴露心脏。

（2）观察心脏的结构。蛙的心脏包括心房、心室、动脉圆锥、左右主动脉、静脉窦、静脉（左右前腔静脉、左右肝静脉、后腔静脉、左右肺静脉）、窦房沟、房室沟。

（3）观察蛙的心搏过程并完成斯氏结扎记录表。观察静脉窦、心房、心室收缩的顺序和频率。在蛙主动脉干下方穿 1 条线，将心脏翻向头端，看准窦房沟，沿窦房沟做 1 个结扎，此结扎称为斯氏第一结扎。待蛙心房、心室恢复搏动后分别记录心脏各部分搏动频率。然后在房室交界处穿线，结扎房室沟，此结扎称为斯氏第二结扎。待蛙心室恢复搏动后分别记录心脏各部分搏动频率，将记录结果填入表 73-1。

表 73-1　斯氏结扎记录表

项目	频率/（次/min）		
	静脉窦	心房	心室
对照			
第一结扎			
第二结扎			

（二）蛙类心脏机械活动与电活动的关系

（1）另取一只蛙，暴露心脏。在舒张期用蛙心夹夹住蛙心尖部，将蛙心夹上的系线系到大头钉钩并挂到张力换能器上。用针头分别插入四肢远端内侧皮下，将导联线按规定与针头相连。具体规定如下：上肢，左黄、右红；下肢，左绿、右黑（接地）[I导联，右上（R）-左上（L）；II导联，右上（R）-左足（FL）；III导联，左上（L）-左足（FL）；右下（RF）均为接地]。

（2）启动计算机，进入 BL 系统。依次单击“信号选择”→“1 通道”→“心电”→“标 II：信号选择”→“2 通道”→“张力”选择实验，然后单击“开始”按钮开始实验。

设置心电图参数。调整量程使波形高度适中；调整扫描速度使波形宽度适中。

设置张力参数。调整量程使波形高度适中；调整扫描速度与心电图的一致，即同步扫描，同时描记心电曲线与心搏曲线。

右击，在弹出的快捷菜单中选择“比较显示”→“集中比较显示”选项，将两个信号放在同一个通道。仔细观察心电图的 P 波与心房收缩波、QRS 波群与心室收缩波在时间上有什么关系。

（3）出现正常心电图和心脏收缩波形后（显示一个屏幕），单击“停止”按钮结束实验，规范文件名后单击“保存”按钮保存。待做完实验后将观察到的结果整理打印，标上图标、图注，写清各种参数。

（三）蛙类心室的期外收缩与代偿间歇

（1）在实验方法（二）的基础上，取消心电图的描记，将张力换能器接到 1 通道上，并将双电极安放在心室外壁（可用两根铜漆包线替双电极），使之既不影响心搏又能与心室紧密接触，将刺激电极的另一端与刺激输出线相连。

（2）启动计算机，进入 BL 系统。依次单击“实验模块”→“循环”→“期前收缩—代偿间歇”，然后单击“开始”按钮开始实验，可观察到心室收缩波。单击刺激按钮前要满足两个条件：一是用鼠标上、下移动心室收缩波与横线交叉，二是单击实验区右侧小三角号使其三角箭头在心室收缩期向上、舒张期向下。调整好量程、扫描速度，使波形高度和宽度适中。

（3）分别在心室收缩期和舒张期的早、中、晚期给予标本单个刺激，观察心搏曲线有无变化。

（4）出现实验的预期结果后，单击“停止”按钮结束实验，规范文件名后单击“保存”按钮保存。待做完实验后将观察到的结果整理打印，标上图标、图注，写清各种参数。

五、注意事项

（1）剪蛙胸骨时，伸入胸腔的剪刀要紧贴胸壁，以免损伤心脏和血管。

（2）提起和剪开心包膜时要细心，避免损伤心脏。

实验 74　人体动脉血压测定、心音听诊及心电图描记

一、实验目的

（1）学习人体动脉血压的测定原理及方法，正确测定人体肱动脉的收缩压和舒张压。

（2）自行设计实验，观察某些因素对动脉血压的影响。

（3）初步掌握心音听诊的方法，分辨第一心音和第二心音。

（4）学习心电图机的使用方法和心电图波形的测量方法，了解人体正常心电图各波的波形及其生理意义。

二、实验原理

（1）动脉血压是指流动的血液对动脉血管壁的侧压力。在临床工作中，测定人体动脉血压常用袖带法。在正常情况下，血液在血管内流动时并没有声音，如果血管受压变窄而形成血液涡流，则血液流动会发出声音（血管音）。将血压计的袖带缚于上臂肱动脉处充气加压，当袖带内压力超过收缩压时，动脉血流被完全阻断，此时听不到血管音，也触不到桡动脉脉搏。然后放气降压，当袖带内压力略低于收缩压时，血液断续通过受压变窄的肱动脉，因形成涡流而发出声音。因此，刚能听到血液流动声音时，袖带内压力相当于收缩压。继续放气降压，随着袖带内压力的降低，通过肱动脉的血量越来越多，血流持续时间越来越长，血管音越来越强而清晰；当袖带内压力等于或稍低于舒张压时，血管内血流流动由断续变为连续，因失去了形成涡流的因素而使血管音突然降低或消失。因此，血管音突变时袖带内的压力相当于舒张压。

（2）心音是指由于心肌收缩、瓣膜启闭，血液以一定速度对心血管壁产生加压作用及形成的涡流等因素引起机械振动，通过传导在胸壁某些部位用听诊器听到的特定声音。在通常情况下，只能听到两个心音，即第一心音和第二心音。第一心音发生在心缩期，音调较低，响度强，持续时间较长；第二心音发生在心舒期，音调较高，响度较弱，持续时间较短。

（3）心电图是指心脏的电变化通过心脏周围组织和体液传到体表时，用置于体表一定部位的引导电极测记到的心电变化的波形。心电图反映的是心脏兴奋的产生、传导和恢复过程中的综合生物电变化，它与心脏的机械收缩活动无直接关系。心脏在收缩之前，首先发生电变化。心电变化由心脏的起搏点“窦房结”开始，经特殊传导系统最后到达心室肌，引起肌肉的收缩。正常心电图包括 P 波、QRS 波群和 T 波波形，它们的生理意义为：P 波代表心房去极化的过程；QRS 波群代表心室去极化的过程；T 波代表心室复极化的过程；P-R 间期代表兴奋由心房至心室之间的传导时间。

三、实验用品

（1）主要器具：血压计、听诊器、心电图机、广口瓶或医用瓷缸、酒精棉球、镊子、脏物盘等。

（2）主要药品：导电糊等。

（3）主要材料：人体。

四、实验方法

（一）人体血压的测定

（1）受试者静坐 5min，脱去一侧衣袖，将前臂平放于桌上，手掌向上，使上臂中段与心脏处于同一水平。

（2）松开血压计橡皮球上的螺丝帽，将袖带内空气完全放出后再将其旋紧，打开水银槽开关。

（3）将袖带缠于受试者上臂，将袖带下缘放在肘窝上 2cm 处，使袖带松紧适宜（以能插入两指为宜）。

（4）将听诊器的耳器塞入受试者外耳道内，在肘窝内侧触到受试者肱动脉搏动处后，将听诊器胸件放于其上。

（5）用右手持橡皮球，向袖带内打气加压，同时注意听诊血管声音变化，在声音消失后再加压 2.6kPa 左右。然后松开气球螺母，徐徐放气，以降低袖带内压，同时仔细听诊。当刚出现“嘣嘣”样血管音时，血压计上所示水银柱刻度即代表受试者收缩压。

（6）继续缓慢放气，可听到血管音由低到高，而后由高突然变低，最后完全消失。在声音由高突然变低这一瞬间，血压表上所示水银柱刻度即代表舒张压。

（二）测不同因素下的动脉血压（注明形式、量、时间等因素）

（1）不同运动、呼吸形式，不同温度、体位，不同情绪及思维状态等，对动脉血压的影响。

（2）烟、酒、饮料及某些气味对动脉血压的影响（表 74-1）。

表 74-1　××因素对动脉血压的影响

实验对象				正常血压（某因素前）/mmHg		××因素影响后的即刻血压/mmHg	
编号	姓名	性别	年龄	收缩压	舒张压	收缩压	舒张压

（三）人的心音听诊

（1）确定听诊部位。受试者安静端坐于检查者对面，露出胸部。检查者确定心音听诊各部位。

二尖瓣听诊区，左锁骨中线第五肋间稍内侧（即心尖搏动处）；三尖瓣听诊区，胸骨右缘第四肋间或剑突下；主动脉瓣听诊区，胸骨右缘第二肋间；主动脉瓣第二听诊区，胸骨左缘第三肋间；肺动脉瓣听诊区，胸骨左缘第二肋间。

（2）听心音。①检查者戴好听诊器，以右手拇指、食指和中指轻持听诊器胸件，置于受试者胸壁上述听诊部位进行听诊，可听到两个心音。②区分两心音。听心音的同时，检查者用手触诊心尖搏动或颈动脉搏动，与该搏动同时出现的心音为第一心音。另外，可根据心音音调、持续时间和时间间隔等分辨两心音。③比较不同部位两心音的强弱。

（四）人体心电图的描记

（1）受试者安静平卧，全身肌肉松弛。

（2）按要求将心电图机面板上各控制钮置于适当位置。在心电图机妥善接地后接通电源，预热 5min。

（3）安放电极。先用酒精棉球把准备安放电极的部位脱脂，再涂上导电糊，以减小皮肤电阻。电极应安放在肌肉较少的部位，一般两臂应在腕关节上方（屈侧）约 3cm 处，两腿应在小腿下段内踝上方约 3cm 处，即四肢、远端、内侧。勿使电极与皮肤紧密接触，以防干扰基线飘移。

（4）连接导联线。按所用心电图机的使用规定，正确连接导联线，一般以 5 种不同颜色的导联线插头与本体相应部位的电极连接：上肢，左黄（L）、右红（R）；下肢，左绿（F）、右黑（RF）；胸部白。常用胸部电极的位置有 6 个。

（5）调节基线。旋动基线调节钮，使基线位于适当位置。

（6）输入标准电压（用于调试仪器，一般不动）。打开输入开关，使热笔预热 10min 后，重复按动“1mV 定标电压”按钮，再调节灵敏度或增益旋钮，使标准方波上升边为 10mm。开动记录开关，记下标准电压曲线。

（7）记录心电图。按动开关按钮，依次自动记录Ⅰ、Ⅱ、Ⅲ、aVR、aVL、aVF、V1～V5 等导联的心电图。

（8）记录完毕，应解除电极，将其洗净擦干，以防腐蚀。

（9）将心电图机面板上的各控制钮转回原处，切断电源。

（10）取下记录纸，记下导联，受试者的姓名、年龄、性别及实验日期。

五、注意事项

（1）应保持室内安静，以利听诊。

（2）将听诊器胸件放在肱动脉搏动处时，动作不能太重或太轻，更不能压在袖带底下进行测量。

（3）袖带充气加压后放气时，速度不宜太快，也不宜太慢，一般以每秒下降 0.3kPa（约 2.25mmHg，1mmHg=133.322Pa）左右为宜。

（4）在短时间内不宜反复多次测量血压。通常连续测 2～3 次，每次间隔 2～3min。重复测量时，必须在袖带内压力下降到“0”后再注气。

（5）在使用血压计的过程中，开始充气时打开水银槽开关。使用完毕后应关上开关，以免水银溢出，同时将袖带内气体排尽，将袖带整齐地卷好后放入盒内，以免折断玻璃管。

（6）正确使用听诊器。听诊器耳端应与外耳道方向一致（向前）。不得交叉扭结听诊器胶管，勿使其与其他物品摩擦，以免产生杂音影响听诊。

（7）测心电图时，受试者应当静卧，全身肌肉放松。

（8）心电图机应接好地线。

（9）测量时，电极与皮肤接触要紧密。

实验 75 植物活细胞鉴定和植物组织渗透势测定——质壁分离法

一、实验目的

（1）观察植物组织在不同浓度溶液中细胞质壁分离的过程，了解植物发生质壁分离的条件。

（2）掌握植物组织渗透势测定的原理和方法。

二、实验原理

生长的植物细胞是一个渗透系统，活细胞的原生质及其表层具有选择透性。原生质层内部含有一个大液泡，它具有一定的溶质势。当细胞与外界高渗溶液接触时，细胞内的水分外渗，原生质随着液泡一起收缩而发生质壁分离。当细胞与清水或低渗溶液接触时，具有液泡的原生质又因吸水而发生质壁分离复原。

当植物组织细胞内的汁液与其周围的某种溶液处于渗透平衡状态，植物细胞的压力势为“0”时，细胞的渗透势等于该溶液的水势，这种溶液称为等渗溶液，该溶液的浓度称为等渗浓度。

当用一系列梯度浓度溶液观察细胞质壁分离现象时，细胞的等渗浓度将介于刚刚引起质壁分离的浓度和尚不能引起质壁分离的浓度之间。

对于细胞，在压力势为“0”时为初始质壁分离；对于组织，正好有半数细胞刚发生质壁分离时为初始质壁分离，因此要找出两个浓度——引起半数以上细胞发生质壁分离（原生质刚从细胞壁的角隅分离）的最低浓度和不引起质壁分离的最高浓度，取其平均值，以接近等渗浓度。

三、实验用品

（1）主要器具：显微镜、酒精灯、载玻片、盖玻片、镊子、解剖针、刀片、擦镜纸、滤纸、滴管、10mL 移液管、2mL 移液管、100mL 小烧杯、10mL 容量瓶、酒精温度计、青霉素小瓶等。

（2）主要药品：1mol/L 蔗糖溶液等。

（3）主要材料：洋葱鳞叶或鸭跖草叶。

四、实验方法

（一）质壁分离及其复原现象观察

（1）撕取 1 小片洋葱鳞叶的表皮，放在滴有 1～2 滴蒸馏水的载玻片上，盖上盖玻片，在显微镜下观察植物细胞的状态，并绘图表示细胞状态。

（2）在盖玻片的一端滴加 1～2 滴 1mol/L 的蔗糖溶液，同时在另一端用滤纸吸去水分，使植物材料浸入蔗糖中，在显微镜下连续观察细胞的变化，解释变化的原因，并绘图表示细胞此时的状态。

（3）按上述步骤，在盖玻片的一端滴加蒸馏水，使材料重新浸入蒸馏水中，观察细胞的变化，并解释变化的原因。

（4）另取洋葱鳞片内表皮 1 小块，放在有数滴蒸馏水的载玻片上，在酒精灯上小心加热 2～3min 或用乙醇浸泡将植物细胞杀死，冷却后在载玻片上滴加 1mol/L 蔗糖液，盖上盖玻片，置于显微镜下观察植物细胞是否有质壁分离现象出现，并解释原因。

（二）测定植物组织的渗透势

（1）配制溶液。将 1mol/L 蔗糖溶液稀释成 0.1mol/L、0.2mol/L、0.3mol/L、0.4mol/L、0.5mol/L、0.6mol/L、0.7mol/L、0.8mol/L 8 个梯度浓度的溶液各 10mL，分别取 4mL 放入对应的 8 个青霉素小瓶中。

（2）取材并浸入溶液中。从部位相近的洋葱鳞叶上撕取大小相近的外表皮，大小以 $0.5cm^2$ 为宜。吸去切片表面水分，迅速从高浓度开始分别投入蔗糖溶液中，使其完全浸入溶液，每瓶 2～3 片，浸入 5～10min。

（3）滴 1 滴相同浓度的蔗糖溶液在载玻片上，取出材料放在载玻片上，盖好盖玻片，在显微镜下观察、确定引起半数以上细胞发生质壁分离（即原生质刚从细胞壁的角隅分离）的最低浓度和不引起质壁分离的最高浓度，检查时须先从高浓度开始。

（4）用下列公式计算细胞液的渗透势（Ψs）：

$$\Psi s = -icRT$$

式中，ψs 为平均渗透势，以 Pa 表示；i 为解离系数，蔗糖的解离系数是 1；R 为气体常数，0.083×105L·Pa/mol·K；T 为热力学温度（即 273℃+t，t 为实验温度）；c 为等渗浓度（mol/L）。

五、注意事项

（1）溶液浓度配制要准确。

（2）表皮撕取要薄。

实验 76 植物组织水势测定——小液流法

一、实验目的

（1）掌握植物组织水势的测定方法。

（2）理解渗透系统中水势大小是水分移动方向的决定因素。

二、实验原理

水势是每偏摩尔体积水的化学势差，水分在渗透系统中总是由水势高处向水势低处移动。植物生活细胞是一个渗透系统，将植物细胞或组织放入溶液中时，水分将以水势差为动力在两者间流动，最终达到动态平衡。如果植物组织的水势小于外界溶液的水势，则植物细胞吸水，使外液浓度增大；反之，植物细胞失水，使外液浓度变小。若植物组织与外界溶液水势相同，则不改变外液的浓度，此时外液的水势等于植物组织的水势。我们可以利用外液的浓度不同、其比重也不同的原理来确定与植物组织水势相同的外液，根据公式$\Psi s = -ic\mathrm{R}T$计算植物组织的水势。

三、实验用品

（1）主要器具：滤纸、容量管或 10mL 量筒、试管、带盖青霉素小瓶、胶头细玻璃弯管、10mL 移液管、2mL 移液管、打孔器、橡皮塞和软木塞、试管架、酒精温度计、镊子等。

（2）主要药品：蔗糖、亚甲基蓝粉末等。

（3）主要材料：新鲜植物叶片或苹果果实。

四、实验方法

（一）外液的配制与渗透作用

（1）配制 0.1～0.8mol/L 8 个梯度的蔗糖溶液各 10mL，注入 8 支试管中，编号 1～8 并加上塞子，作为对照组。

（2）将 8 个青霉素小瓶编号 1～8，分别从对照组中相同编号的试管中取蔗糖溶液 4mL 注入各青霉素小瓶中，加上塞子作为实验组。

（3）用打孔器将植物材料打成大小相同（约 $0.5\mathrm{cm}^2$）的小片，在每瓶中投入相同片数（约占 1/4 溶液体积），塞好塞子，放置 30min。在此期间摇动小瓶数次。

（4）用针尖挑取少许亚甲基蓝粉末加入上述各青霉素瓶中，摇匀，此时溶液呈浅蓝色。

（二）等渗溶液的确定

（1）用胶头细玻璃弯管从各小瓶中依次吸取少量的浅蓝色溶液，并用吸水纸吸掉管外壁上的溶液，然后将弯管伸入相同编号的对照组试管液体高度中部，缓慢放出溶液

1 滴，观察蓝色液滴的移动方向。

（2）若有色液滴向上移动，则表明植物组织失水，使蔗糖溶液浓度降低、比重减小；若有色液滴向下移动，则表明植物组织吸水，使蔗糖溶液浓度升高、比重增大；若有色液滴静止不动，则表明蔗糖溶液与植物组织水势相等。记录该蔗糖溶液的浓度。

（三）结果计算

依据上述蔗糖溶液的浓度，按下列公式计算植物组织的水势。

$$\Psi_{W} = \Psi_{cell} = \Psi_{out} = icRT$$

式中，Ψ_W 为植物组织水势，以 Pa 表示；i 为解离系数，蔗糖的解离系数是 1；R 为气体常数，0.083×105L·Pa/mol·K；T 为热力学温度（即 273℃+t，t 为实验温度）；c 为等渗浓度（mol/L）。

五、注意事项

（1）溶液浓度配制准确。

（2）要缓慢放出溶液。

实验 77　植物呼吸强度测定——小篮子法

一、实验目的

掌握利用小篮子法测定呼吸强度的原理和方法。

二、实验原理

植物进行呼吸时放出 CO_2，计算一定的植物样品在单位时间内放出 CO_2 的量，即可知该样品的呼吸速率。对于植物呼吸放出的 CO_2，可用氢氧化钡溶液吸收。在实验结束后用已知浓度的草酸溶液滴定剩余的碱液，根据不同样品消耗草酸溶液之差可计算出呼吸过程中释放的 CO_2 的量。

三、实验用品

（1）主要器具：呼吸测定装置、尼龙网制小篮、电子天平、电磁炉、计时器、酸式滴定管、温度计、滴瓶、小烧杯、广口瓶、干燥管、橡皮塞等。

（2）主要药品：0.05mol/L 氢氧化钡、1/4 4mol/L 草酸、0.1%酚酞乙醇溶液等。

（3）主要材料：萌发的种子。

四、实验方法

（1）取 500mL 广口瓶 1 个，在瓶口用打有三孔的橡皮塞塞紧，从第 1 个孔插入 1 个盛碱石灰的干燥管，使呼吸过程中能进入无 CO_2 的空气，从第 2 个孔插入温度计，从

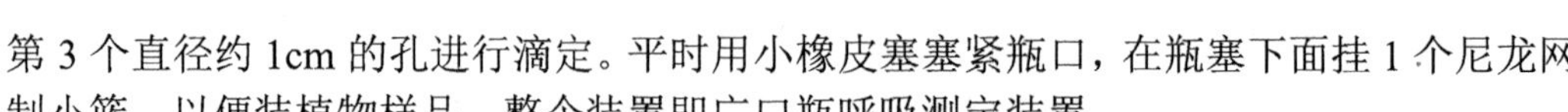

第 3 个直径约 1cm 的孔进行滴定。平时用小橡皮塞塞紧瓶口，在瓶塞下面挂 1 个尼龙网制小篮，以便装植物样品。整个装置即广口瓶呼吸测定装置。

（2）在广口瓶中加入 20mL 0.05mol/L 的氢氧化钡溶液并迅速盖盖，同时称取萌发种子 15g 2 份，分别装入小篮子中，1 份用沸水煮死，将 2 份种子同时挂于实验组和对照组的橡皮塞下，立即塞紧瓶塞，开始记录时间。其间轻轻摇动数次，使溶液表面的 $BaCO_3$ 薄膜被破坏，有利于种子充分吸收 CO_2，计时 1h，然后拔出小橡皮管塞，加入酚酞乙醇溶液 2 滴，把滴定管插入孔中，用 1/4 4mol/L 草酸溶液进行滴定，直到粉红色刚刚消失为止。

（3）计算结果。

$$呼吸速率[\mathrm{mgCO_2/g（FW）h}] = (A - B)\times 1/(W \times t)$$

式中，A 为煮死种子滴定用去的草酸量（mL）；B 为样品滴定用去的草酸量（mL）；W 为样品鲜重（g）；t 为测定时间（h）。1mL 1/4 4mol/L 的草酸相当于 1mg CO_2；FW 为鲜重（g）。

五、注意事项

（1）防止口中呼出的气体及空气中的 CO_2 浸入瓶内。

（2）确定滴定终点。

（3）在实验过程中实验组与对照组操作保持一致。

实验 78　植物光合速率测定——改良半叶法

一、实验目的

掌握改良半叶法测定光合速率的原理和方法。

二、实验原理

光合速率是测定植物光合作用强度的主要指标。

光合作用的总反应式：

$$CO_2+2H_2O \longrightarrow (CH_2O)+O_2+H_2O$$

光合速率原则上可以用任何一种反应物的消耗速度或生成物的产生速度来表示。植物体内水分含量较高，且植物随时都在吸水和失水，其水参与的生化反应很多，即体内水分含量经常变动，因此实际上不可能用水的含量变化来测定植物的光合速率。目前，测定植物光合速率的常用方法有改良半叶法、红外线 CO_2 分析法和氧电极法。以下介绍改良半叶法测定植物光合速率的方法。

同一叶片的中脉两侧，其内部结构、生理功能基本一致。将叶片一侧遮光或一部分取下置于暗处，将另一侧留在光下进行光合作用，过一定时间后，在叶片两侧的对应部位取同等面积，分别烘干称重。根据光照部分干重的增量可计算光合速率。

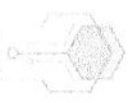

为了防止光合产物从叶片中输出，可对双子叶植物的叶柄采用环割，对单子叶植物的叶片基部采用开水烫，或用三氯乙酸（蛋白质沉淀剂）处理等方法来损伤韧皮部活细胞，而这些处理几乎不影响水和无机盐分向叶片的输送。

三、实验用品

（1）主要器具：剪刀、分析天平、称量皿（铝盒）、烘箱、刀片、金属（有机玻璃也可）模板（打孔器）、纱布、夹子、有盖搪瓷盘、锡纸、橡皮管或塑料管等。

（2）主要药品：三氯乙酸、石蜡等。

（3）主要材料：生长于田间的植株。

四、实验方法

（一）选择测定样品

可在晴天上午 8～9 时开始实验，预先在田间选定有代表性的叶片（如叶片在植株上的部位、年龄、受光条件等）10 片，挂牌编号。

（二）叶子基部处理

叶子基部处理的目的是破坏叶子输导系统的韧皮部。

（1）对于棉花等双子叶植物，可用刀片将其叶柄的外皮环割约 0.5cm 宽，切断韧皮部输导系统的运输。

（2）因为小麦、水稻等单子叶植物的韧皮部和木质部难以分开处理，所以可用刚在开水中浸过的纱布或棉花包裹的夹子将叶片基部烫伤一小段(一般用 90℃以上的开水烫 20s）以伤害韧皮部。也可用 110～120℃的石蜡烫伤韧皮部。为了使经烫后或环割等处理的叶片不影响叶片的自然生长角度，可用锡纸、橡皮管或塑料管包绕，使叶片保持原来的着生角度。

（三）剪取样品

叶片基部处理完毕后，即可剪取样品，记录时间，开始测定光合速率。一般按编号次序分别剪下对称叶片的一半（中脉不剪下)，并按编号顺序将叶片夹于湿润的纱布中，置于暗处 4～5h 后（对于光照好、叶片大的样品，可缩短处理时间)，再依次剪下另一半叶片，同样按编号夹于湿润纱布中。两次剪叶的次序与所花时间应保持一致，使各叶片经历相同的光照时数。

（四）称重比较

将各同号叶片的两半按对应部位叠在一起，在其无粗叶脉处放上已知面积（如棉花可用 1.5cm×2cm）的金属模板（或打孔器)，用刀片沿边切下两个叶块，置于两个分别标记为照光及暗中的称量皿中，在 80～90℃下烘至恒重(约 5h)，在分析天平上称重比较。

（五）光合作用强度计算

按照下列公式计算光合作用强度。

$$光合作用强度=\frac{干重增加总数（mg）}{切取叶面积总和（dm^2）\times 照光时数（h）}$$

光合作用强度单位为 mg（干物质）/（$dm^2 \cdot h$）。

由于叶内贮存的光合产物一般为蔗糖和淀粉等，将干物质重量乘系数 1.5，即得 CO_2 同化量，单位为 $mgCO_2/dm^2 \cdot h$。

实验 79　光合作用的条件、产物及环境因素对光合速率的影响

一、实验目的

掌握测定光合作用的条件、产物及影响因素的基本方法。

二、实验原理

绿色植物在光照下利用空气中 CO_2 和从土壤中吸收的水分制造有机物，并且放出氧气。缺少上述任何外界条件时，光合作用都不能进行，光合作用产生的有机物淀粉遇碘变蓝，可证明淀粉的产生，光合作用释放的氧气可通过收集气体能助燃得到证明。

三、实验用品

（1）主要器具：火柴、玻璃板、玻璃罩 2 个、培养皿、大玻璃缸、漏斗、水浴锅、1 000mL 烧杯、照度计、试管、刀片、小烧杯、电磁炉、打孔器、注射器、40W 日光灯、直尺等。

（2）主要药品：25% NaOH 溶液、0.1% $NaHCO_3$、95%乙醇、碘-碘化钾溶液等。

（3）主要材料：金鱼藻、绿色植物、火柴、盆栽天竺葵、凡士林。

四、实验方法

（1）绿色植物在光照下释放氧气。取一个大烧杯，内盛 0.1% $NaHCO_3$ 溶液至烧杯 3/4 处，水温在 20℃左右。用刀片将金鱼藻切成 8～10cm 长。把 6～8 个切枝放在大漏斗中，使切口向着漏斗的狭端，拿着切枝把漏斗翻转过来，使管部向上，置于盛有 0.1% $NaHCO_3$ 的大烧杯内。为使植物充分获得 $NaHCO_3$ 放出的 CO_2，漏斗不要紧贴杯底，取 1 支试管注满水，用手指堵住管口翻转于漏斗口上。将上述装置放在阳光下，随时测定水温，控制在 20℃左右，如果水的温度过高，则不断换入冷却的 0.1% $NaHCO_3$ 溶液以降温。在光照下，植物放出气泡。用试管将这些气体收集起来，当气体收集到试管的 3/4

时，用左手拇指在水中堵住试管口，立即将未完全熄灭的火柴放入试管口内上部，如果火柴复燃，则证明有氧气产生。

（2）绿叶在光照下吸收 CO_2 制造淀粉。取 6 株暗处饥饿过的盆栽天竺葵植物，将 3 株插入盛有水的小烧杯内，将小烧杯放在培养皿内，培养皿内盛有 25% NaOH 溶液。然后将培养皿放入玻璃罩内，在玻璃罩周围边缘涂凡士林，罩在玻璃板上，防止空气进入。将另外 3 株植物以同样的方式放入第 2 套装置内，所不同的是培养皿内不加 25% NaOH 溶液，而是加水。

装置安装完毕后，放在暗处 2～3h，待 CO_2 被 NaOH 吸收完毕，再将其移至光照下 2～3h，摘取叶片检查二者淀粉形成有何不同。

饥饿程度检验。取暗处理 2～3d 的植物叶片，将小烧杯放在 95%乙醇中加热煮沸，至叶片因叶绿素完全除去而呈白色，取出水洗，放在培养器中加少许碘-碘化钾溶液，如果无蓝色反应，则说明淀粉已耗尽。

（3）光合作用强弱的比较。利用真空渗入法排除叶肉细胞间隙的空气，充以水分使叶片沉于水中。在光合作用过程中植物吸收 CO_2 放出氧气，氧气因在水中溶解度很小而在细胞间积累，使下沉的叶片上浮。根据叶片上浮所需的时间长短，比较光合作用的强弱。①选取健壮、叶龄相似的成熟叶片，将叶片用直径 1cm 的打孔器避开叶脉，打下圆片 20 片置于盛水的注射器中，排除空气后，用手指堵住注射器前端孔，把活塞用力向后拉，即可造成减压逐出叶肉组织中的空气，放开手指，水即进入组织中。如此重复多次，待整个叶圆片因全部充满水而下沉后，连同水倒入小烧杯中，放在黑暗处备用。②分别取 10 片叶片放入两个小烧杯中，加水 20mL。③将两个小烧杯分别置于距 40W 日光灯 5cm、40cm 处，并用照度计测出该处光强，记录一段时间内上浮的叶圆片数或各烧杯中每一片叶圆片上浮所需的时间，计算各叶圆片上浮所需的平均时间，比较光合作用的强弱。

（4）环境因素对光合作用的影响。在上述实验的基础上，自行测定温度、光照强度及 CO_2 浓度等因素对光合作用强度的影响。

五、注意事项

注意材料是否饥饿完全。

实验 80　植物细胞大小与物质运输的关系

一、实验目的

通过研究细胞的大小，即细胞表面积与体积之比与物质运输效率的关系，探索细胞不能无限长大的原因。

二、实验原理

在相同的时间内，物质扩散进细胞的体积与细胞的总体积比可反映细胞运输的效率。

三、实验用品

（1）主要器具：格尺、塑料刀、电磁炉、分析天平、光照培养箱、滤纸、烧杯、纸巾等。

（2）主要药品：酚酞、0.1% NaOH 溶液、琼脂等。

四、实验方法

（1）制含酚酞的琼脂块。

（2）用塑料刀将琼脂块分别切成 $3cm^3$、$2cm^3$、$1cm^3$ 的 3 种立方体。

（3）将 3 个琼脂块放在烧杯中，放入 NaOH 溶液，将琼脂块淹没，一段时间后戴上塑料手套不时翻动琼脂块。

（4）戴上手套，将琼脂块取出，用纸巾吸干其表面液体，切成两半，观察切面，测量每一个琼指块上变粉渗入的深度（表 80-1）。

表 80-1　细胞大小与物质运输

琼脂块边长/cm	表面积/cm^2	体积/cm^3	表面积/体积	NaOH 扩散深度/cm	扩散体积/总体积
3					
2					
1					

五、注意事项

（1）用纸巾吸干叶片表面液体。

（2）掌握观察时间。

实验 81　影响种子萌发的条件

一、实验目的

通过设计实验探究影响种子萌发的条件。

二、实验原理

影响种子萌发的内、外因素很多，内部因素如休眠等，外部因素如光照、温度、水分、盐分、pH 等，不同种子的适应范围不同。在保证其他条件一致的情况下，探究某一条件对种子萌发的影响。

三、实验用品

（1）主要器具：培养皿、分析天平、光照培养箱等。

（2）主要药品：根据设计自配。

（3）主要材料：滤纸、脱脂棉、种子。

四、实验方法

在不同的光照周期或光照强度、不同温度、不同土壤含水量、不同盐分浓度、不同 pH 等条件下，观察种子的发芽势、发芽率。

例如，$ZnSO_4$胁迫试验。将种子置于铺有脱脂棉和双层滤纸的直径为 9cm 的培养皿中，每皿 100 粒。加入 $ZnSO_4$胁迫液（浓度分别为 50mg/L、100mg/L、150mg/L、200mg/L、250mg/L、300mg/L，以蒸馏水作为对照组），每个浓度设 3 个重复，将培养皿置于 20℃光照培养箱内培养，每天补充所失的 $ZnSO_4$ 溶液。

以 3 个重复中有一粒种子萌发为该处理的发芽起始，每 24h 统计发芽种子数，分别于开始萌发的第 4 天和第 7 天统计发芽势和发芽率。为了排除种子在萌发过程中发芽率不一致的干扰，便于观察 $ZnSO_4$胁迫液对种子萌发的影响，采用相对值比较发芽势和发芽率，并在发芽实验结束后计算种子的相对发芽率、相对发芽指数、相对盐害率及发芽率较对照组下降的百分比等指标。从处理后第 2 天起，隔 1 天测量 1 次各样本的地上部分长度和地下部分长度，并取平均值。实验结束后分称各样本的地上部和地下部的鲜重，烘干至恒重后分称其干重，并计算生物量。

$$\text{相对发芽势}（R_{\text{Ge}}）=\text{处理发芽势}\times 100/\text{对照发芽势}$$

其中，

$$\text{发芽势}（\text{Ge}）=n/N\times 100\%$$

式中，n 为第 4 天积累发芽种子数；N 为种子总数。

$$\text{相对发芽率}（\text{RGP}）=\text{处理发芽率}\times 100/\text{对照发芽率}$$

$$\text{发芽下降百分比}（\%）=\text{对照发芽率}-\text{处理发芽率}$$

其中，

$$\text{发芽率}（\text{GP}）=n/N\times 100\%$$

式中，n 为第 7 天积累发芽种子数；N 为种子总数。

$$\text{相对盐害率}（\%）=（\text{对照发芽率}-\text{处理发芽率}）/\text{对照发芽率}\times 100$$

$$\text{生物量}（S）=\text{胚芽干重}+\text{胚根干重}$$

$$\text{活力指数}（\text{VI}）=\text{GI}\times S$$

式中，GI 为发芽指数；S 为生物量。

$$\text{相对发芽指数}（\text{RGI}）=\text{处理发芽指数}/\text{对照发芽指数}\times 100$$

其中，

$$\text{发芽指数}（\text{GI}）=\sum Gt/Dt$$

式中，Gt 为在时间 t 天的发芽数；Dt 为相应的发芽天数。

五、注意事项

（1）确定母液浓度。

（2）掌握观察时间。

实验 82 NAA 对小麦根芽生长的影响

一、实验目的

了解并掌握生长素类似物的作用。

二、实验原理

生长素及人工合成的类似物质对植物的作用有两重性，一般在低浓度下对植物生长有促进作用，在高浓度下则对植物生长起抑制作用，如萘乙酸等。对于同一浓度的生长素，植物的不同器官对其反应不同。例如，根对生长素较敏感，生长素促进和抑制其生长的浓度比芽低些。

三、实验用品

（1）主要器具：恒温培养箱、直径 7cm 的培养皿 7 套、10mL 吸量管 2 支、1mL 吸量管 1 支、圆形滤纸（直径与培养皿底内径相同）7 张、尖头镊子 1 把、记号笔 1 支、直尺等。

（2）主要药品：NAA、乙醇、漂白粉等。

（3）主要材料：小麦种子。

四、实验方法

（1）将培养皿洗净烘干，编号，在 1 号皿中加入已配好的 10mg/L NAA 溶液 10mL，在 2～6 号皿中各加入 9mL 蒸馏水，然后用吸管从 1 号皿中吸取 10mg/L NAA 溶液 1mL 注入 2 号皿中，充分混匀后即成 1mg/L NAA 溶液。再从 2 号皿吸 1mL 注入 3 号皿中，混匀即成 0.1mg/L NAA 溶液，如此继续稀释至 6 号皿，结果 1～6 号皿的 NAA 溶液浓度依次为 10mg/L、1.0mg/L、0.1mg/L、0.01mg/L、0.001mg/L、0.000 1mg/L。最后从 6 号皿中吸出 1mL NAA 溶液弃去，使各皿均为 9mL 溶液。7 号皿加蒸馏水 9mL 作为对照。

（2）精选小麦种子约 100 粒，用饱和漂白粉上清液表面灭菌 20 min，取出用自来水冲净，再用蒸馏水冲洗 3 次，用滤纸吸干种子表面水分。在 1～7 号皿中放 1 张滤纸，沿培养皿周缘整齐地摆放 15 粒种子，使胚朝向培养皿中心，加盖后置于 20～25℃恒温培养箱中，24～36h 后观察种子萌发情况，留下发芽整齐的种子 10 粒。3d 后，测定各处理种子的根数、根长及芽长，求其平均值，记入表 82-1 中，确定 NAA 对根、芽生长的最适宜的浓度。

表 82-1　NAA 浓度对根、芽生长的影响记载表

项目	培养皿编号						
	1	2	3	4	5	6	7
NAA 浓度/（mg/L）							
根数/粒							
平均各条根长/cm							
平均芽长/cm							

五、注意事项

（1）溶液浓度配制准确。

（2）正确处理实验数据。

实验 83　脂肪酸的 β-氧化

一、实验目的

学习并掌握脂肪酸的 β-氧化作用。

二、实验原理

在肝脏中，脂肪酸经 β-氧化作用生成乙酰辅酶 A。2 分子乙酰辅酶 A 可缩合生成乙酰乙酸。乙酰乙酸可脱羧生成丙酮，也可还原生成 β-羟丁酸。乙酰乙酸、β-羟丁酸和丙酮总称为酮体。

本实验用新鲜肝糜与丁酸保温，生成的丙酮在碱性条件下，与碘生成碘仿。反应式为

$$2NaOH+I_2 \rightleftharpoons NaOI+NaI+H_2O$$

$$CH_3COCH_3+3NaOI \rightleftharpoons CHI_3+CH_3COONa+2NaOH$$

剩余的碘可用标准硫代硫酸钠溶液滴定。

$$NaOI+NaI+2HCl \rightleftharpoons I_2+2NaCl+H_2O$$

$$I_2+2Na_2S_2O_3 \rightleftharpoons Na_2S_4O_6+2NaI$$

根据滴定样品与滴定对照组所消耗的硫代硫酸钠溶液体积之差，可以计算由丁酸氧化生成的丙酮的量。

三、实验用品

1. 主要器具

5mL 微量滴定管、恒温水浴锅、吸管、剪刀、镊子、50mL 锥形瓶、漏斗、试管、试管架、滤纸、研钵等。

2. 主要药品

（1）0.15%淀粉溶液。

（2）0.9% NaCl 溶液。

（3）0.5mol/L 正丁酸溶液。取 5mL 正丁酸溶于 100mL 0.5mol/L NaOH 溶液中。

（4）15%三氯乙酸溶液。

（5）10% NaOH 溶液。

（6）10% HCl 溶液。

（7）0.1mol/L 碘溶液 200mL。称取 12.7g 碘和约 25g 碘化钾溶于水中，稀释到 1 000mL，混匀，用标准 0.05mol/L 硫代硫酸钠溶液标定。

（8）标准 0.01mol/L 硫代硫酸钠溶液。临用时将已标定的 0.05mol/L 硫代硫酸钠溶液稀释成 0.01mol/L。

（9）1/15mol/L pH 为 7.6 的磷酸盐缓冲液。将 86.8mL 1/15mol/L Na_2HPO_4 与 13.2mL 1/15mol/L NaH_2PO_4 混合。

3. 主要材料

家兔 1 只或鲜猪肝。

四、实验方法

（1）肝糜制备。将家兔颈部放血处死，取出肝脏。用 0.9% NaCl 溶液洗去污血，用滤纸吸去表面的水分，称取肝组织 5g 置于研钵中。加入少量 0.9% NaCl 溶液，研磨成细浆，再加入 0.9% NaCl 溶液至总体积为 10mL。

（2）取 2 个 50mL 锥形瓶，各加入 3mL 1/15mol/L pH 为 7.6 的磷酸盐缓冲液。向一个锥形瓶中加入 2mL 正丁酸，将另一个锥形瓶作为对照，不加正丁酸，然后各加入 2mL 肝组织糜，混匀，置于 43℃恒温水浴内保温。

（3）沉淀蛋白质。保温 1.5h 后，取出锥形瓶，各加入 3mL 15%三氯乙酸溶液，在对照瓶内追加 2mL 正丁酸，混匀，静置 15min 后过滤。将滤液分别收集在 2 支试管中。

（4）酮体的测定。吸取两种滤液各 2mL 分别放入另 2 个锥形瓶中，再各加 3mL 0.1mol/L 碘溶液和 3mL 10% NaOH 溶液。摇匀后，静置 10min。加入 3mL 10% HCl 溶液中和。然后用 0.01mol/L 标准硫代硫酸钠溶液滴定剩余的碘。滴至浅黄色时，加入 3 滴淀粉溶液作指示剂，摇匀，并继续滴到蓝色消失为止。记录滴定样品与对照所用的硫代硫酸钠溶液的毫升数，并按计算公式计算样品中丙酮含量。

（5）计算。计算公式为

$$\text{肝脏的丙酮含量（mol/g）} = (A-B) \times C_{Na_2S_2O_3} \times 1/6$$

式中，A 为滴定对照所消耗的 0.01mol/L 硫代硫酸钠溶液的毫升数；B 为滴定样品所消耗的 0.01mol/L 硫代硫酸钠溶液的毫升数；$C_{Na_2S_2O_3}$ 为标准硫代硫酸钠溶液浓度（mol/L）。

五、注意事项

（1）用硫代硫酸钠溶液滴定剩余的碘，在将要达到滴定终点时，应注意控制滴定速度，以准确把握滴定终点。

（2）样品要研磨充分。

实验 84　蔗糖酶米氏常数测定

一、实验目的

（1）了解底物浓度对酶促反应速度的影响。

（2）学习测定米氏常数的原理和方法。

二、实验原理

在酶的研究、应用中，人们经常会遇到底物浓度对酶促反应速度有何影响的问题。米凯利斯（Michaelis）和门汀（Menten）得到了一个表示底物浓度与反应速度之间相互关系的方程式，称为米氏方程式。

$$v=\frac{V_{\max}[S]}{K_m+[S]}$$

式中，$V_{\max}$ 为最大反应速度；K_m 为米氏常数；$[S]$为底物浓度。

由上式可知，米氏常数是酶促反应速度为最大反应速度一半时的底物浓度，其单位是浓度单位，一般用 mol/L 或 mmol/L 表示。米氏常数是酶的特征性物理常数。一种酶在一定的实验条件（25℃，最适 pH 下，对某种底物有一定的 K_m 值。不同的酶有不同的 K_m 值。因此，测定酶的 K_m 值可以作为鉴别酶的一种手段。

米氏常数的求法很多，最常用的是 LineweaVer-Burk 的作图法（双倒数作图法）。可将米氏方程式改写为下列倒数形式：

$$\frac{1}{v}=\frac{K_m}{V_{\max}}\cdot\frac{1}{[S]}+\frac{1}{V_{\max}}$$

在实验时，选择不同的$[S]$，测定相应的 v，求出两者的倒数，以 $1/[S]$为横坐标、以 $1/v$ 为纵坐标作图，绘出一条直线（图 84-1），外推至横轴相交，横轴截距即为$-1/K_m$。此法因方便而应用最广，但亦有缺点，其实验点过分集中于直线的左端，因此作图不十分准确。

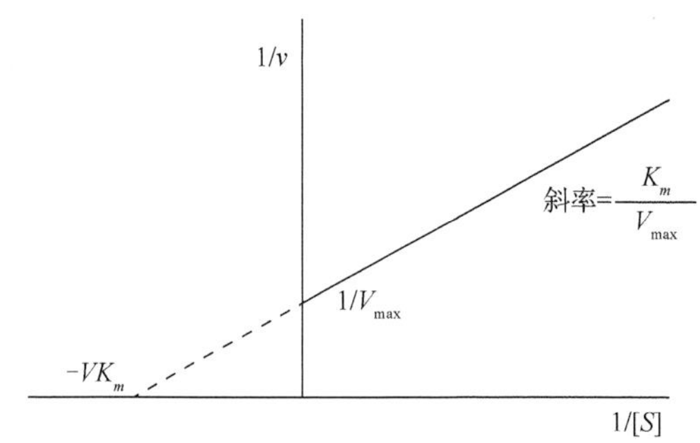

图 84-1 酶促反应速度倒数与底物浓度倒数的关系曲线

三、实验用品

1. 主要器具

722 分光光度计、恒温水浴箱、试管、吸量管、秒表、坐标纸、血糖管等。

2. 主要药品

（1）0.1mol/L 蔗糖溶液。

（2）0.2mol/L 乙酸钠缓冲液（pH 为 4.6）。

（3）1mol/L NaOH 溶液，2mol/L NaOH 溶液。

（4）3,5-二硝基水杨酸试剂：称取 10g 3,5-二硝基水杨酸溶于 200mL 2mol/L NaOH 中，加入 300g 酒石酸钾钠·$4H_2O$，再用去离子水稀释至 2 000mL。

3. 主要材料

自制蔗糖酶溶液。

四、实验方法

（1）取试管 12 支，按 1～12 编号，1 号为空白。

（2）按表 84-1 将蔗糖溶液、乙酸钠缓冲液分别加入 12 支试管中，于 35℃水浴中保温 10min。

表 84-1 K_m 值的测定

管号	反应物				活力测定			数据处理			
	0.1mol/L 蔗糖溶液/mL	乙酸钠缓冲液/mL	酶液/mL	1mol/L NaOH/mL	吸取反应物/mL	3,5-二硝基水杨酸试剂/mL	水/mL	OD_{540}	底物浓度/（mol/L）	1/[S]/（1/M）	1/V（1/OD）
1	0	2.00	2.00	0.5	0.5	1.5	1.5		0	—	—
2	0.20	1.80	2.00	0.5	0.5	1.5	1.5		0.005	200	

续表

管号	反应物				活力测定			数据处理			
	0.1mol/L 蔗糖溶液/mL	乙酸钠缓冲液/mL	酶液/mL	1mol/L NaOH/mL	吸取反应物/mL	3,5-二硝基水杨酸试剂/mL	水/mL	OD_{540}	底物浓度/（mol/L）	1/[*S*]/（1/M）	1/*V*（1/OD）
3	0.25	1.75	2.00	0.5	0.5	1.5	1.5		0.006 25	160	
4	0.30	1.70	2.00	0.5	0.5	1.5	1.5		0.007 5	133.3	
5	0.35	1.65	2.00	0.5	0.5	1.5	1.5		0.008 75	114.3	
6	0.40	1.60	2.00	0.5	0.5	1.5	1.5		0.010	100	
7	0.50	1.50	2.00	0.5	0.5	1.5	1.5		0.012 5	80	
8	0.60	1.40	2.00	0.5	0.5	1.5	1.5		0.015	66.7	
9	0.80	1.20	2.00	0.5	0.5	1.5	1.5		0.02	50	
10	1.00	1.00	2.00	0.5	0.5	1.5	1.5		0.025	40	
11	1.50	0.50	2.00	0.5	0.5	1.5	1.5		0.037 5	26.7	
12	2.00	0	2.00	0.5	0.5	1.5	1.5		0.050	20	

（3）取约 30mL 酶液，放入同一水浴中保温约 10min。

（4）于各试管中依次按同样时间间隔（1min 或 2min）加入已保温过的酶液 2mL，计时，立即摇匀，在 35℃水浴中作用 5min。

（5）按同样次序和时间间隔，加入 0.5mL 1mol/L NaOH，摇匀，终止反应。

（6）吸取反应物 0.5mL，加入盛有 1.5mL 3,5-二硝基水杨酸试剂和 1.5mL 水的血糖管中，放入沸水浴中加热 5min，冷却后稀释至 25mL，摇匀，在 540nm 比色条件下测定 OD 值，并将结果 OD_{540} 和 $1/OD_{540}$ 记录在表中。

（7）以 OD 值为相对反应速度，以 1/[*S*]为横坐标、1/OD 为纵坐标作图，求出 K_m 值。

（8）另取 12 支试管，重复上述操作。

五、注意事项

（1）向各试管中加入酶液及 NaOH 溶液时，注意掌握好时间间隔。

（2）蔗糖溶液、乙酸缓冲液和酶液都要提前放入 35℃水浴中保温，以使反应充分。

实验 85　水体的细菌学检查

一、实验目的

（1）学习测定水质细菌总数的方法。

（2）学习检测水中大肠菌群的方法。

（3）了解水质状况同细菌数量的关系及测定饮用水中大肠菌群的数量的重要性。

二、实验原理

生活用水的水源常被生活污水、工业废水、人和动物的粪便所污染。粪便污染物含有病原性微生物，能引起传染病的发生。因此，必须对生活用水及水源水进行严格的细菌学检查，检测水中细菌数量是评价水质状况的重要指标之一。检查饮用水是否合乎卫生标准要求，需要测定水中细菌总数和大肠菌群数量。

细菌总数是指在一定条件下培养后所得 1mL 水样中所含菌落的总数，一般采用平板计数法来测定水中细菌的总数。但水中细菌种类繁多，且不同种类的微生物对营养成分和生长条件的要求各不相同，甚至差别很大，因此不可能找到一种培养基能在同一条件下使水中所有的细菌都生长繁殖。以一定的培养基平板在一定条件下生长出来的菌落数计算出的水中细菌总数只是一个近似值。目前，国家最新标准（GB 4789.28——2013）使用的培养基为营养琼脂培养基。国家《生活饮用水卫生标准》规定，1mL 自来水中微生物菌落总数不得超过 100 个。

大肠菌群是指一大群与大肠杆菌相似的好氧及兼性厌氧的革兰氏阴性无芽孢杆菌，它们在 37℃条件下生长时能发酵乳糖，在 48h 内产酸产气，包括埃希氏菌属、肠杆菌属、柠檬酸杆菌属、克雷伯氏菌属。大肠菌群可作为粪便污染指示菌。可以以该菌群的检出情况来表示食品是否被粪便污染。大肠菌群数的多少表明了食品、饮用水被粪便污染的程度，也反映了被污染食品、饮用水对人体健康危害的大小。国家《生活饮用水卫生标准》规定，1L 水中大肠菌群数不得超过 3 个。

水中大肠菌群的检测方法主要有多管发酵法和滤膜法（适用于杂质较少的水样或检测空气中浮菌数的方法）。多管发酵法的原理是根据大肠菌群细菌能发酵乳糖产酸产气及具备革兰氏染色阴性、无芽孢、呈杆状等有关特性，通过 3 个步骤进行检验，求得水样中的总大肠菌群数。多管发酵法包括初发酵试验、平板分离和复发酵试验 3 个部分。

1. *初发酵试验*

在发酵管内装上乳糖蛋白胨液体培养基，并倒置一个德汉氏小套管。乳糖能起选择作用，因为很多细菌不能发酵乳糖，而大肠菌群能发酵乳糖产酸产气。为便于观察细菌的产酸情况，可在培养基内加溴甲酚紫作为 pH 指示剂。细菌产酸后，培养基由原来的紫色变为黄色。溴甲酚紫还有抑制其他细菌（如芽孢菌）生长的作用。

将水样接种于发酵管内，在 37℃条件下培养。若 24h 内小套管中有气体形成，并且培养基变混浊、颜色改变，则说明水中存在大肠菌群，呈阳性结果，但也有个别其他类型的细菌在此条件下可能产气；此外，产酸不产气也不能完全说明是阴性结果。在量少的情况下，水样也可能延迟到 48h 后才产气，此时应视为可疑结果。因此，以上两种结果均须继续做下面两部分实验，确定是否是大肠菌群。48h 后仍不产气的为阴性结果。

2. *平板分离*

平板培养基一般使用复红亚硫酸钠琼脂（远藤氏培养基，Endo’s medium）或伊红亚甲蓝琼脂（eosin methylene blue agar，EMB 琼脂）培养基。前者含有碱性复红染料，它作为指示剂可被培养基中的亚硫酸钠脱色，使培养基呈淡粉红色。大肠菌群发酵乳糖后产生的酸、乙醛与复红反应，形成深红色复合物，使大肠菌群变为带金属光泽的深红色。亚硫酸钠还可抑制其他杂菌的生长。伊红亚甲蓝琼脂培养基含有伊红与亚甲基蓝染料，在大肠菌群发酵乳糖造成酸性环境时，这两种染料可结合成复合物，使大肠菌群呈现与在远藤氏培养基上相似的、带核心的、有金属光泽的深紫色（甲紫的紫色）。对于初发酵管 24h 内产酸产气或产酸不产气的和延迟到 48h 才产酸产气的样品，均须在平板上划线分离菌落。

3. 复发酵试验

对于以上大肠菌群阳性菌落，经涂片染色为革兰氏阴性无芽孢杆菌的，须通过此试验进一步验证。复发酵试验原理与初发酵试验相同，经 24h 培养产酸又产气的，最后确定为大肠菌群阳性结果。

三、实验用品

（1）主要器具：恒温培养箱、冰箱、超净工作台、电子天平、电磁炉、试管、德汉氏小套管、吸管、三角瓶、刻度吸管或移液管、放大镜、酒精灯、试管架、培养皿、接种环、玻璃涂布器、滤纸、记号笔、标签纸、双层瓶、具塞的玻璃瓶等。

（2）主要药品：营养琼脂培养基、蛋白胨、牛肉膏、乳糖、NaCl、溴甲酚紫乙醇溶液、伊红亚甲蓝琼脂培养基、香柏油、二甲苯、磷酸盐缓冲溶液、生理盐水、75%乙醇等。

（3）主要材料：水样。

四、实验方法

（一）水样的采集

（1）生活饮用水。先将自来水水龙头用火焰灼烧 3min 灭菌，再放开使水流 5min 后，用灭菌三角瓶接取水样以待分析。

（2）池水、河水或湖水。应取距水面 10～15cm 的深层水样，先将已灭菌具塞的玻璃瓶瓶口向下浸没在水中，然后将瓶翻转过来，拔掉玻璃塞，使水流入瓶中。盛满后，将瓶塞盖好。从水中取出的水样应立即检查，否则须将其放入冰箱中冷藏保存。

（二）细菌总数的测定

1. 自来水

（1）用已灭菌的吸管吸取水样 1mL，注入空的灭菌培养皿中。用水样平行做 3 个培养皿。

（2）在 3 个培养皿中分别倒入约 15mL 已融化并冷却到 45℃左右的营养琼脂培养基，立即在桌面上做旋摇，使水样与培养基充分混匀。

（3）同时将营养琼脂培养基倒入灭菌培养皿做空白对照。

（4）待培养基凝固后，倒置于（36±1）℃恒温培养箱中培养（48±2）h，然后取出进行菌落计数。

2. 池水、河水或湖水

（1）稀释水样：取 3 个灭菌空试管，分别加入 9mL 无菌水。取 1mL 水样加入第 1 支管中，摇匀，再从第 1 支试管中取 1mL 水样加入第 2 支试管中，如此稀释到第 3 支试管，稀释度分别为 10^{-1}、10^{-2}、10^{-3}，注意每递增稀释一次，换用 1 支 1mL 的吸管。稀释倍数依水样污染程度而定，以培养后平板的菌落数在 30～300 的稀释度为宜，若 3 个稀释度的菌落数均多到无法计数或少到无法计数，则须继续增加或减少稀释倍数。

（2）从最后 3 个稀释度的试管中各取 1mL 稀释液加入空的灭菌培养皿中，每个稀释度做 3 个培养皿。

（3）在 3 个培养皿中各倾倒 15mL 已融化并冷却到 45℃左右的营养琼脂培养基，立即放在桌上摇匀。

（4）待培养基凝固后倒置于（36±1）℃恒温箱中培养（48±2）h，然后取出进行菌落计数。

（5）将营养琼脂培养基倒入加有 1mL 无菌水的灭菌培养皿做空白对照。

3. 菌落计数方法

菌落计数时，可用肉眼观察，必要时用放大镜检查，以防遗漏。在记下各平板的菌落数后，求出同一稀释度的各平板的平均菌落数。

4. 菌落计数的报告

1）培养皿菌落数的选择

选取菌落数在 30～300 的培养皿作为菌落总数测定标准。对于同一个稀释度，使用两个培养皿，采用两个培养皿的平均数作为该稀释度的培养皿菌落数，若其中一个培养皿有较大片状菌落生长，则不宜采用此方法，而应以无片状菌落生长的培养皿作为该稀释度的菌落数。若生长的片状菌落不到该培养皿的一半，而在另一半中菌落分布又很均匀，即可计算半个培养皿后乘以 2 来代表全培养皿菌落数。培养皿内如果有链状菌落生长（菌落之间无明显界线），且仅有 1 条链，则可将其视为 1 个菌落，如果有不同来源的几条链，则应将每条链作为 1 个菌落计数。

2）稀释度的选择

（1）首先应选择平均菌落数在 30～300 的稀释度，然后将平均菌落数乘以稀释倍数做报告。

（2）若有两个稀释度，且其生长的菌落数均在 30～300，则根据这两个稀释度所长的菌落数之比来决定，若比值小于或等于 2，则应以两者平均数做报告；若比值大于 2，则报告其中较小的数字。

（3）若所有稀释度的平均菌落数都小于 30，则应按稀释度最低的平均菌落数乘以稀释倍数做报告。

（4）若所有稀释度的平均菌落数都大于 300，则应按稀释度最高的平均菌落数乘以稀释倍数做报告。

（5）若所有稀释度均无菌落生长，则用平均菌落数乘以最低稀释倍数做报告。

（6）若所有稀释度的平均菌落数均不在 30～300，且其中一部分大于 300 或小于 30，则以最接近 30 或 300 的平均菌落数乘以稀释倍数做报告。

3）菌落数的报告

菌落数在 100 以内时，按其实有数报告；菌落数大于 100 时，采用两位有效数字，在两位有效数字后面的数值，按四舍五入计算。为了简便，常用 10 的指数来表示菌落数。

菌落总数的报告方法举例如表 85-1 所示。

表 85-1　菌落总数的报告方法举例

例次	不同稀释度的菌落平均数			两个稀释度菌落数比值	菌落总数/（个/mL）	备注
	10^{-1}	10^{-2}	10^{-3}			
1	1 560	182	15	—	18 200 或 1.8×10^{4}	将两位有效数字后面的数值按四舍五入的方法计算
2	2 250	213	38	1.8	29 650 或 3.0×10^{4}	
3	2 410	189	50	2.6	18 900 或 1.9×10^{4}	
4	28	12	6	—	280 或 2.8×10^{2}	
5	无法计数	1 230	342	—	342 000 或 3.4×10^{5}	
6	无法计数	306	12	—	30 600 或 3.1×10^{4}	

（三）大肠菌群的检测

1. 生活饮用水的检测

（1）初步发酵试验。在两个装有 50mL 3 倍浓乳糖蛋白胨培养基的发酵烧瓶中，各加入 100mL 水样。在 10 支装有 5mL 3 倍浓乳糖蛋白胨发酵管中，各加入 10mL 水样，混匀后，在 37℃条件下培养 24h，将 24h 未产气的继续培养至 48h。

（2）平板分离。经 24h 培养后，将产酸产气及产酸不产气的发酵管，分别划线接种到亚甲蓝琼脂平板上，于 37℃条件下培养 18～24h，取符合下列特征的菌落的一小部分进行涂片、革兰氏染色、镜检。①呈深紫黑色，有金属光泽；②呈紫黑色，不带或略带金属光泽；③呈淡紫红色，且中心颜色较深。

（3）复发酵试验。经涂片、染色、镜检后，如果为革兰氏阴性无芽孢杆菌，则挑取该菌落的另一部分，重新接种于普通浓度的乳糖蛋白胨发酵管中，每管可接种来自同一初发酵管的同类型菌落 1～3 个，在 37℃条件下培养 24h。若为产酸产气者，则可证实其中有大肠菌群存在。

根据证实有大肠菌群存在的阳性管数查表 85-2，报告每升水样中的大肠菌群数。

表 85-2　大肠菌群检数表（一）

阳性管数		每升水样中的大肠菌群数	阳性管数		每升水样中的大肠菌群数	阳性管数		每升水样中的大肠菌群数
100mL	10mL		100mL	10mL		100mL	10mL	
0	0	<3	1	0	4	2	0	11
0	1	3	1	1	8	2	1	18
0	2	7	1	2	13	2	2	27
0	3	11	1	3	18	2	3	38
0	4	14	1	4	24	2	4	52
0	5	18	1	5	30	2	5	70
0	6	22	1	6	36	2	6	92
0	7	27	1	7	43	2	7	120
0	8	31	1	8	51	2	8	161
0	9	36	1	9	60	2	9	230
0	10	40	1	10	69	2	10	>230

注：接种水样总量为 300mL（100mL 2 份，10mL 10 份）。

2. 池水、河水或湖水的检测

（1）将水样稀释成 10^{-1} 与 10^{-2}。

（2）分别吸取 1mL10^{-2}、10^{-1} 的稀释水样和 1mL 原水样，分别注入 3 支装有 10mL 普通浓度乳糖蛋白胨发酵管中。另取 10mL 和 100mL 原水样，分别注入装有 5mL 和 50mL 3 倍浓乳糖蛋白胨发酵液的试管中。

（3）本步骤同上述生活饮用水的平板分离和复发酵试验步骤。

（4）将 100mL、10mL、1mL、0.1（10^{-1}）mL 水样的发酵管结果查表 85-3，将 10mL、1mL、0.1（10^{-1}）mL、0.01（10^{-2}）mL 水样的发酵管结果查表 85-4，即得每升水样中的大肠菌群数。

表 85-3　大肠菌群检数表（二）

接种水样量/mL				每升水样中大肠菌群数/（个/L）
100	10	1	0.1	
−	−	−	−	<9
−	−	−	+	9
−	−	+	−	9
−	+	−	−	9.5
−	−	+	+	18
−	+	−	+	19
−	+	+	−	22
+	−	−	−	23
−	+	+	+	28
+	−	−	+	92
+	−	+	−	94
+	−	+	+	180
+	+	−	−	230
+	+	−	+	960
+	+	+	−	2 380
+	+	+	+	>2 380

注：接种水样总量为 111.1mL（100mL、10mL、1mL、0.1mL 各 1 份）。
"+"大肠菌群发酵阳性；"−"大肠菌群发酵阴性。

表 85-4　大肠菌群检数表（三）

接种水样量/mL				每升水样中大肠菌群数
10	1	0.1	0.01	
−	−	−	−	<90
−	−	−	+	90
−	−	+	−	90
−	+	−	−	95
−	−	+	+	180
−	+	−	+	190
−	+	+	−	220
+	−	−	−	230
−	+	+	+	280
+	−	−	+	920
+	−	+	−	940
+	−	+	+	1 800
+	+	−	−	2 300
+	+	−	+	9 600
+	+	+	−	23 800
+	+	+	+	>23 800

注：接种水样总量为 11.11mL（10mL、1mL、0.1mL、0.01mL 各 1 份）。

“+”表示大肠菌群发酵阳性；“−”表示大肠菌群发酵阴性。

五、注意事项

（1）选择菌落分布均匀分散的培养皿进行计数。

（2）稀释样品要准确，否则会影响实验结果的准确性。

（3）在大肠菌群检测中应合理控制所加的水样。

六、培养基配方

1. 乳糖蛋白胨培养基

取蛋白胨 10g、牛肉膏 3g、乳糖 5g、NaCl 5g、蒸馏水 1 000mL、1.6%溴甲酚紫乙醇溶液 1mL 混合，调 pH 至 7.2，分装试管（10mL/管），并在管中放入倒置德汉氏小管，在 115℃条件下湿热灭菌 20min。

2. 3 倍浓乳糖蛋白胨培养基

将乳糖蛋白胨培养液中各营养成分扩大 3 倍加到 1 000mL 水中，制法同乳糖蛋白胨培养基，分装于放有倒置德汉氏小管的试管中，每管 5mL，在 115℃条件下湿热灭菌 20min。

3. 伊红亚甲蓝琼脂培养基

取蛋白胨 10g、乳糖 10g、K_2HPO_4 2g、琼脂 25g、2%伊红水溶液 20mL、0.5%亚甲基蓝水溶液 13mL。制作过程：先将蛋白胨、乳糖、K_2HPO_4和琼脂混匀，加热溶解后，调 pH 至 7.4，在 115℃条件下湿热灭菌 20min，然后加入已分别灭菌的伊红水溶液和亚甲基蓝水溶液，充分混匀，防止产生气泡。待培养基冷却到 50℃左右时将其倒出培养皿。如果培养基因太热而产生过多的凝集水，则可在平板凝固后将其倒置存于冰箱中备用。

实验 86　土壤微生物的分解作用

一、实验目的

（1）了解微生物对土壤中有机成分的分解作用。

（2）掌握研究土壤微生物分解作用的基本实验方法。

二、实验原理

土壤中包含很多土壤微生物，这些微生物可以将土壤有机物分解为无机物或简单有机物，它们对整个生态系统的物质和能量循环起着重要作用。

三、实验用品

（1）主要器具：烧杯、纱布、玻璃棒、试管、酒精灯、沸水浴锅等。

（2）主要药品：碘液、斐林试剂、淀粉糊、水、蒸馏水、葡萄糖。

（3）主要材料：土壤。

四、实验方法

（1）制取土壤浸出液。将土壤放入垫有厚纱布的烧杯中，加水搅拌，然后将纱布连同土壤一起取出。将烧杯中的土壤浸出液静置一段时间备用。

（2）取 2 个烧杯，编号 A、B，分别加入等量（通常是 10mL）的淀粉糊，并向 A 烧杯中加入土壤浸出液（通常是 30mL），向 B 烧杯中加入等量蒸馏水（通常是 30mL）。

（3）在室温下放置 1 周后，分别取 A、B 烧杯中的溶液 10mL，各放入 2 支试管中，分别标号 A1、A2、B1、B2。

（4）在 A1、B1 试管中加入碘液，在 A2、B2 试管中加入斐林试剂（由浓度为 0.1g/mL 的 NaOH 溶液和浓度为 0.05g/mL 的 $CuSO_4$ 溶液配制而成），二者混合后，立即生成淡蓝色的 $Cu(OH)_2$ 沉淀，然后加入葡萄糖并进行沸水浴。在加热的条件下，$Cu(OH)_2$ 与葡萄糖能够生成砖红色的 Cu_2O 沉淀。

用斐林试剂检验还原糖，如果溶液中有还原糖，则会产生红色沉淀。用碘液检验淀粉，如果淀粉变蓝，则说明溶液中有淀粉存在。使用 A1、B1 检验土壤浸出液和蒸馏水能否将淀粉分解，使用 A2、B2 检验土壤浸出液和蒸馏水能否将淀粉变成还原糖。

（5）观察试管中溶液颜色的变化，记录实验结果。

五、注意事项

在实验过程中要注意控制环境条件，让实验组和对照组的外部条件保持一致。实验可能要等几天甚至几周才出结果，因此要有计划地观察和记录实验过程。

实验 87　培养液中酵母菌种群数量的变化

一、实验目的

（1）掌握动物种群动态的调查方法。

（2）通过实验深刻理解逻辑斯谛方程。

二、实验原理

在无菌条件下培养酵母菌，排除种间干扰，培养初期种群动态符合逻辑斯谛方程的模型。

三、实验用品

（1）主要器具：容量烧杯、试管、滴管、量筒、1mL 刻度吸管、10mL 刻度吸管、标签、纱布、玻璃棒、电子天平、血球计数板、显微镜、高压灭菌锅、恒温培养箱、水浴锅、牛皮纸或双层报纸、记号笔、酒精灯、盖玻片等。

（2）主要药品：蒸馏水、无菌水、葡萄糖等。

（3）主要材料：去皮马铃薯、酵母菌母液、中国林蛙。

四、实验方法

（一）无菌马铃薯培养液的配制

（1）材料。用电子天平称取马铃薯（去皮）200g、葡萄糖 20g，用大烧杯量取 1 000mL 水。

（2）配制方法。将去皮马铃薯切成约 2cm^2 的小块，放入盛有 1 000mL 水的水浴锅煮沸 30min，注意用玻璃棒搅拌以防煳底。30min 后，用双层纱布过滤溶液，过滤时用玻璃棒引流，取其滤液加糖，再补足水至 1 000mL。

（3）分装。将培养液分装入试管，在每个试管中用吸管加入 10mL 培养液和 10mL 无菌水（加培养液和无菌水的吸管不能混用）。待分装完毕，给每支试管加塞后把试管扎成捆，包一层牛皮纸或双层报纸，以防灭菌时冷凝水沾湿棉塞。然后用记号笔注明培养基的名称、组别、日期。将取样、计数时所用的 1mL 刻度吸管和滴管分别包纸，以备灭菌。

（二）灭菌

打开高压灭菌锅盖，先取出灭菌桶，再向底架中加水，使液面与底架持平，以恰好不浮起灭菌桶为宜。放入灭菌桶后，将试管口向上放入灭菌桶中，加盖，插入排气软管，对角拧紧紧固螺栓。通电加压，注意压力表指数，加压到 49kPa 后放气至压强为“0”，再加压到 49kPa 后放气至压强为“0”，加压到 98kPa 后切断电源，使压力表指示降至“0”。打开排气阀取出试管（小心烫），待其冷却至 50℃再打开包装，贴标签。

（三）接种

接种时点燃酒精灯，在火焰附近制造无菌环境。用无菌的 1mL 刻度吸管向装有培养液的试管中加入 0.1mL 酵母菌母液。

（四）培养

将试管置于 28℃恒温培养箱中培养。

（五）计数

培养 24h 后取样，每天取样 1 次，每天在同一时间段取样。每次每组按序号取 1 支试管。在计数过程中一定要遵守无菌操作规范，保证取样的吸管干净且分开使用，每次取样前要将试管振荡摇匀。正确地使用 1mL 刻度吸管。将 1mL 酵母菌培养液移入 1 支干净的试管里，然后用滴管吸取 1 滴培养液滴在已盖在血球计数板网格上的盖玻片的边缘（盖盖玻片时，在盖玻片边缘与计数板网格边缘留一点缝，以方便培养液自行渗入），待培养液自行渗入并充满计数板网格后，将计数板放在显微镜下进行细胞计数，并立即将数据填到记录表格中。如果计数时发现细胞数较多、不易分辨，则可对吸取的样液进行稀释。具体方法是：将 9mL 无菌水移入 1 支干净的试管里，然后立即将 1mL 培养液移入试管内并充分混匀，使原培养液被稀释 10 倍。再依照上述方法进行取样计数。

五、注意事项

（1）灭菌纯化、接种很重要，如果不是培养单一的酵母菌，则研究结果可能和预期结果不一致。

（2）接种时注意滴加量不要太多，避免初始菌数过多。

实验 88　过氧化氢分解

一、实验目的

通过比较过氧化氢在不同条件下分解的快慢，了解过氧化氢酶的作用和意义。

二、实验原理

细胞每时每刻都进行着许多化学反应，这些化学反应被统称为细胞代谢。细胞代谢是细胞生命活动的基础，但细胞代谢过程中也会产生对细胞有害的物质，如过氧化氢。细胞中含有一种物质——过氧化氢酶，能将过氧化氢分解为氧和水，从而清除过氧化氢的毒害作用。

加热能使过氧化氢分子得到能量，从常态转变为容易分解的活跃状态，从而促使过氧化氢分解。Fe^{3+}和过氧化氢酶都能促使过氧化氢分解，但它们并未供给过氧化氢能量，而是降低了过氧化氢分解反应的活化能。与无机催化剂相比，酶降低活化能的作用更显著，因此催化效率更高。

三、实验用品

（1）主要器具：量筒、试管、滴管、试管架、卫生香、火柴、酒精灯、试管夹、大烧杯、三脚架、石棉网、温度计、水浴锅等。

（2）主要药品：新配制的体积分数为 3%的过氧化氢溶液、质量分数为 3.5%的 $FeCl_3$ 溶液、蒸馏水等。

（3）主要材料：新鲜的猪肝或鸡肝。

四、实验方法

（1）取 4 支洁净的试管，分别编上序号 1、2、3、4，向各试管内分别加入 2mL 过氧化氢溶液，按序号依次放在试管架上。

（2）将 2 号试管放在 90℃左右的水浴中加热，观察气泡冒出的情况，并与 1 号试管比较。

（3）向 3 号试管内滴入 2 滴 $FeCl_3$ 溶液，向 4 号试管内滴入 2 滴肝脏研磨液，仔细观察哪支试管产生的气泡多。

（4）2～3min 后，将点燃的卫生香分别放入 3 号和 4 号试管内液面上方，观察哪支试管中的卫生香燃烧猛烈。

五、注意事项

（1）肝脏要新鲜，否则肝脏细胞内的过氧化氢酶等有机物质会在腐生细菌的作用下被分解掉，使实验因缺少催化剂而无明显现象。

（2）要用蒸馏水配制过氧化氢溶液，以免钙离子、镁离子等金属离子的存在直接引起过氧化氢的分解；应在配制一周之内使用过氧化氢溶液，以免其在光照下分解。

（3）过氧化氢溶液有一定的腐蚀性，因此在实验过程中勿将其溅到皮肤上，如果将过氧化氢溶液溅到皮肤上，则要及时用清水冲洗。

实验 89　环境因素对鼠妇生活的影响

一、实验目的

学习检测环境因素对动物生活影响的实验方法。

二、实验原理

（1）每种生物都有各自适宜的生活环境，并依赖生活环境中的各种生态因子。

（2）每种生物对各种生态因子的需要都不同。

三、实验用品

（1）主要器具：方盘、干土、遮光板、玻璃板、恒温培养箱等。

（2）主要材料：活的鼠妇若干只等。

四、实验方法

设计并检验光照强度、温度和湿度对鼠妇生活的影响，分析鼠妇喜欢的光照强度、温度和湿度。

（1）分组实验。每组捕捉并饲养 16 只左右的鼠妇，了解鼠妇的生活环境及习性。

（2）学生自己设计实验。在方盘中装一层干土，在土的一侧加少量水，使土壤湿润，在另一侧保持干燥状态，将一侧用遮光板盖上，将另一侧用玻璃板盖上，将温度考虑在内，设计实验。观察、记录鼠妇选择什么条件栖息。

五、注意事项

（1）捕捉鼠妇时，要尽量捕捉成体，因为幼体在饲养过程中易死亡。

（2）饲养鼠妇时，要保证土壤的潮湿和环境的阴暗，并不断补充食物（菜叶）。

（3）实验时保持瓷盘洁净，因为异味和食物等会影响鼠妇的行为。

实验 90　土壤动物类群丰富度调查

一、实验目的

（1）掌握土壤动物类群丰富度调查的基本方法。

（2）通过对土壤动物的分类，了解土壤动物的丰富度。

二、实验原理

不同种类土壤动物所处的生活环境不同，因此在不同环境中进行分类取样。利用土壤动物所处位置的不同，在不同土壤深度处取样。

三、实验用品

（1）主要器具：土壤取样器、镊子、灯泡、玻璃漏斗、易拉罐、报纸、烘虫箱、显微镜、胶皮手套、瓷盘或大号培养皿、2mm 网眼防锈铁纱或纱网等。

（2）主要药品：75%乙醇。

（3）主要材料：不同生态类型的土壤样本。

四、实验方法

（1）取样。结合当地生物环境和土壤特点，分组在不同的生物环境类型或土壤类型采集土壤。每个类型须选 3 个样方，每个样方的面积为 $0.25m^2$，挖 30cm 深，分 3 层取样，即 1～10cm 层、11～20cm 层和 21～30cm 层各取一个样，带回实验室进行动物分离与鉴定。

（2）土壤动物分离。通过手拣法、干漏斗法、湿漏斗法、烟熏法等分离方法获得土壤动物。手拣法通常用于分离较大的土壤动物。须戴胶皮手套，用镊子轻轻将能够看见的土壤动物分离出来。然后采用烟熏法，将土壤放入烘虫箱，在烘虫箱下面点燃纸类，通过高温和烟熏使动物运动到土壤表层，用镊子将动物分离出来。通常用改进的干漏斗和湿漏斗法分离中小型土壤动物，常采用废弃的易拉罐作为工具，大小为 5.3cm×13cm（直径×高），将其一分为二，制成 5.3cm×6.5cm 的分离筒（直径为 5～5.5cm，高 6～6.5cm）。将分离筒一端用 2mm 网眼防锈铁纱或纱网罩上并在其四周用黏合剂固定。用湿漏斗法分离时先备好瓷盘或大号培养皿，在其中加入 2～3mm 深的水（沙质土样品水深严格控制在 1～2mm），然后将制备的分离盒放入或将分离盒底部在水中浸湿，随后倒入待分离土壤样品（50mL 或 100mL），土样在分离盒底部形成一个湿润的薄土层，可防止漏沙、漏土。在其上方用灯泡烘，在其下方接 1 个培养皿，内放有 75%乙醇。将分离出的土壤动物固定，以防止线虫类动物自溶。

（3）通过检索和土壤动物图鉴对土壤动物进行对照并分类，然后将其放入 75%乙醇中。

（4）对获得的结果进行分析。

实验91 动物标本制作

一、实验目的

学会各种类型动物标本的制作方法。

二、实验用品

（一）制作浸制标本的实验用品

（1）主要器具：解剖刀、镊子、剪刀、钳子、铁丝、脱脂棉、针、线、标本缸、毛笔、滤纸、培养皿、载玻片、纱布、注射器、纸板、曲别针、解剖盘、玻璃片、橡胶瓶塞或软木塞、标签、大头针、蜡盘、铅笔等。

（2）主要药品：5%～10%福尔马林、薄荷脑、乙醚或氯仿等。

（3）主要材料：鱼。

（二）剥制标本的实验用品

（1）主要器具：解剖刀、镊子、剪刀、钳子、铁丝、棉花、小针、棉线、竹签、标签等。

（2）主要药品：亚砷酸100g、樟脑粉20g、甘油10mL、肥皂片70g、石膏粉等。

（3）主要材料：鹌鹑。

（三）制作骨骼标本的实验用品

（1）主要器具：标本缸、解剖盘、解剖器、电炉或酒精灯、大烧杯、台板、棉线、脱脂棉、乳胶、刷子、电钻或手摇钻、铁丝、注射器、镊子、剪刀、载玻片、泡沫塑料板、大头针等。

（2）主要药品：乙醚、三氯甲烷、0.5%～0.8%NaOH溶液或0.5%～0.9%KOH溶液、汽油、0.5%～1%过氧化氢或1%～3%漂白粉溶液等。

（3）主要材料：青蛙或蟾蜍。

（四）血液循环注射标本的制作

（1）主要器具：解剖盘、解剖器、棉线、注射器、纱布、标签、玻璃片、玻璃棒、大头针等。

（2）主要药品：动物胶（明胶）、银朱（硫化汞）、洋红、5203红或红色广告颜料、普鲁士蓝或蓝色广告颜料、蛋清、水、重铬酸钾、乙酸铅、淀粉（粉粒应较细）、2%水合氯醛、95%乙醇、色料、丙酮、赛璐珞、福尔马林、甘油等。

砒霜膏的配制：称取亚砷酸 100g、樟脑粉 20g、甘油 10mL、肥皂片 70g，把肥皂削成薄片加适量水，放在微火上煮化，搅拌使其溶解，待冷却后加入亚砷酸、樟脑粉及甘油，搅匀成糊状即可。

（3）主要材料：蟾蜍。

三、实验方法

（一）浸制标本的制作

制作许多无脊椎动物及鱼类、两栖类、爬行动物的整体标本和解剖标本常用浸制的方法。浸制标本可保持动物形态结构的完整性，并可长期保存。

1. 无脊椎动物整体浸制标本的制作

无脊椎动物种类繁多，有的躯体柔软，有的体被硬壳，有的躯体具有较强的伸缩性。在制作标本时，制作方法因动物特征而有所不同。

对于躯体柔软的动物（如扁形动物门中的蜗虫），可用 1%铬酸将其处死及固定。为防止动物身体发生卷曲，可将固定后的标本用毛笔挑在培养皿中的 1 张湿滤纸上，放开展平，在其上再加 1 张滤纸，把动物夹在中间，在纸上放几片载玻片，再加入 10%福尔马林溶液，经 12h 后，去掉滤纸并将标本移入 5%福尔马林溶液中保存。制作华支睾吸虫的浸制标本也可采用此法。

2. 脊椎动物浸制标本的制作

1）鱼类浸制标本的制作

（1）整理姿态。将新鲜的鱼用纱布包好，使其干燥致死。然后用清水将鱼体表的黏液冲洗干净（勿损伤鳞片）。用注射器从其腹部向鱼体内注射 10%福尔马林溶液，以固定其内脏，防止腐烂。然后将鱼的背鳍、臀鳍和尾鳍展开，用纸板及曲别针固定，把整理好的标本侧卧于解剖盘内。在鱼体向解剖盘一侧可适量放些棉花衬垫，特别是要垫好尾柄部，以防标本在固定时变形。

（2）防腐固定。加入 10%福尔马林溶液至浸没标本为止，做临时固定，待鱼硬化后将其取出。

（3）装瓶保存。用适当大小的标本瓶（标本瓶内径长度要长于鱼体 6cm 左右，以便贴上标签后仍能从瓶外看到标本全貌），将固定好的鱼类标本头朝下放入标本瓶；或根据标本瓶的内径和高度截 1 片玻璃片，将标本用两条丝线分别从鳃盖骨后缘体侧和尾柄部穿入，缚扎在玻璃片上。将橡胶瓶塞或软木塞剔好小槽，做成 4 个玻璃片固定脚，分别嵌在玻璃片两侧，将玻璃片和标本缓缓装入标本瓶内。将 10%福尔马林溶液倒入瓶内至满，盖严瓶盖。

（4）贴标签。将注有科名、学名、中文名、采集地、采集时间的标签贴于瓶口下方。将标签贴好后，可在标签上用毛笔刷 1 层石蜡液，以防字迹褪色。

2）两栖、爬行类动物浸制标本的制作

（1）整理姿态。把活的蛙、蜥蜴、蛇、龟等动物放入大小适宜的标本缸或厚塑料袋内，用脱脂棉浸透乙醚或氯仿放入其中，盖严缸盖或封紧袋口，使动物麻醉。待动物死亡后，立即进行整形，按它们生活的姿态用大头针固定在蜡盘上。对于体型大的标本，应事先在其体内注射10%福尔马林溶液。

（2）固定保存。与鱼类标本的固定保存方法相同。对于个体中等或较小的标本，应将其头朝上绑于玻璃板上，再放入瓶中保存，使其外形结构更易观察且展示性更强。

3）解剖浸制标本的制作

解剖标本的制作目的是观察动物内脏，因此应按解剖的一般方法除去动物体壁，以露出其内脏。如果要展示动物的某一器官系统，则须小心地除去不需要的部分，使展示部分的各器官仍保持其自然位置，然后将其浸泡于10%福尔马林溶液中。如果想标明各器官名称，则可将打印好的名词签或用铅笔书写的名词签用水胶贴在各器官上，待黏牢晾干后，浸入保存液中。

（二）剥制标本的制作

剥制标本是将动物的皮连同皮外的覆盖物一同从其躯体上剥下来，再根据动物的原形制成标本。通常用此法制作鸟类和哺乳类动物的标本。根据不同的要求，剥制标本有两种类型：一种是陈列标本，又叫真剥制标本，要求将标本制成动物生活时的姿态；另一种是研究标本，又叫假剥制标本，要求按规定、规格剥制标本。标本制作是一项细致的工作，应耐心地按照程序操作。下面以小型鸟类及鼠类为代表，简单介绍剥制标本的制作方法。

1. 鸟类标本的假剥制

1）测量记录

在剥制科研及教学用标本前应进行测量，测量内容主要为体重、体长、翅长、尾长、跗跖长、性别等。

2）剥皮

（1）使鸟仰卧桌面，用手或解剖刀分离其胸部羽毛，使其露出皮肤，用解剖刀沿胸部前端正中至胸部龙骨突起后缘笔直划一刀，不要把肌肉割破。然后将皮肤向两边分离，直到两侧腋部。用手拉出鸟颈，使其与皮肤脱离，用剪刀把颈部剪断。在剥皮过程中，如果遇到标本出血和脂肪过多的情况，则可撒些石膏粉。

（2）用左手拿起连接躯体的颈部，用右手按着皮缘慢慢剥离肱骨和肩部之间的皮肤，用剪刀在肱骨与躯干部连接处剪断，再剪断另一侧肱骨；继而沿其背部剥向腰部。

（3）在剥至腰部荐骨处时要特别小心，因为此处皮较薄，且羽轴紧附于荐骨，可以慢慢用拇指指甲沿荐骨刮离皮肤。在剥腰背部的同时，相应地向腹部剥离，直到腹部和腿部露出。

（4）用剪刀在鸟的股骨和胫骨之间剪断，再向尾部剥离。剥至尾时，宜用剪刀剪掉

鸟的肛门与尾基，若皮上附有脂肪或肌肉，则应一齐除净。这时，鸟类的整个躯干与皮肤已被分离。

3）去除肌肉

（1）先清理鸟翼上的肌肉，用一只手拉住肱骨，用另一只手将皮肤慢慢剥离，在剥至尺骨时，如果次级飞羽羽根牢牢长在尺骨上较难剥离，则可以用拇指紧贴尺骨将皮肤推下，一直剥至尺腕关节处，再把肱骨和尺骨上的肌肉清除掉。最后开始剥腿部，一直剥到腔部和跗跖之间，去掉胫骨上的肌肉。

（2）最后只剩下头部的肌肉。用左手捏住已脱离了皮肤的颈部，用右手将颈部由皮肤内向外拉，使头部外翻，待膨大的头部显露时，须小心皮肤破裂，应以拇指按着头部皮缘慢慢剥离。剥到耳孔处时，用右手拇指和食指的指甲在紧贴头部处捏住耳道使其与头骨分离。然后将皮剥至眼部，沿眼的四周轻轻剪开，不要剪破眼睑，直至剥到嘴基。沿枕骨大孔处剪去颈部，剔去上、下颌的肌肉和舌，用镊子挖去眼球，用剪刀将枕骨大孔扩大，挖掉脑髓。

（3）待全部剥完后，整个鸟皮已翻出，剔净残存的肌肉和脂肪，否则以后会渗出油脂，污染鸟羽，也容易使标本受到害虫侵袭。

4）防腐处理

涂防腐药。用毛笔蘸上防腐剂（砒霜膏），涂抹于所有留下的骨骼及鸟皮的内面。防腐剂毒性大，用时须特别小心。

5）假剥制标本的填装

将棉花搓成与鸟眼窝大小相当的小球塞入眼窝，将鸟的四肢用棉花缠于骨上并使其恢复原形。取一根长度自脑颅腔至尾基部的竹签，在竹签前端卷些棉花并插入颅腔中。用手捏住鸟的喙尖，慢慢将头部翻出。将竹签的后端削尖，插入尾基。然后将一层薄棉铺在竹签下，并用棉花从颈部至腹部依次填塞，使鸟体的形状恢复至原有状态。

6）缝合及整形

用小针和棉线将鸟的切口处皮肤缝合，缝时先将针从皮内穿出，再将针由对侧皮内向外穿出。缝好后打结，将腹面羽毛理顺并盖住缝线，将双翅紧贴躯体。将羽毛刷净，再用镊子将羽毛调顺，将鸟两脚交叉摆放平整。最后用一层薄棉将整个标本裹起来固定，待标本干后取下棉花。

假剥制标本做好后，体形呈背面平直，胸部丰满，颈部稍短，脚趾舒展。

7）挂标签

标本做好后，将注有鸟名、采集日期、地点及测量数据的标签挂在其后肢上。

（三）骨骼标本的制作

制作不同脊椎动物的骨骼标本常有不同的要求和特点，但其制作步骤基本相同。现以青蛙或蟾蜍和家兔为代表，介绍骨骼标本的一般制作方法。

青蛙或蟾蜍的骨骼标本制作如下。

（1）处死。选择体型大而完整的青蛙或蟾蜍，放入标本缸中用乙醚或三氯甲烷深度麻醉至死。

（2）剔除肌肉。用剪刀剪开青蛙腹部皮肤，注意不要剪坏剑胸软骨。然后向两侧剪开，分别向前、后四肢各方向拉下皮肤，注意不要拉断指、趾骨。剪开体壁，取出全部内脏。把左、右上肩胛骨的肌肉从第二、第三脊椎骨横突上剥离，不要使左、右前肢与肩带分开，使其仍借助韧带保持相连。剔除前肢肌肉时，用镊子夹住前肢并放入开水中煮烫，使肌肉发紧变硬，以利于剔除，但时间要短，避免骨连接处分离。尤其是指、趾骨部位，只需在开水中蘸一下即可，否则会使韧带收缩，使指、趾骨变弯曲，给整形带来困难。去除指骨肌肉时，也可先将指骨摆放在载玻片上，用细线缠紧再放入开水中，以防其卷曲或脱落。将后肢在股骨与腰带连接处取下来，按前肢处理方法剔除肌肉。将头部和脊柱先在开水中稍煮，然后剔除其肌肉，去掉眼球，从枕骨大孔处用镊子清除脑髓，并用清水冲洗。对于骨骼上不易剔除的碎小肌肉，可用刷子刷洗，直到清除干净为止。对于薄小的舌骨，应仔细清除肌肉，然后将其夹在两片载玻片之间，用线缠紧，待其自然干燥。

（3）脱脂。把骨骼浸泡在 0.5%～0.8% NaOH 溶液中 1～3d，去除一些难以除去的肌肉，脱去骨骼中的油脂。在浸泡过程中应经常检查，以防骨骼脱散。后取出在清水中漂洗干净。

（4）漂白。用 0.5%～1%的过氧化氢漂白 30min 或用 1%～3%的漂白粉溶液浸泡 1～3d。应灵活掌握浸泡时间，主要看骨骼是否已经变白，如果变白则马上捞出，否则骨面会因被腐蚀而变得粗糙，失去骨骼的光泽。将捞出的骨骼用清水冲洗干净并晾干。

（5）整形和装架。取 1 块泡沫塑料板，将骨骼放在上面。整形时，把标本躯体和四肢的姿态整理好并按骨骼相应的位置用大头针固定，以免其在干燥过程中变形。可用乳胶将离散的骨骼粘连起来。两块上肩胛骨应附着在第二、第三椎骨横突的两侧，使头部略抬起呈倾斜状，可用乳胶将前肢的腕骨和后肢的趾骨粘在泡沫板上。制成骨骼标本后，应装入标本盒中保存。

（四）血液循环注射标本的制作

血管系统色剂注射的原理：利用不溶于保存液的有色填充剂注入动物的心血管系统，使动脉、静脉、微血管等充满有色填充剂而呈现膨胀的着色圆管状态，从而显示体内血管的通路及血管在各内脏器官的分布状况。

1. 注射色剂的配制

（1）填充料：常用的填充料为动物胶（明胶）、蛋清和淀粉。市售动物胶呈固体状，加水煮成流质冷却后即呈凝固状，易于调节黏稠度，为最常用的填充料。淀粉加水煮之成流质，冷却后亦能凝固，其优点是成本低廉、操作简便，缺点是注射后的血管若有破损，色剂易于外溢，影响标本质量。蛋清作填充剂无颗粒，不受温度限制，但价格高，适于某些器官的微注射。固定后即凝固。

（2）色料：用作注射剂的常用色料有银朱（硫化汞）、洋红、5203 红或红色广告颜料；蓝色;琼蓝。普鲁士蓝或蓝色广告颜料，色剂注射通常采用双色注射方法，即红色用来注射动脉，蓝色用来注射静脉，黄色用来注射肝门静脉。

（3）配制：注射色剂类型较多，下面介绍两种常用注射色剂的配制方法。

动物胶作填料的色剂：动物胶（明胶）20～25g，色料（红色或蓝色）3～5g，水 100mL。配制时，将粉末状动物胶加水后，水浴加热至全部溶解，再加入事先研磨好的红色或蓝色色料，用玻璃棒调匀，最后用两层纱布过滤。

淀粉作填料的色剂：淀粉 75g，色料（红色或蓝色）7～10g，福尔马林 20mL，水 100mL，甘油少量。配制时，先将淀粉、福尔马林混合调匀，再加入已研磨好的色料，调匀后加入水，用两层纱布过滤，滤液加入甘油。

由于这两种色剂皆属温剂，配制后须在 40～500℃保温，温度过低时注射较困难，过高则易损伤血管。

2. 解剖

血管注射标本的材料必须选用活体，否则由于血液凝固而无法注入色剂。解剖前对被解剖标本心血管的特征及所注射血管的位置和走向应有基本的了解，然后根据注射需要进行解剖，将欲注射的血管、心脏与其周围组织分离。分离过程中注意勿损伤心血管系统，在分离出来的血管下穿两条线备用。进入内脏的动、静脉大多是相伴而行的，通常动脉呈淡红色、管径较细、管壁较厚；而同行的静脉则呈暗红色、管径较粗、管壁较薄，故可根据两者特征的比较而加以区别。

3. 注射

血管注射顺序，在通常情况下先注射动脉系，其次是静脉系，最后是肝门静脉。注射时，将合适的注射针头呈一定角度刺入血管，再沿水平方向深入血管，用镊子将血管下其中一条穿线把血管与刺入的针头结扎，用注射器吸取色剂，与针头连接后缓缓地将色剂注入血管，注射完毕后，先将血管下另一条穿线沿针孔后端结扎，拔出针头后将前端的线也打成死结，使针孔位于两线结之间，以阻止色剂溢出。所注射的色剂若是采用动物胶作填料，则只需在拔出针头前用冰块置于针孔上使胶剂凝固，然后拔出针头，不须打结。

注射时有几点须注意：

（1）当色剂注射不进去时，其原因可能有 3 点：①血管中已充满色剂，此时即可停止注射；②针头阻塞，当将注射器抽筒回抽时仍不能使针头畅通，须另换针头；③色剂温度过高导致血管收缩，此时应将色剂适度降温后再注射。

（2）冬天由于室温低，冷血动物的血管色剂注射比较困难，对此可在注射前将动物浸浴在 50～600℃温水中 15～20min，或在解剖后用多层纱布蘸满热水。覆在内脏器官上，加温后再注射。

（3）注射的血管若口径较小，须将针尖磨钝后方可再使用。

（4）肠系膜及肝脏表面若小血管注色不均，可用蘸热水的纱布放在上面，不久会使这些小血管内的色剂呈饱满状。

4. 整修、固定、装瓶

注射前仅对欲注射血管、心脏等处作局部解剖的动物体，在其色剂凝固后应沿腹中线剪开皮肤和肌肉；然后进行整修。先对腹面（包括颈部）剖口两侧的皮肤、肌肉作适度切除，使体腔充分暴露，然后重新调整内脏各器官的位置，对部分体积较大的内脏器官（如肝脏、雌性蟾蜍的卵巢）作适度切除，务必使颈部血管、心脏及其相连的大血管以及其他可以显现的血管充分暴露出来。在各内脏器官之间用蘸有40%福尔马林液的棉球填充，并用大头针固定内脏，而后用40%福尔马林液涂在内脏器官表面，待动物体硬化后，浸在10%福尔马林液4～15d（视动物体大小而定），中间更换1～2次新液。固定后，取出材料用水冲洗，若需上色，需待内脏表面晾干后进行，在内脏各器官及主要血管上粘贴序号标签，最后将标本缚于玻璃片上保存于10%～15%福尔马林液或福尔马林、乙醇、甘油混合液中。需保色的标本不可保存在上述的保色保存液中。

四、注意事项

（一）浸制标本长期保存时应注意的问题

（1）某些新制作的浸制标本，经过一段时间后，浸液会变黄或混浊，这是由动物体内的浸出物所引起的。标本在浸泡1～3个月后，应根据情况更换固定液2～3次，直到浸液不再发黄为止。

（2）瓶口应密封，以防药液挥发。当标本不能全部淹没在保存液中时，应及时添加药液，否则标本露出的部分会变干、变形，甚至发霉变质。

（二）血管注射应注意的事项

（1）注射前应检查注射器是否干净、针头是否畅通，注射后应立即洗净注射器。

（2）解剖时注意不要损坏大的血管，以免注射剂从破损处流出。

（3）注射动物胶做填料的色剂时应注意：①色剂必须始终隔水加温，保持其熔化状态；②动作应快而准确；③尽量在动物体温尚未散失时进行注射，避免色剂在注射过程中因遇冷而凝结。在室温较低时，可将动物体浸泡在温水中15min，或适当降低明胶的含量。

（4）双色注射时，一般先注射动脉，再注射静脉。注射静脉前必须抽出部分静脉中的血液，以免注射时涨破血管。

（5）针头刺入血管是注射的关键。应先把该血管周围的组织分离，使血管完全暴露。注射针头可稍磨成圆刃形以免将对侧血管壁穿透。

（6）尽量选用大一点的针头，以确保注射时针头畅通。若针头被阻塞，则应另换针

头；若针头多次被阻塞，则应过滤色剂。

（7）用棉线结扎时，不应用力过大，以免扎破血管。

实验 92 植物腊叶标本制作

一、实验目的

（1）学会植物标本采集的方法。

（2）学会腊叶标本制作的方法。

二、实验原理

大多数植物材料都可被制成干制标本保存。干制标本的优点是易于制作（不受容器、试剂的限制）、便于保存（占据空间较少）、易于运输。腊叶标本制作技术是干制植物标本常用的方法之一。

三、实验用品

（1）主要器具：木制标本夹、采集锹、绳、枝剪、编织袋、滤纸、纸袋、号码牌、定名签、野外采集记录签、镊子、白板纸、解剖针、针、线、广口瓶或塑料瓶、碳素墨水笔、吸水草纸、硬纸板或硬纸、方瓷盘、口罩、手套、恒温干燥箱、小刀、塑料油壶等。

（2）主要药品：升汞、乙醇或敌敌畏、四氯化碳、二硫化碳、过氧乙烯树脂、四氯乙烷。

（3）主要材料：新鲜植物。

四、实验方法

大多数植物材料都可被制成干制标本保存。腊叶标本技术主要适用于种子植物和蕨类植物，也适用于部分苔藓、地衣、菌类、藻类植物。腊叶标本制作的基本步骤是采集和处理、整理、编号及记录、压制、换纸、消毒、上台纸。

（一）采集和处理

种子植物分类材料的采集应注意所采标本的完整性和典型性，切勿采集发育不正常的、被虫咬的、有病害或机械损伤的植株。

草本植物形体较小，应具有根、茎、叶、花、果实。采集时根据植株大小，用采集锹或掘根铲将根挖出，然后抖掉根部泥土。若不能采集整株，则应尽量保留花、果实。基生叶和茎生叶形态不相同时，注意二者均要采集。草本植物采下后，很容易萎蔫，因此应尽快将其压入木制标本夹中或装入编织袋。

木本植物一般比较高大，不能采集整株。应用枝剪或高枝剪剪取比较典型的带有叶、花、果的一段枝条做标本。有些种类的木本植物一年生枝上新叶的形状和老枝上叶的形状不同，枝条的颜色不同，如毛白杨，对于这种植物应新枝、老枝一同采集。对于先花植物，采集花枝后，在长出叶后也应在同一株上采其带叶和结果的枝条，然后编上同一号码。很多木本植物其树皮的颜色、剥裂情况等有分类价值（如桦木），因此，应剥取1块树皮附在标本上。对于寄生植物（如桑寄生、列当），在采集时应连同宿主一同采下。

水生植物的采集和前两种植物不同，多数水生植物纤细柔软，尤其是沉水植物及浮水植物，提出水面后很容易缠成一团，不易分开，如金鱼藻、水毛茛、狸藻等，因此不能直接压制，可用广口瓶或塑料瓶同水体一起采集回来。采集标本后应立即编号、挂号码牌并做采集记录（最好用碳素墨水笔书写），尤其容易变化的性状（如颜色、气味、乳汁）更应记录清楚。记录项目包括：采集号、产地、生境、海拔、习性（体态）、植物高、胸径、根、茎、叶、花、果、用途、科名、中文名、学名、采集人、采集日期、附记等。

（二）整理

对于采回的标本，应进行整理，根据台纸的大小把过多、过长的枝叶剪掉；将过长的草本植物折成“V”或“N”形，再大时可截取根、茎中部（带叶）、茎上部（带叶、花和果）3段压制，但3段均应系上相同的采集号码牌；对于大型叶（单子叶）应由叶脉一侧剪去约一半（留叶尖和叶基），对于大型羽状复叶可将叶轴一侧小叶剪去，但先端的小叶不能剪；每种标本都要有少数叶片背面朝上，以便对叶片做两面观察；叶子不能重叠，多者可剪掉，梳剪的枝条及叶子要在原标本上留下痕迹，体现出梳理前的状况；对于肉质多汁的叶、根、块茎、鳞茎等，应先用沸水烫死，再切成薄片压入夹中，否则不易压制；应展开花，以便看到其内部结构。对于大的果实，要切成薄片再压制。

（三）编号及记录

将采自同一地点的同种标本编成同一号码，对于压制过程中容易变形、变色（尤其是花）的性状，要在野外记录本上做详细而准确的记录。

（四）压制

将整理好的标本逐份夹入标本夹中。具体方法如下：打开标本夹，将有绳的一扇夹板平放着做底，在上面放5～6层吸水草纸，然后将标本展平放于纸上，再盖上2～3层草纸，放置标本要首尾交错，尽量保持平整，以后每放一份标本就盖2～3层草纸，这样反复到最后一份，再盖4～5层草纸，然后将另一扇夹板放在上面，尽量压紧标本绑牢夹板。将水生植物放入水盆中，使其恢复水中生长状态，然后用1张硬纸板或硬纸，深入水中托起标本，在离水前整理好标本形态，将纸倾斜，使多余的水分流下，再连同纸板压入标本夹内，以保持其形态。

（五）换纸

换纸关系到标本质量的好坏，换纸越勤，标本干得越快，原色保存得越好。标本压入标本夹后的 2～3d，每天换纸 2～3 次，以后可每 1～2d 换 1 次纸。对于换下来的潮湿纸，要及时晒干或烘干，以供继续使用。第 1 次换纸时，要用镊子整理每一朵花、每一片叶，凡是有折叠的部分都要展开。在换纸过程中脱落的叶、花、果及蕨类植物的孢子、鳞毛等，都应仔细装入纸袋，并附以原标本号，单独存放。

（六）消毒

干制后的标本常有害虫和虫卵，因此必须进行消毒，以防止虫蛀。消毒的方法有很多。例如，将标本放入消毒室或消毒箱内，将敌敌畏或者四氯化碳、二硫化碳的混合物置于器皿内，进行熏杀消毒，时间约为 3d。用升汞乙醇溶液消毒，具体做法如下：在方瓷盘内倒入一些 1%左右的升汞溶液（用 95%乙醇配制），在另一方盘内放入要消毒的标本，用刷子蘸一点升汞乙醇溶液涂在标本上（两面都要涂），然后将标本再夹入标本夹内，待干后便可上台纸。此液毒性较大，操作时要戴口罩和手套，盛器一般不要用金属制品。用此种方法消毒，也可以在标本上台纸后进行。要在消毒过的标本台纸上盖上“升汞”字样。也可用 1%的升汞溶液浸泡标本 10min 进行杀虫消毒。为了防止人因接触药品而中毒，可将标本放在恒温干燥箱中，在 95℃左右温度下烘 1～2d，进行高温杀虫消毒，但要将标本压紧，以免起皱。

（七）上台纸

承托标本的白板纸称作台纸。通常为 8 开，大约长 38cm、宽 27cm。每张台纸上只能固定相同采集号的一种标本。先将标本按自然状态摆在台纸上，注意在台纸右下角和左上角留出一些空间，以备贴标本名签和野外记录的复写单。常用固定方法有以下几种。

（1）订线。订线适用于枝条粗硬的标本，用针引线，从粗的茎或粗的叶柄基部两侧穿过做套并勒紧，再将线两端于台纸背面打结，最后用小块纸片粘贴线结压平。

（2）纸条固定。用小刀在茎或粗大的叶柄两侧的台纸上左、右各切一纵口，再把细白纸条从该纵口穿入，同时用手在台纸背面捏住纸条两端轻轻拉紧，最后用胶水粘在台纸的背面。

（3）纸条贴压。纸条贴压适用于枝条纤细的标本。把细纸条压在茎或粗大的叶柄上，在其两端涂抹糨糊，分别粘在台纸上。

（4）用过氧乙烯树脂一份，溶解在 4～5 倍的四氯乙烷溶液中，然后装入塑料油壶中。使用方法如下：将上述黏合胶液均匀地涂抹到标本的一面，再将标本粘到台纸上，约 10min 后溶液全部挥发，胶液变成硬质塑料状，标本即牢固地固定于台纸上。

标本固定完毕后，在台纸的左上角贴上野外采集记录签，在台纸的右下角贴上定名签。

标本定名签应反映植物标本室名称、标本室编号、科名、学名、中文名、采集地点、采集者、采集日期、鉴定人等信息。

如果有脱落下来的花、果、种子、叶、孢子、鳞片等，则应将收集的纸袋贴在同一标本台纸的右上角，在袋上注明同一标本的采集号。为了防止标本磨损，还须在台纸上面贴上盖纸（一般为半透明的油光纸）。

五、注意事项

（1）采集时应特别注意所采标本的完整性和典型性。

（2）换纸一定要勤。

参考文献

柴晓杰，崔喜艳，赵越，2003．生物化学实验技术[M]．长春：吉林音像出版社，吉林大学出版社．

陈克敏，2001．实验生理科学教程[M]．北京：科学出版社．

陈天寿，1995．微生物培养基的制造与应用[M]．北京：中国农业出版社．

陈毓荃，2002．生物化学实验方法和技术[M]．北京：科学出版社．

程宝鸾，2006．动物细胞培养技术[M]．广州：中山大学出版社．

高建新，赵晓光，陈连璧，1999．生理学实验指导[M]．北京：人民卫生出版社．

高信曾，1986．植物学实验指导：形态、解剖部分[M]．北京：高等教育出版社．

河北师范大学，新乡师范学院，北京师范学院，山东师范大学，1982．遗传学实验[M]．北京：高等教育出版社．

侯福林，2004．植物生理学实验教程[M]．北京：科学出版社．

黄正一，蒋正揆，1984．动物学实验方法[M]．上海：上海科学技术出版社．

姜孝成，莫湘涛，彭贤锦，2007．生物学实验教程[M]．长沙：湖南师范大学出版社．

兰州大学生物系细胞遗传教研室细胞学研究室，1986．细胞生物学实验[M]．北京：高等教育出版社．

李建武，萧能惠，余瑞元，等，1994．生物化学实验原理和方法[M]．北京：北京大学出版社．

林加涵，魏文铃，彭宣宪，2000．现代生物学实验：上册[M]．北京：高等教育出版社，施普林格出版社．

刘国诠，耿信笃，苏天升，等，2003．生物工程下游技术[M]．2版．北京：化学工业出版社．

刘凌云，郑光美，2010．普通动物学实验指导[M]．3版．北京：高等教育出版社．

刘祖洞，江绍慧，1987．遗传学实验[M]．2版．北京：高等教育出版社．

娄安如，牛翠娟，2005．基础生态学实验指导[M]．北京：高等教育出版社．

钱存柔，黄仪秀，2003．微生物学实验教程[M]．北京：北京大学出版社．

乔守怡，2008．遗传学分析实验教程[M]．北京：高等教育出版社．

人民教育出版社，课程教材研究所，生物课程教材研究开发中心，2007．生物1必修：分子与细胞[M]．北京：人民教育出版社．

沈萍，陈向东，2007．微生物学实验[M]．4版．北京：高等教育出版社．

孙森，马泽芳，刘伟石，等，1995．药用动物饲养学[M]．哈尔滨：东北林业大学出版社．

孙毓庆，1998．现代色谱法及其在医药中的应用[M]．北京：人民卫生出版社．

滕利荣，孟庆繁，2008．生命科学仪器使用技术教程[M]．北京：科学出版社．

王金发，何炎明，2004．细胞生物学实验教程[M]．北京：科学出版社．

王学奎，2006．植物生理生化实验原理和技术[M]．2版．北京：高等教育出版社．

王英典，刘宁，2001．植物生物学实验指导[M]．北京：高等教育出版社．

魏春红，李毅，2006．现代分子生物学实验技术[M]．北京：高等教育出版社．

魏群，2007．分子生物学实验指导[M]．2版．北京：高等教育出版社．

武汉大学，南京大学，北京师范大学，1978．普通动物学实验指导[M]．北京：人民教育出版社．

武汉大学化学系，2001．仪器分析[M]．北京：高等教育出版社．

解景田，赵静，2002．生理学实验[M]．2版．北京：高等教育出版社．

杨安峰，1984．脊椎动物学实验指导[M]．北京：北京大学出版社．

杨汉民，1997．细胞生物学实验[M]．2版．北京：高等教育出版社．

叶宪曾，张新祥，等，2007．仪器分析教程[M]．2版．北京：北京大学出版社．

张志良，瞿伟菁，2003．植物生理学实验指导[M]．3版．北京：高等教育出版社．

赵金良，2000．细胞生物学实验指导[M]．哈尔滨：黑龙江教育出版社．

周德庆，2011．微生物学教程[M]．3版．北京：高等教育出版社．

周珍辉，2006．动物细胞培养技术[M]．北京：中国环境科学出版社．